DAVID HATCHER CHILDRESS

DIE TECHNOLOGIE DER GÖTTER

DIE UNGLAUBLICHE WISSENSCHAFT DER ANTIKE

Die Technologie der Götter

Neuauflage 2025
Erstauflage 2003, Michaels Verlag, Peiting, DE

Titel der englischen Ausgabe: Technology of the Gods, 2000
Adventures Unlimited Press Kempton, Illinois 60946 USA

Veröffentlicht im Michaels Verlag, Alle, JU/ CH,
Eine Marke der Sentovision GmbH/ S.A.R.L.
www.michaelsverlag.de

Vertrieb und Produktsicherheit EU:
Synergia Auslieferung GmbH
Industriestr. 20
64380 Roßdorf
www.synergia-auslieferung.de

Coverbild: Gestaltung:
FontFront.com

Printed in EU
ISBN: 978-3-89539-234-4

Bibliografische Informationen der Deutschen Bibliothek:
Die Deutsche Bibliothek verzeichnet diese Publikation in der deutschen Nationalbibliogra- phie; detaillierte bibliographische Daten sind im Internet unter http://dnd.ddb.de abrufbar.

INHALTSVERZEICHNIS

VORWORT

Glauben Sie mir, es war eine glückliche Zeit,
als es noch keine Architekten und Baumeister gab.
Seneca (5. v. Chr. bis 65 n. Chr.).

Willkommen in der kontroversen und faszinierenden Welt der antiken Technologie. In diesem Buch werden wir die zahllosen Beweisstücke untersuchen, welche uns zu der erstaunlichen Schlussfolgerung geführt haben, dass die Menschen der Antike genauso fortschrittlich waren wie die heutigen, zumindest verwendete irgendjemand, der von irgendwo herkam, eine fortschrittliche Technologie. Diese Technologie schloss alles ein, von der Elektrizität über schwere Maschinen bis hin zu Flugzeugen. Die Themen antike Flugzeuge, Atomkriege, Elektrizität und ähnliche Dinge werden vielen Leuten als seltsam erscheinen, vor allem hoch gebildeten Lesern. Für viele sind diese Sachen so unglaublich, dass es nicht einmal wert ist, darüber zu diskutieren, und trotzdem gibt es viele Beweise, die auf eine technologisch fortgeschrittene Kultur in der Vergangenheit hindeuten, wie wir noch sehen werden. Jede Kultur auf der Welt besitzt Legenden von Flugzeugen und einer goldenen Periode vor unserer Zeit. Allerdings ist es schwierig, die Wahrheit von der Dichtung zu trennen. Eine in sich kohärente Zeittafel der Antike wäre hierzu sehr hilfreich. Durch neue Datierungstechniken, wie z.B. die Chlor-23-Methode, wird es hoffentlich möglich werden, genau festzustellen,

wann ein Felsen aus einem Steinbruch gehauen wurde. Da die ältesten von Menschenhand geschaffenen Bauwerke Monumente in Stein sind, können wir hierdurch genau bestimmen, wann sie errichtet worden sind und wann die zugehörige Zivilisation wieder untergegangen ist.

Als ein Berichterstatter bin ich am Seltsamen und Außergewöhnlichen interessiert. Ich bin auch an den Tatsachen interessiert. In diesem Buch habe ich diejenigen Geschichten, Kunstgegenstände und Orte aufgenommen, welche am bedeutendsten erschienen und für die Beweise vorlagen. Zugegebenermaßen sind in diesem Buch viele Spekulationen enthalten, und ich lade den Leser dazu ein, sich seine eigene Meinung zu bilden. Genau wie alle "Wissenschaftler" wird der Leser diese Informationen aussieben und diejenigen aussuchen, welche ihm am wahrscheinlichsten erscheinen, um sie für später zu speichern. Andere Informationen werden weg gelassen oder ignoriert.

In diesem Buch werden eine Reihe antiker Texte erwähnt. Teilweise ist die Schreibweise nicht einheitlich, wie z.B. in solchen Fällen wie *Rg Veda* oder *Rig Veda*. Hierbei wurde immer die gebräuchlichste und einfachste Schreibweise verwendet, allerdings haben wir bei den vielen verwendeten Zitaten immer die Orginalschreibweise des Autors beibehalten. Wir haben zwar versucht, die meisten der ursprünglichen Quellen in der Bibliographie zu verwenden, aber in einigen Fällen war dies unmöglich. Zitate, die von anderen Autoren im Text verwendet wurden, beziehen sich auf das zitierte Buch.

Wir möchten vor allem dem Sanskritforscher Ramachandra Dikshitar danken, einem Oxforder Professor, welcher das Buch *War in Ancient India* schrieb. In einem Kapitel dieses Buches behauptet er, dass in seinem Land die Luftfahrttechnik erfunden wurde! Im Jahr 1944 schrieb der stolze Historiker folgendes: "Bei der derzeitigen Lage in der Welt kann keine Frage interessanter sein als diejenige bezüglich Indiens Beitrag zur Luftfahrt. In unserer Literatur sind zahllose Illustrationen vorhanden, die klar zeigen, wie gut und wunderbar die antiken Inder die Luft erobert haben. Es war bisher sowohl in der westlichen als auch östlichen Wissenschaft gang und gäbe, alles in diesen Schriften einfach als Einbildung und Dichtung abzutun. Es wurde sogar die ursprüngliche Idee lächerlich gemacht und behauptet, dass es für die Menschen physikalisch unmöglich sei, Flugzeuge zu benutzen. Aber in der heutigen Zeit der Ballone, Flugzeuge und anderer Flugapparate ist es in bezug auf dieses Thema zu einer großen Veränderung gekommen."[100]

Traurigerweise wurde Dr. Dikshitar von seinen Oxforder Kollegen manchmal lächerlich gemacht, aber seine Bücher sprechen für sich selbst. Was sollte ein Wissenschaftler tun -- die Beweise ignorieren? Die meisten haben dies tatsächlich getan.

Um das Thema einer fortschrittlichen, antiken Technologie anzugehen, habe ich mich entschieden, mit einfachen, aber notwendigen Technologien zu beginnen, wie Bewässerungs-, Wasser- und Abwassertechnik, und danach auf die grundsätzliche Kombination für eine fortschrittliche Technik überzugehen, nämlich Metallurgie und Elektrizität. Nachdem der Leser erkannt hat, dass es in der Antike schon komplizierte Maschinen aus Metall und Elektrizität gegeben hat, gehe ich dann auf die fantastischen Möglichkeiten der antiken Fliegerei, der Atomwaffen und eines weltweiten Kraftwerkssystems über.

Hey, hierbei handelt es sich um einen wilden Ritt durch die antike Geschichte, aber es ist meine Geschichte, und ich stehe dazu. Manchmal ist die Wahrheit eben unglaublicher als die Dichtung.

1. KAPITEL

DIE RÄTSEL DER ANTIKEN TECHNOLOGIE

Wenn wir mehr Wissen anhäufen, werden die Dinge nicht verständlicher, sondern geheimnisvoller.
Will Durant.

Ich glaube, dass wir im Jahr 1903 durch die Überbleibsel einer pulverisierten Welt gegangen sind, die von einem interplanetaren Disput stammt.
Charles Fort.

STAMMT DIE WISSENSCHAFT DER ÄGYPTER VON EINER FRÜHEREN KULTUR?

Auf meiner Suche nach verlorenen Städten und Geheimnissen der Vergangenheit bin ich oft auf Hinweise in bezug auf die Technologie der Antike gestoßen. Solche Hinweise können die Form von Abbildungen antiker Geräte auf Felsmalereien (wie z.B. die elektrischen Geräte im Tempel von Hathor in Ägypten) oder kleiner Modelle von Geräten (wie die Miniatur-Flugzeuge aus purem Gold im Gold-Museum von Bogota) oder von Geschichten aus antiken Texten (wie die Ramayana oder sogar die Bibel) haben.

In diesem Buch möchte ich einige der Beweise einer antiken Technologie und antiker Kulturen rekapitulieren. Was im Vergleich zur modernen Welt erstaunlich ist, ist, dass in dieser der Durchschnittsbürger Zugang zu fortschrittlichen Technologien wie Elektrizität, Autos, Telefon, Fax und Computern hat. In der antiken Welt wurde die Hochtechnologie den Massen zum größten Teil vorenthalten. Tatsächlich wurde sie sogar oft in Tempeln und Zeremonien verwendet, um Macht über die Leute zu gewinnen, indem sie zum Staunen gebracht oder abgeschreckt wurden; hierbei handelte es sich um einen Teil der Verehrung und Geheimnistuerei.

Der bekannte Autor und Moderator der Fernsehdokumentation "Mystery of the Sphinx" John Anthony West schreibt:

"Die ägyptischen Wissenschaften der Medizin, Mathematik und Astronomie befanden sich alle auf einer wesentlich höheren Stufe der Verfeinerung und Ausgereiftheit als die modernen Forscher zugeben wollen. Die ganze ägyptische Zivilisation basierte auf ein komplettes und präzises Verständnis der universellen Gesetze. Und dieses tiefgründige Verständnis manifestierte sich in einem konsistenten, kohärenten und einheitlichen System, durch welches die Wissenschaft, Kunst und Religion in einer einzigen organischen **Einheit** verschmolzen war. Anders ausgedrückt. Sie war genau das Gegenteil, was wir in der heutigen Welt finden.

Weiterhin scheint jeder Aspekt des ägyptischen Wissens schon von Beginn an fertig vorhanden gewesen zu sein. Die Wissenschaften, Kunst und Architektur und das Hieroglyphensystem zeigen absolut keine Zeichen irgendeiner "Entwicklung"; tatsächlich wurden einige der Leistungen der früheren Dynastien nie übertroffen oder auch nur annähernd erreicht. Diese erstaunliche Tatsache wird von den orthodoxen Ägyptologen bereitwillig zugegeben, aber die Größe des Geheimnisses wird geschickt unterbewertet, wobei Schlussfolgerungen vermieden werden.

Wie kann eine Zivilisation aus dem Nichts entstehen? Sehen sie sich ein Auto aus dem Jahre 1905 an und vergleichen sie es mit einem modernen. Es ist ein klarer Entwicklungsprozess zu erkennen, aber in Ägypten gibt es keine Parallelen. Alles ist von Anfang an vorhanden.

Die Antwort ist natürlich offensichtlich, weil sie jedoch dem modernen Denken entgegengesetzt ist, wird sie selten berücksichtigt. *Bei der ägyptischen Zivilisation handelt es sich um keine Entwicklung, sondern um ein Vermächtnis.*"[108]

In der hochklassigen NBC-Serie vom November 1993 wollten West und andere Forscher beweisen, dass die Sphinx eine erhebliche Wassererosion aufweist und über 10 000 Jahre alt ist!

DIE ZERSTÖRUNG VON WISSEN

Da sich unsere Technologie immer weiter entwickelte, sind wir nun in der Lage, in die Zukunft und in den Weltraum in anderer Weise zu blicken als die Wissenschaftler und Denker früherer Jahrhunderte. In gleicher Weise können wir nun auch in die Vergangenheit mit größerem Verständnis und technologischem Know-how blicken. Genauso wie unser Geist in der Lage ist, sich eine andere Zukunft vorzustellen als unsere Großväter, können wir auch eine Vergangenheit sehen, welche sich von derjenigen der Wissenschaftler und Experten der Jahrhundertwende unterscheidet.

Genauso wie unser Geist in die Tiefen des Weltalls vorgedrungen ist, können wir auch in die Tiefen der Geschichte vordringen. Und viele Forscher machen genau dies.

Atlantis mit seiner fortschrittlichen Kultur wird in antiken Texten erwähnt. Vor allem wird es in Platons Dialogen genannt (welche laut des Textes von ägyptischen Aufzeichnungen stammen), und praktisch jede antike Kultur in der Welt besitzt Mythen und Legenden vorzeitlicher Zivilisationen und Katastrophen, durch welche diese zerstört wurden.

Die Mayas, Azteken und Hopi-Indianer glaubten an die Zerstörung von vier Kulturen vor ihrer eigenen. Die Zerstörung von Atlantis war vielleicht nicht einmal die letzte, welche die Erde heimgesucht hat.

In den bekanntesten Büchern der Welt wie der Bibel, der Mahabharanta, dem Koran und sogar dem Tao Te Ging ist die Rede von zerstörten Zivilisationen. Geschichten über antike Zivilisationen füllen Tausende von Büchern, welche zu dieser Zeit in den Bibliotheken der Welt aufbewahrt wurden. Viele Bibliotheken waren so groß, dass sie bei örtlichen Wissenschaftlern berühmt waren. Die Bibliothek von Alexandra in Ägypten ist ein bekanntes Beispiel.

Es ist allerdings auch eine traurige Tatsache, dass in der gesamten Geschichte große Archive und Bibliotheken absichtlich zerstört wurden. Laut des berühmten Astronomen Carl Sagan gab es in der großen Bibliothek in Alexandria ein Buch mit dem Titel *The True History of Mankind Over the Last 100 000 Years.* Unglücklicherweise wurde dieses Buch zusammen mit Tausenden anderen durch fanatische Christen im dritten Jahrtausend nach Christus verbrannt. Jeder Band, der vielleicht übrig geblieben war, wurde ein paar Jahrhunderte später durch Moslems verbrannt, welche damit ihre Bäder beheizten.

Alle antiken, chinesischen Texte wurden im Jahr 212 v. Chr. auf Anordnung des Herrschers Chi Huang Ti zerstört, dem Erbauer der berühmten Chinesischen Mauer. Große Mengen antiker Texte - praktisch alles über Geschichte, Philosophie und Wissenschaft - wurde konfisziert und verbrannt. Ganze Bibliotheken, eingeschlossen die Königliche, wurden zerstört. Sogar einige der Werke von Konfuzius und Menzius wurden hierbei vernichtet. Glücklicherweise entgingen einige Bücher der Zerstörung, weil die Leute sie in Höhlen versteck-

ten, und viele Werke wurden in den taoistischen Tempeln verborgen gehalten, wo sie noch heute aufbewahrt und erhalten werden.

Die spanischen Konquistadoren zerstörten jeden Maya-Kodex, dem sie habhaft werden konnten. Von den vielen Tausend Maya-Büchern, welche von den Spaniern gefunden wurden, existieren heute nur noch drei oder vier. Genauso wie die fanatischen Christensekten und der Herrscher Chi Huang Ti wollten die Konquistadoren das Wissen und die Aufzeichnungen darüber zerstören.

Europa und der Mittelmeerraum versanken in das berüchtigte Dunkle Zeitalter, als sich die christliche Kirche nach einer Reihe von Kirchenkonzilien, beginnend mit dem Konzil von Nicäa im Jahr 325 spaltete. Der letzte Patriarch der frühen christlichen Kirche, Nestorius, wurde beim Konzil von Ephesus im Jahr 431 abgesetzt. Er wurde nach Lybien verbannt, und die Nestorianische Kirche ging nach Osten. Der Streit betraf die frühchristliche Doktrin der Reinkarnation und die Ansicht, dass Christus eine duale Natur hatte: Jesus war ein Meister, aber Christus war der Erzengel Melchizedek.

Als Folge dieser Streitigkeiten wurde angeordnet, dass alle Bücher im Byzantinischen Reich zerstört werden sollten, außer eine neue Version der Bibel, welche die katholische Kirche herausgab. Zu dieser Zeit wurde auch die Bibliothek von Alexandria zerstört und die große Mathematikerin und Philosophin Hypatia vom Mob auf die Straße gezogen und in Stücke gerissen. Danach wurde die Bibliothek zerstört. Auf diese Weise begann die Unterdrückung der Wissenschaft und des Wissens, vor allem über die antike Vergangenheit.

Das Wissen ist in den letzten 2000 Jahren unterdrückt worden. Manchmal wird behauptet, dass die Geschichte von den Siegern geschrieben wird; wenn wir uns die bekannte, kriegsorientierte Propaganda vor Augen halten, welche in diesem Jahrhundert immer noch als "Geschichte" angesehen wird, dann sollten wir einen Großteil der antiken Geschichte in diesem Licht betrachten.

Wenn man diese Unterdrückung in Betracht zieht, ist es erstaunlich, dass in den wenigen antiken Texten, die der Vernichtung entgangen sind, von fortschrittlichen Zivilisationen und Katastrophen, durch welche diese zerstört wurden, die Rede ist. In gleicher Weise wird von weisen Leuten erzählt, welche in Harmonie mit der Erde und allen Naturabläufen lebten. Aber irgendwann in einer fernen Vergangenheit begannen die Menschen, in Disharmonie mit der Natur zu leben, und die ganze Erde wurde von einer Katastrophe heimgesucht.

Wir können hier eine erstaunliche Parallele zwischen der Atlantis-Legende und der Situation, in welcher sich der Mensch jetzt selbst befindet, erkennen. Wird der moderne Mensch seine eigene Technologie und sein Klassendenken überleben, oder wird er sich durch seine zerstörerischen Handlungen und die Disharmonie mit der Erde selbst zerstören?

Ich hatte wesentlich mehr erhabene Gedanken und kreative Visionen in gut ausgestatteten, amerikanischen Bädern gehabt als jemals in irgendeiner Kathedrale.
Edmund Wilson.

ANTIKE SANITÄREINRICHTUNGEN: BADEZIMMER DER GÖTTER

Es wurde behauptet, dass sich der Entwicklungsgrad einer fortschrittlichen Zivilisation an den sanitären Einrichtungen ablesen lässt. Nette Badezimmer und Toiletten sind wichtige Annehmlichkeiten. Rohrleitungen und Sanitäreinrichtungen entstammen wiederum der Bewässerungstechnik, welche irgendwann vor 25 000 Jahren entwickelt wurde.

Vor über 3 000 Jahren unterhielten die Nabatus, ein arabischer Stamm in der heutigen Negev-Wüste in Israel, sechs blühende

Das Bad des römischen Kaisers Caracalla aus dem 3. Jahrhundert

Städte, darunter das berühmte Petra. Durch die Verwendung eines genialen Systems aus Terassen und Mauern gelang es diesen technologischen Landwirten, das Ackerland mit einer durchschnittlichen Regenmenge von 10 cm pro Jahr zu bewirtschaften. "Je mehr man das ausgeklügelte System der Nabatus untersucht, desto beeindruckender erscheinen die Präzision und das Ausmaß ihrer Arbeit. ... Sie haben alle diesbezüglichen Probleme in einer Art und Weise gelöst, die heute kaum übertroffen werden kann." (*Scientific American*, April 1956).

"Vor ungefähr 3 000 Jahren entdeckten die Perser eine Methode, um unterirdische Aquädukte auszuheben, welche Grundwasser aus den Bergen in ihre trockenen Ebenen brachten. Auch heute funktioniert dieses System noch und liefert ca. 75% des Wassers im Iran." (*Scientific American*, April 1968).

Jahrhundertelang waren die sanitären Bedingungen in Europa beklagenswert. Durch die übliche Behandlung der menschlichen Abfälle wurden die schrecklichen Plagen aufrecht erhalten, welche den Kontinent mehrmals heimsuchten. Aber schon vor 5 000 Jahren gab es im Tigristal in der Nähe von Bagdad in Tell Asmar Wohnungen und Tempel, welche mit ausgefeilten Sanitäranlagen ausgestattet waren. Ein Tempel, der bei Ausgrabungen frei gelegt wurde, besaß sechs Toiletten und fünf Badezimmer, wobei die meisten Rohrleitungen "mit Abflussrohren verbunden waren, welche in einen Hauptwasserkanal geleitet wurden, der einen Meter hoch und 50 Meter lang war. ... Bei der Untersuchung stießen die Forscher auf eine Reihe von Erdspeicherleitungen. Ein Ende jedes Bereichs hatte einen Durchmesser von ungefähr 20 cm, wobei das andere Ende auf 17,5 cm verringert worden war, so dass die Rohre miteinander verbunden werden konnten, genau wie dies auch bei Abwasserrohren im 20. Jahrhundert der Fall ist." (*Scientific American*, Juli 1935).

Die antiken Menschen bauten für Bewässserungszwecke Tunnels durch Berge und legten gewaltige Dämme oder andere hydraulische Anlagen an. Der große Damm, der von der Königin von Sheba bei Marib im Jemen gebaut wurde, ist ein gutes Beispiel hierfür. Riesige hydraulische Anlagen der Antike, die bisher unbekannt waren, kommen erst heute ans Tageslicht. Der Archäologe A. D. Fernando aus Sri Lanka beschreibt in einem Artikel im *Journal of the Sri Lanka Branch of the Royal Asiatic Society* aus dem Jahr 1928[144] die unglaubliche Entdeckung, die gemacht wurde, als Ingenieure in Sri Lanka einen Staudamm bei Madura Oya errichten wollten, um ein großes Tal zu überfluten.

Als die Bulldozer ihre Arbeit begannen, stießen sie auf Wälle, die schon im Boden vorhanden waren. Zum Erstaunen aller stellte sich heraus, dass die prähistorischen Ingenieure die gleichen Berechnungen durchgeführt und am gleichen Ort einen Staudamm errichtet hatten!

Der Ort wurde von norwegischen Reportern besucht, welche berichteten, dass diese gewaltigen megalithischen Wasserdämme sogar einen Pharao beeindruckt hätten. Thor Heyderdal sagt, dass ein großer Teil des Dammes aus zehn Meter hohen und 15 Tonnen schweren Blöcken konstruiert worden war. Der Damm besaß Schleusen, die zehn Kilometer lang waren, um den Wasserfluss in einer Reihe künstlicher Seen zu regulieren.[144]

Vor hundert Jahren glaubten die Historiker, dass, da Nomadenstämme keine Baderäume oder Abwassersysteme hatten, auch alle anderen Menschen in dieser Art und Weise gelebt haben müssen. Nomadenstämme zogen manchmal einfach weiter, wenn der Abfall und das Abwasser nicht mehr zu ertragen war. Städte können allerdings nicht einfach mitgenommen werden. Britische Archäologen glaubten, dass der antike Mensch keine hoch entwickelten Abwasseranlagen und Sanitäreinrichtungen verwendete und dass das Abwasser einfach vom Regen schließlich in den nächsten Fluss geschwemmt wurde. Allerdings waren viele Badezimmer der Antike sehr luxuriös und mit farbigen Keramikböden und Badewannen ausgestattet, genauso wie wir sie heute haben. Reginald Reynolds schreibt in seinem geistreichen Buch *Cleanliness and Godliness*[130] über antike Sanitäranlagen, dass der antike Mensch über Abwasserbeseitigung Bescheid wusste, und er hatte zwei oder mehrere klar getrennte Systeme.

Laut der Meinung des bekannten Archäologen Ernest Mackay wurden diese Abflüsse nicht als Abwasseranlagen verwendet, und als Beweis hierfür zitiert er die *Charaka-Samhita*, ein Werk des 2. Jahrhunderts n. Chr., in welcher gesagt wird, dass Latrinen

Das Große Bad von Mohendscho-Daro in Pakistan

nur für die Kranken und Schwachen bestimmt waren, und dass alle anderen ihr Geschäft einen Pfeilschuss von ihren Häusern erledigen sollten. ... Die Abwässer liefen manchmal die Wände hinunter, was ein widerwärtiger Brauch gewesen wäre, falls sie Fakälien enthalten hätten. Aber er vergisst zu erwähnen, dass das Nichtvorhandensein eines Abwassersystems in einer Stadt noch abstoßender gewesen wäre als ein offener Abwasserkanal; und da in diesen Häusern sowohl offene Wasserkanäle als auch geschlossene Rinnen vorhanden waren, ist es vernünftig anzunehmen, dass diese beiden Systeme verschiedenen Zwecken dienten, und dass durch das eine das Regen- und Badewasser abgeleitet wurde, und durch das andere die Fakälien. ... Aber es kann auf keinen Fall bestritten werden, dass diejenigen, welche die Grabhügel (Mohendscho-Daro) in Pakistan bewohnten, gut ausgestattete Baderäume und ein Abwassersystem besaßen. ...

Sir G. Maspero, der einstige Direktor des "Services of Antiquities" in Ägypten, hatte eine hohe Meinung von den ausgezeichneten hygienischen und sanitären Einrichtungen des alten Ägyptens, vor allem dem kunstvollen Bad, welches in Tell el-Amarna in dem Haus eines hohen Beamten der 18. Dynastie entdeckt worden war. Und er merkt an, dass in der Mitte ihrer gepflasterten Straßen ein Steinkanal vorhanden war, um das Abwasser und Regenwasser abzuleiten. Im selben Bad wurde auch hinter einer abgeschirmten Stelle eine gut erhaltene Toilette gefunden, wobei diese mit einem elegant geformten Sitz aus Kalkstein ausgestattet war."[130]

Herodot glaubte, dass die Ägypter von allen Nationen die gesündesten waren, da sie sich nach seiner Meinung von anderen Leuten durch die Einzigartigkeit ihrer Einrichtungen und Verhaltensweisen unterschieden. Reynolds erzählt uns, dass "die Ägypter, genau wie die Pythagoräer, keine Bohnen verzehrten, welche sie für unrein hielten, wofür ich keine Erklärung angeben kann; obwohl einige sagen, dass Pythagoras in dieser Hinsicht von Aristoteles missverstanden worden war." Die Leute mieden Bohnen schon vor 5 000 Jahren.

In bezug auf die Toiletten der Ägypter sagt Reynolds, dass diese den "zusammengesetzten" Typ bevorzugten:

"Sie verwendeten größtenteils Erde statt Wasser; es muss sich erst noch herausstellen, ob wir weiser sind als die Pharaonen; denn Sanitäranlagen haben nichts mit populären Ansichten oder vorherrschenden Systemen zu tun, sondern müssen im Verhältnis zur besten Reinigungsmethode, der Vermeidung von Belästigungen und Infektionen, der Fruchtbarkeit des Bodens und vieler anderer Dinge gesehen werden, wie z.B. dem Klima. Aber aus der allgemeinen Beobachtung wissen wir, dass die Priesterphysiker, die für die öffentliche Hygiene verantwortlich waren, die Reinlichkeit fast als Göttlichkeit ansahen und sich darum bemühten, wenigstens die Unterkünfte der oberen Schichten in ihren Städten sauber zu halten.

Die Ägypter konnten sogar schon Rohrleitungen aus gehämmertem Kupfer herstellen, von denen eine gefunden wurde, die volle 400 m lang war, und zwar im Tempel von Sahara, obwohl sie nur für die Ableitung des Regenwassers diente. Und dass die Wasserversorgung von großer Bedeutung war, die von den höchsten Beamten des Staates beaufsichtigt wurde, wissen wir aus einer Inschrift, in der von den Pflichten des Viziers unter der 18. Dynastie die Rede ist. Hier heißt es über den Vizier: "Es ist er, welcher die Beamten bestellt, welche für die Wasserversorgung im ganzen Land zuständig sind. ... Es ist er, welcher die Wasserversorgung am ersten Tag einer jeden Zehn-Tage-Periode inspiziert."[130]

William Corliss schreibt in der Zeitschrift *Scientific Frontiers* (Nr. 123 vom Mai-Juni 1999), dass die Ägypter nicht nur fortschrittliche Toiletten und Badezimmer hatten, sondern auch reichlich Kosmetika verwendeten. Sowohl Frauen als auch Männer der oberen Klassen bevorzugten grünes, weißes und schwarzes Make-up. Diese kosmetischen Puder, welche aus dem 2. Jahrtausend v. Chr. stammen, sind in ihren Originalgefäßen aus Alabaster, Holz oder Keramik erstaunlich gut erhalten geblieben.

Ein Team aus französischen Chemikern, welches von Walters geleitete wurde, war nicht überrascht, als durch Analysen dieser Puder zermahlener Bleiglanz und Bleiweiß gefunden wurden. Aber ihnen fielen fast die Teströhrchen zu Boden, als sie chemische Verbindungen fanden, welche in der Natur äußerst selten vorkommen, vor allem Laurionit (PbOHCl) und Phosgenit ($Pb_2Cl_2CO_3$). Diese Verbindungen sind tatsächlich so rar in der Natur, dass das ägyptische Pulver künstlich hergestellt worden sein musste. P. Walters schrieb: "Wenn man dieses alles zusammennimmt, muss man davon ausgehen, dass Laurionit und Phosgenit im alten Ägypten synthetisch hergestellt wurden. Die Ägypter produzierten künstliche Bleibverbindungen und fügten sie ihren kosmetischen Produkten bei. Die zu Grunde liegende Reaktion ist einfach, aber der gesamte Prozess muss ziemlich schwierig gewesen sein.

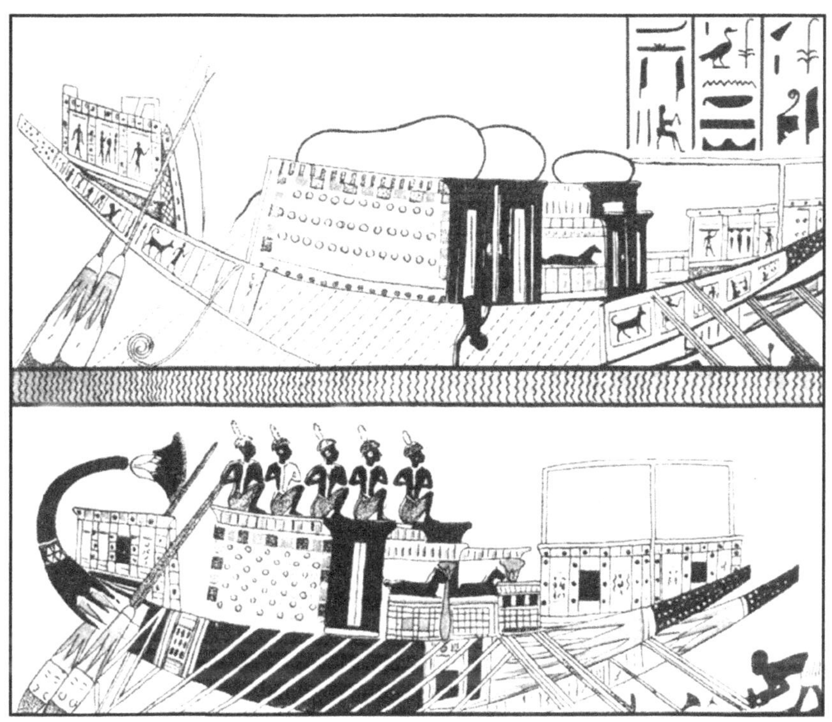

Ägyptische Schiffe, die aus Schilf gefertigt wurden

Es ist auch zuvor schon bekannt gewesen, dass die ägyptischen Chemiker schon 500 Jahre früher im Jahr 2500 v. Chr. eine auf Feuer basierende Technologie besaßen, um blaue Pigmente herzustellen. Eine auf Flüssigkeiten basierende Technologie stellte einen weiteren Fortschritt dar." (*Nature*, Nr. 397, 1999).

Corliss schreibt, dass "die Techniker bei Nissan angespornt von den Erfolgen der ägyptischen Chemiker künstliche Vogelabfälle synthetisiert hätten, welche für Autolacke verwendet werden."

Für Baderäume ist eine gute Seife notwendig, und das Wort Seife (engl. *soap*) stammt vom ägyptischen Wort *swab* ab. Im Jahr 1931 stellte der britische Ägyptologe Dr. Rendel Harris die

Behauptung auf, dass die englischen Wörter *swab* (schrubben) und *swabber* aus der ägyptischen Sprache stammen. *Wbd* sagt er, bedeutete bei den alten Ägyptern rein, und aus diesem Wort leitete er den Namen *Wahabis* ab, welche die Puritaner des heutigen Islam sind. Er sagt auch, dass der Buchstabe S "etwas machen" ausdrückt, so dass, weil das Wort *ankh* Leben bedeutet, *S-ankh* lebendig machen bedeutet. Hieraus schließt er, dass, falls *wdb* rein bedeutet, *S-wdb* reinigen oder schrubben meint. Und da Dr. Harris fest daran glaubte, dass die Ägypter ein großes Seefahrervolk waren, nimmt er an, dass das Wort *swab* in die englische Sprache durch antike Seefahrer eingeführt wurde, deren Sprache teilweise älter war als jede heute in Europa gesprochene Sprache.

Die seefahrerischen Fähigkeiten der Ägypter waren beträchtlich, und es steht außer Zweifel, dass sie große Schifffahrtsflotten besaßen. Offensichtlich stammt *swabbing the deck* (das Deck schrubben) von den antiken Ägyptern, und das englische Wort *soap* (Seife) wurde von *swab* abgeleitet, nämlich meint es, das was sauber macht."[130]

Eine entsprechende Hygiene, Wasser für die Sanitäranlagen, Seife und Abfallbeseitigung sind für eine technisch fortschrittliche Zivilisation notwendig. Wenn man von der Technologie der Götter spricht, dann ist Reinlichkeit mit Göttlichkeit gleichzusetzen.

VIELE DER HEUTIGEN ERFINDUNGEN SIND ERFINDUNGEN DER VERGANGENHEIT

Die antiken Griechen bauten Dampfboiler die funktionierten, aber sie verwendeten sie eher als Spielzeug, nicht als praktische Energiequelle. Bei einem solchen Spielzeug handelte es sich um eine Kugel, welche durch zwei Dampfstrahlen erzeugt wurde und im Jahr 200 v. Chr. von griechisch stämmigen Ägyptern erfunden worden war.

Die ägyptischen Tempel besaßen auch schon zwei Jahrhunderte vor der christlichen Ära Geldautomaten für Weihwasser.

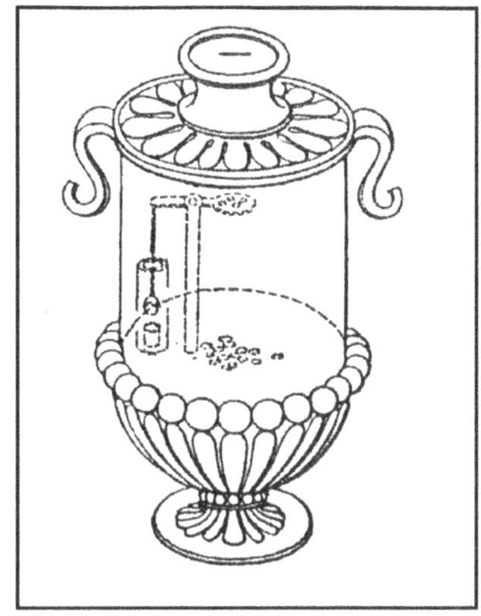

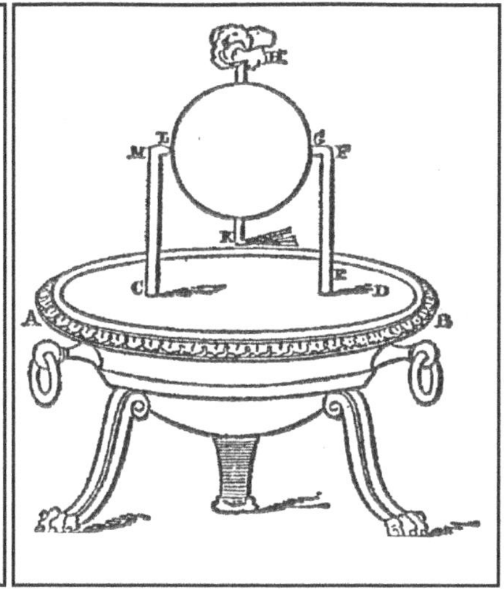

Links: Automatischer, ägyptischer Weihwasserspender
Rechts: Dampfmaschine, welche von Hero von Alexandria erfunden und als Spielzeug verwendet wurde

Die Menge des Wassers, das aus dem Hahn floss, stand im direkten Verhältnis zum Gewicht der Münzen, welche in den Schlitz geworfen wurden. Im Tempel des Zeus in Athen befand sich ein ähnlicher, automatisch gesteuerter Weihwasserspender. Der berühmte griechisch-ägyptische Erfinder Hero aus Alexandria erfand ein solches bekanntes Gerät im Jahr 120 vor Christus. Aus diesen Beispielen lässt sich ableiten, dass von Tempelpriestern schon frühzeitig technische Hilfsmittel eingesetzt wurden.

Viele der allgemein üblichen Erfindungen der modernen Welt, wie Dampfmaschinen, Uhren, Verkaufsautomaten, hydraulische Pumpen etc., waren schon in der Antike bekannt. Hervorragend hergestellte Instrumente und Werkzeuge, wie das Antikythera-Gerät, das später noch besprochen wird, waren in der Antike üblich, aber die Archäologen sind immer wieder überrascht, wenn sie diese entdecken!

Die Gynäkologie war bis in das späte 19. Jahrhundert eine unbekannte Wissenschaft. Laut der Ausgabe des *Scientific American* vom 20. Oktober 1900 legten Ausgrabungen in Pompej allerdings offen, dass die Gynäkologie nur eine Wiederentdeckung der Welt der Chirurgie darstellt. Instrumente, welche seit der Eruption des Vesuv im Jahr 79 n. Chr. im Tempel der Jungfrauen vergraben waren, zeigten, dass "die Gynäkologie eine Wissenschaft war, die schon lange vor unserer Zeit in voller Blüte stand. In jedem Einzelfall handelt es sich bei den Instrumenten um fast exakte Duplikate derjenigen, welche von den bewährtesten, modernen Wissenschaften verwendet werden. ... Die Verarbeitung ist genauso gut wie alles, was im 20. Jahrhundert erzeugt wird. Die Instrumente sind handgeschmiedet, die Schraube mit Gewinden versehen und können genauso fein eingestellt werden wie alles, was bis heute entwickelt worden ist."

Schiffwracks im Mittelmeer geben eine Vorstellung von den Maschinen, welche die Griechen, Römer und andere Mittelmeervölker besaßen. In der Ausgabe der Zeitschrift *Chemical Engineering* vom 27. Juli 1959 ist ein Artikel über ein 80 Pfund schweres Ventil zu finden, welches aus einem der Yachten des Kaisers Caligula geborgen werden konnte. Das Ventil war aus zinkfreier, bleireicher, antikorrosiver und reibungsarmer Bronze hergestellt.

"Das Caligula-Ventil wurde am Grund des Sees Semi in Rom gefunden. Obwohl es schon 19 Jahrhunderte alt ist, ist die Oberfläche immer noch völlig glatt." Wohingegen die moderne Mode und sexuelle Trends nur Nachahmungen früherer Zeiten sein mögen, sind die Wissenschaftler immer wieder über den hohen technischen Stand der Wissenschaft der antiken Menschen erstaunt.

Durch die beiden Bücher *Technology of the Ancient Man*[54] von Henry Hodges und *Engineering in the Ancient World* von J. Landels kann sich der Laie ausgezeichnet mit der antiken Wissenschaft und Technologie vertraut machen. Hieraus lässt sich erkennen, dass die Wissenschaft der antiken Menschen der unseren sehr ähnlich war.

Wenn wir menschliche Wesen Demut empfinden wollen, dann müssen wir nicht auf die bestirnte Unendlichkeit über uns blicken. Es ist ausreichend, wenn wir unseren Blick auf die Weltkulturen richten, welche Tausende von Jahren vor uns existierten, Großes geleistet haben und vor uns untergegangen sind.
C.W. Ceram in *Gods, Groves and Scholars.*

DIE ERSTAUNLICHEN ERFINDUNGEN CHINAS

Viele antike Erfindungen sollen aus China stammen, obwohl viele von ihnen wahrscheinlich aus früheren Kulturen kommen.

Die Chinesen besaßen schon zu einem frühen Zeitpunkt -- manche glauben in den ersten vorchristlichen Jahrhunderten oder früher -- Maschinen mit Getrieben. Wohingegen es die modernen Historiker vorziehen, die Geschichte Chinas im Jahr 1122 v. Chr. beginnen zu lassen, als die Chou-Dynastie herrschte, bevorzugen es die Chinesen selbst, ihre Geschichte mit den halbmythischen "Fünf Monarchen" beginnen zu lassen.

In vorhandenen chinesischen Texten wird festgestellt, dass die erste Dynastie diejenige der "Fünf Monarchen" war, in welcher es verwirrenderweise neun Herrscher gab, die von 2852 bis 2206 v. Chr. herrschten. Konfuzius schreibt einem dieser Kaiser namens Yao, der ca. um 2357 seine Herrschaft begann, Freundlichkeit, Weisheit und Pflichtbewusstsein zu. Sein Nachfolger war Shon, der ein weites Straßennetz, Pässe und Brücken in dem riesigen Land anlegen ließ, und viele Forscher schreiben ihm den Aufbau der Seidenstraße zu.

Die antiken, chinesischen Texte, vor allem diejenigen von Lao Tzu und Konfuzius als auch das I Ging, handeln vom Glanz dieser antiken Zivilisationen. In ihnen ist angeblich von Leuten, welche in der Zeit der "Fünf Monarchen" oder auch schon zuvor gelebt haben, die Rede. Die legendären Chi-Kung-Leute dieser frühen Periode sollten angeblich "fliegende Lastenträger" besessen haben.

Wie schon erwähnt, ordnete der Herrscher Chin Shih Huang Ti kurz vor seinem Tod an, dass alle Bücher und die gesamte Literatur in bezug auf das antike China zerstört werden muss. Glücklicherweise konnten einige Bücher gerettet werden, da sie in taoistischen Tempeln versteckt wurden. Sie werden unter keinen Umständen irgendjemand gezeigt, sondern versteckt gehalten, wie das schon seit Tausenden von Jahren der Fall ist. Die Verfolgung der Lamas und die Schließung ihrer Tempel durch die Kommunisten weist darauf hin, dass die Priester immer noch Anlass haben, ihre antiken Bücher versteckt zu halten.

Zweifelsohne gab es eine große Menge verlorener Geschichte in bezug auf die frühen Tage Chinas und seiner Technologie. Was veranlasste den Herrscher Chin, jegliche Aufzeichnungen der Vergangenheit kurz vor seinem Tod zu zerstören? War er so größenwahnsinnig, dass er wollte, dass die Geschichte mit ihm beginnen sollte, oder wurde er von den gleichen bösartigen Mächten beeinflusst, die auch Dschingis Khan und Hitler veranlasst haben, Bücherverbrennungen durchzuführen?

Wir haben gehört, dass in der fernen Vergangenheit die Könige Titel hatten, aber keine posthume Nachnamen. In der letzten Zeit hatten die Könige nicht nur Titel, sondern nach ihrem Tod wurden ihnen Namen verliehen, die auf ihr Verhalten basierten. Dies kann nicht erlaubt werden. Posthume Titel sind hiermit abgeschafft. Wir sind die ersten Herrscher, und unsere Nachfolger sollen als der zweite Herrscher, der dritte Herrscher usw. in endlosen Generationen bekannt sein.

Chin Shih Huang Ti, Edikt 212 v. Chr.

Trotz der manchmal despotischen Herrscher blühten im antiken China und in Zentralasien Erfindungskunst und Innovationen. Es waren tatsächlich die Chinesen, welche die Druckerpresse erfanden. Der Erfinder war ein Mann namens Bi Sheng, welcher diese Technologie im Jahr 1045 n. Chr. einführte, 400 Jahre bevor Gutenberg seine Bibel druckte. Die Chinesen haben auch

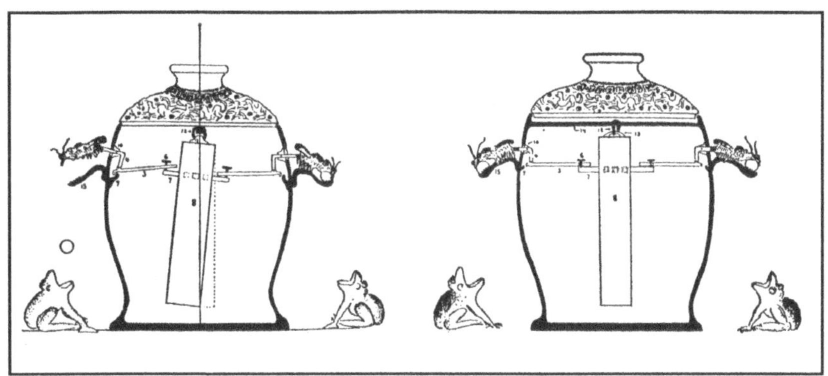

Chinesisches Gerät zur Aufdeckung von Erdbeben (200 n. Chr.)

das Druckpapier, Packpapier, Papierservietten, Spielkarten und Papiergeld erfunden! Auch Toilettenpapier war ein Produkt ihrer Papierindustrie, und dies schon vor über 2 000 Jahren. Vielleicht haben alle diese Erfindungen auch schon in der Vergangenheit existiert.

Die Chinesen wussten über Erdbeben und geologische Veränderungen Bescheid, und sie haben schon vor 7 000 Jahren erdbebensichere Häuser gebaut. Im Jahr 132 n. Chr. wurde von Zhang Heng der weltweit erste Seismograph für die Aufzeichnung ferner Erdbeben erfunden. Dieses geniale Gerät war 2,50 Meter hoch und enthielt acht Bronzedrachen, welche Kugeln in ihren Klauen hielten. Wenn sie von einem fernen Erdbeben erschüttert wurden, wurde durch ein internes Pendel die Klaue des Drachens geöffnet, welcher der Quelle der Erschütterung gegenüberstand, und der Ball fiel in den Mund eines Bronzefrosches, der sich unterhalb eines jeden Drachens befand.

Die erste mechanische Uhr wurde von zwei chinesischen Erfindern um das Jahr 725 n. Chr. gebaut, und Schießpulver war in China schon mindestens im 9. Jahrhundert bekannt. Bevor es im 13. Jahrhundert nach Europa gebracht wurde, wo es dann von den Deutschen und Dänen für die ersten Kanonen verwendet

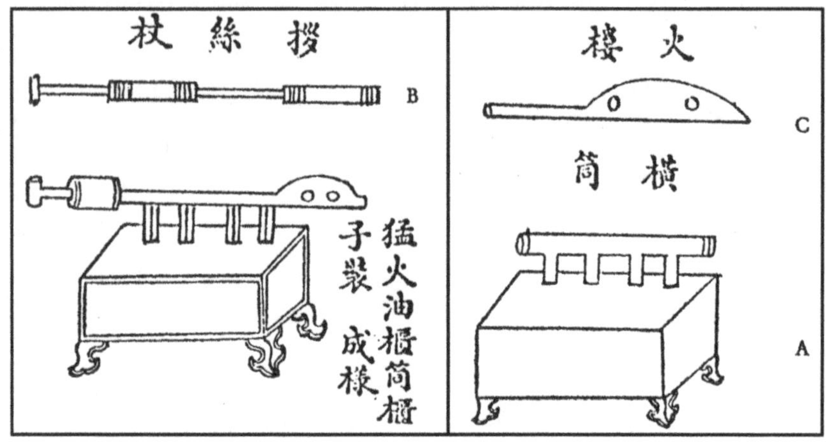

Chinesischer Flammenwerfer aus dem Jahr 1040 n. Chr.

wurde, diente es nur für Feuerwerke und zu Vergnügungszwecken.

Die chinesischen Projekte hatten immer ein großes Ausmaß, und nicht nur die Chinesische Mauer war eine kolossale Leistung, sondern auch der Große Kanal, welcher den Gelben Fluss mit den Yang Tze verbindet, ist zwanzigmal länger als der Panama-Kanal -- und trotzdem haben ihn die Chinesen ohne moderne Ausrüstung schon vor über 1 300 Jahren konstruiert! Es gibt noch viele andere unbekannte Großprojekte wie die größte Pyramide der Welt in Xian. Die chinesische Version der Schreibmaschine, die als Hoang-Schreibmaschine bekannt ist, hatte 5 700 Typen auf einer Tastatur, welche 60 cm breit und 40 cm hoch war!

In dem Buch *The Genius of China: 3 000 Years of Science, Discovery and Invention*[99] des Autors Robert Temple (wobei es sich um eine Zusammenfassung von Joseph Needhams Werk an der Cambridge Universität handelt) schreibt dieser, dass die Chinesen schon im 4. Jahrhundert v. Chr. Giftgas und Tränengas kannten und einsetzten, 2 300 Jahre bevor der Westen diese Dinge entwickelte. Die Chinesen stellten im 4. Jahrhundert v. Chr.

Die riesigen chinesischen Pyramiden in der Nähe von Xian

Gusseisen her (1 700 Jahre vor dem Westen), und sie produzierten Stahl aus Gusseisen im 2. Jahrhundert v. Chr. (2 000 Jahre vor dem Westen). Die erste Hängebrücke wurde in China im 1. Jahrhundert gebaut (1 800 Jahre vor dem Westen), und die Chinesen erfanden Streichhölzer bereits im Jahr 577 n. Chr., tausend Jahre vor dem Westen.

In der Einleitung seines Buches schreibt Needham über das fortschrittliche Niveau der chinesischen Zivilisation Folgendes: "Warum sollten sie anderen Nationen so weit voraus gewesen sein, und warum sind sie nun dem Rest der Welt nicht Jahrhunderte voraus?" Vielleicht haben die Chinesen ihr Wissen von einer älteren Zivilisation übernommen. Ihre Entdeckungen sind einfach nur Wiederentdeckungen einer antiken Technologie, genauso wie die unseren.

Der Autor Andrew Tomas schreibt in seinem Buch *We Are Not the First* Folgendes: "Die Kybernetik ist eine alte Wissenschaft. In China war sie als die Technik des Kwai-shuh bekannt, mittels derer eine Statue zum Leben erweckt werden konnte, um seinen Hersteller zu dienen. In der Geschichte des Herrschers Tachouan ist die Beschreibung eines mechanischen Menschen enthalten. Die Kaiserin fand diesen Roboter so unwiderstehlich, dass der eifersüchtige Herrscher des Himmlischen Reiches dem Konstrukteur die Anweisung gab, ihn wieder auseinanderzubauen, trotz der großen Bewunderung, die er selbst für den gehenden Roboter hegte.

Eine der weltweit ersten Rechenmaschinen war natürlich der 2 600 Jahre alte Abakus. Erst in letzter Zeit ist es mit modernen Rechnern möglich, schnellere Berechnungen anzustellen als mit diesem einfachen aber effizienten Rechengerät.

Dies erscheint fantastisch. Man könnte glauben, dass die modernen Ingenieure diese Kräfte bis zum n-Grad erforscht haben, aber die Wahrheit ist, dass uns die antiken Menschen, abgesehen vom Rammbock oder dem Wasserrad, einige Dinge lehren könnten.

Jules Verne als Antwort auf die Feststellung, dass die Naturkräfte nicht weiter ausgenutzt werden könnten.

DIE WUNDERBAREN CHINESISCHEN UHREN

Die wunderbaren Uhren des antiken Chinas sind ein gutes Beispiel dafür, wie kompliziert antike Maschinen sein konnten. Obwohl es mechanische Uhren schon seit über tausend Jahren gibt, war das Problem der Genauigkeit über einen längeren Zeitraum schwer zu lösen. Die Chinesen haben dieses Problem durch eine Vorrichtung, die als Hemmung bezeichnet wird, gelöst. Dieser Mechanismus macht es möglich, die Geschwindigkeit der Uhr genau zu regeln und sie mit einer relativ geringen Energie anzutreiben.

Die erste bekannte Uhr mit einer Hemmung wurde um 724 n. Chr. von Lyang Lingdzan gebaut, obwohl es so scheint, dass diese Technik schon zuvor bekannt war. Dieser Apparat bestand aus einer Himmelskugel, die sich mit den Sternen drehte, einer Modellsonne und einem Modellmond, welche sich in der Kugel so herumbewegten, wie sich die wirklichen Himmelkörper um die Erde zu bewegen scheinen, und Vorrichtungen, durch welche Glocken geläutet und Trommeln angeschlagen wurden.

Die Glocke von Lyangs Uhr zeigte die chinesische "Stunde" oder "shi" an, die doppelt so lang war wie unsere Stunde. Die Trommel zeigte einen kürzeren Zeitraum an, das "ko". Das sind

1/100 eines Sonnentages oder 14 Minuten und 24 Sekunden unserer Zeit. Wie andere westliche Leute auch, unterteilten die Chinesen Tag und Nacht in Intervalle, welche sich mit den Jahreszeiten veränderten. Ungefähr um 1 100 n. Chr. übernahmen die Chinesen ein System aus gleich bleibenden Zeitabschnitten, die unabhängig von der Veränderung des Sonnenauf- und untergangs waren. Hierdurch wurde die Uhrenherstellung einfacher.

"In Lyangs Uhr wurde durch Wasser, das in Schaufeln floss, automatisch ein Rad gedreht, wodurch dieses eine Umdrehung pro Tag machte. Das Uhrwerk bestand aus Rädern, Wellen, Haken, Bolzen und ineinandergreifenden Stäben und Sperrvorrichtungen."[27]

Die astronomische Uhr von Kaifeng

Die Ausdrücke "Bolzen und ineinandergreifende Stäbe" beschreiben die Hemmung, die notwendig war, um das Rad so langsam zu drehen. Bei der Hemmung handelte es sich anscheinend um ein einfaches System, durch welches das Wasserrad am Drehen gehindert wurde, bis eine Schaufel gefüllt worden war und sich dieses dann nur soweit drehte, um die nächste Schaufel in die Füllposition zu bringen. Lyangs Uhr zeigte die Zeit genauer an als alles, was zuvor bekannt war, obwohl sie für heutige Maßstäbe ziemlich ungenau erscheinen muss. Aufgrund der Korrosion der Bronze- und Eisenteile funktionierte die Uhr irgendwann nicht mehr, weswegen sie in ein Museum gebracht wurde. Spätere Konstrukteure stellten größere Uhren her. Im Jahr 976 n. Chr. baute Jang Sz-hsun eine Uhr, die in einem pagodenartigen Turm untergebracht war, der über 9 m hoch war. Diese besaß 19 Hebevorrichtungen, durch die nicht nur Glocken zum Läuten gebracht und Trommeln angeschlagen wurden, sondern auch kleine Türen geöffnet wurden, in denen Zeichen untergebracht waren, welche die Zeit anzeigten. Durch andere Teile wurden die Bewegungen der Sterne, der Sonne, des Mondes und der Planeten aufgezeigt. Um zu verhindern, dass die Uhr nicht mehr funktionierte, wenn das Wasser im Winter gefror, ersetzte er dieses durch Quecksilber.

L. Sprague de Camp schreibt in seinem Buch *The Ancient Engineers*[27], dass die größte dieser Wasseruhren von Su Sung im Jahr 1090 gebaut wurde. In Su Sungs Denkschrift an den Herrscher Shen Dzung wird diese Uhr anhand von Diagrammen beschrieben, so dass es heute möglich wäre, diese Uhr mit einigermaßen Genauigkeit nachzubauen.

Zu dieser Zeit herrschte die Sung-Dynastie über fast ganz China, obwohl der Nomadenstamm der Kitanen einige der nördlichen Provinzen erobert hatte. Su Sung konnte auf eine lange Karriere in der kaiserlichen Bürokratie zurückblicken. Er besaß folgende Titel: Beamter des 2. Titelranges, Präsident des Personalministeriums, Kaiserlicher Tutor des Kronprinzen, Großprotektor der Armee und Kai-gwo Marquis von Wu-gung.

Als Su zu einer Mission an den Hof der Kitanen gesandt wurde, um den Khan zur Wintersonnenwende zu gratulieren, fand er heraus, dass er einen Tag zu früh gekommen war. Die Sung-Astronomen hatten sich um eine Viertelstunde in der Berechnung der exakten Zeit der Sonnenwende verrechnet. Su konnte das Gesicht des Herrschers und vielleicht auch sein eigenes dadurch wahren, indem er einen Vortrag über die Schwierigkeit der exakten Berechnung solcher Ereignisse hielt.

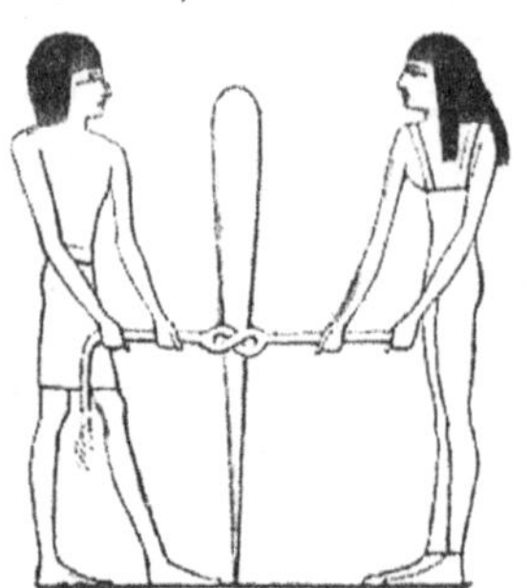

Als Sung jedoch in die Hauptstadt der

Sung-Dynastie in Kaifeng zurückkehrte, überredete er den Herrscher dazu, ihm eine genauere Uhr bauen zu lassen, um solche Peinlichkeiten in Zukunft zu vermeiden. Nachdem er die Erlaubnis erhalten hatte, konstruierte Su, wie jeder andere fähige Ingenieur es auch getan hätte, zuerst eine Reihe hölzerner Modelle, ein großes und ein kleines, um die Fehler der Konstruktion zu beseitigen, bevor er an die endgültige Ausführung heranging.

Die fertige Maschine bestand aus einem Turm, der mindestens 10,5 m hoch war, wenn man das Schutzdach dazurechnete. Durch Wasser, das durch eine bestimmte Anzahl von Gefäßen floss, wurden der Reihe nach 36 Schaufeln eines Wasserrades gefüllt. Durch die Hemmung konnte sich das Wasserrad immer nur eine Schaufel weiter drehen. Das Rad drehte sich einmal alle neun Stunden, wobei das Wasser aus den Schaufeln in ein Becken unter das Rad fiel.

Durch das Rad wurde eine Holzwelle, die in Eisenlagern gelagert war, gedreht. Durch diesen Schaft wurde mit Hilfe eines Radkranzes eine lange, vertikale Welle gedreht, welche den restlichen Teil der Maschinerie antrieb, mit welcher sie durch Getriebe verbunden war. Die Maschinerie bestand aus einer Reihe von abgestuften, sich überschneidenden Ringen, welche dem Horizont, der Ekliptik und dem Meridian entsprachen, die sich oben im Schutzdach befanden. Es war auch eine Himmelssphäre vorhanden, mit Perlen, welche die Sterne darstellen sollten, und fünf großen horizontalen Rädern, die Hebevorrichtungen enthielten.[27]

Zusammengenommen muss es sich bei Sus Uhr um ein beeindruckendes Schauspiel gehandelt haben -- mit dem ständigen Wasserplatschen, dem Klappern der Hemmung, dem Knacksen der Wellen in ihren Lagern und dem ständigen Trommeln, Glockenläuten und Gongschlagen. Ein Nachteil der Uhr war, dass sie nicht so plaziert war, dass sie von einer natürlichen Wasserquelle angetrieben werden konnte. Aus diesem Grund musste sie von Zeit zu Zeit aufgezogen werden. Dies wurde durch von Hand gedrehten Wasserrädern erreicht, welche das Wasser aus dem Becken anhoben.

Ungefähr im Jahr 1126 n. Chr. eroberten der Tatarenstamm der Jurchesen das Land der Kitanen und auch einige Sung-Provinzen. Nachdem sie Kaifeng eingenommen hatten, nahmen sie Sus Uhr zusammen mit einigen Mechanikern, um sie zu bedienen, mit in ihre eigene Hauptstadt Peking. Die gefangenen Uhrmacher bauten einen neuen Turm und brachten die Uhr wieder zum Laufen, nachdem sie die astronomischen Teile auf den neuen Breitengrad justiert hatten.

Nach ein paar Jahren waren die Teile allerdings verschlissen und die Uhr lief nicht mehr, außerdem wurde durch Blitzeinschlag der obere Teil des Turmes zerstört. Die Gin-Herrscher ließen im Jahr 1260 auf ihrer Flucht vor den Mongolen die Uhr zurück, und sie verschwand.

Währenddessen wollten die Sung-Herrscher eine neue Uhr. Aber Su Sung war tot, und es konnte niemand gefunden werden, der auf diesem Gebiet so bewandert war, um einen solchen komplizierten Mechanismus zu bauen.

Unter den Mongolen oder der Yuan-Dynastie wurden ähnliche Uhren gebaut. Für den letzten Yuan-Herrscher stellte die Konstruktion von Maschinen ein Hobby dar, und er half bei der Konstruktion von schwanzwackelnden Drachen und anderen Automaten mit. Als im Jahr 1368 allerdings die Ming-Dynastie die Yuan-Dynastie stürzte, wurden die Uhren, mechanischen Drachen und andere Maschinen, welche für die Mongolen gebaut worden waren, als "nutzlose Extravaganzen" verschrottet.[27,99]

Das Geburtsjahr der modernen Uhr wird allgemein mit dem Jahr 1364 angegeben, als Giovanni di Dondi, der einer italienischen Uhrmacherfamilie entstammte, die Beschreibung einer von Gewichten angetriebenen und von einer Hemmung gesteuerten Uhr veröffentlichte, die, außer bei Verbesserungen im Detaill, einer modernen Uhr entsprach. Dondi wurde berühmt, und Astronomen aus anderen Ländern kamen, um seine wunderbare Uhr zu betrachten. Galileo ersetzte das kranzförmige Ausgleichsrad von Dondi später durch ein Pendel, aber in Armbanduhren und anderen kleinen Uhren wird immer noch Dondis Vorrichtung verwendet.

Irgendwann um das Jahr 1502 herum erfand Peter Henlein aus Nürnberg die federgetriebende Uhr. Henleins Nürnberger "Ei" war nur ein wenig größer als ein moderner Wecker, hatte gehärtete Zeiger und hing von einer Kette um den Hals. Die frühen Uhren machten ihren Besitzern viele Schwierigkeiten, und Maximilian I. von Bayern pflegte zu sagen: "Falls Sie Probleme haben möchten, kaufen Sie sich eine Uhr." Uhren haben der Menschheit wahrscheinlich schon Tausende von Jahren Probleme gemacht.

DER SELTSAME KRISTALLSCHÄDEL

Ein Teil des Rätsels antiker Technologien sind komische Gegenstände oder Geräte, die eindeutig künstlich sind; wie sie allerdings hergestellt wurden, darüber rätseln die Wissenschaftler. Ein solcher seltsamer Gegenstand ist der berühmte Mitchell-Hedges-Kristallschädel, welcher in den Ruinen der antiken Stadt Lubaantum im heutigen Belize gefunden wurde. Lubaantum bedeutet "Ort der fallenden Steine" (im örtlichen Maya-Dialekt), aber der wirkliche Name der Stadt ist unbekannt. Die britische Kolonialregierung erfuhr Ende des letzten Jahrhunderts von den Einwohnern der Toledo-Siedlung in der Nähe von Punta Gorda von Lubaantum, und im Jahr 1903 sandte der Governeur der Kolonie Thomas Gann dorthin, um den Ort zu untersuchen. Gann ließ die Hauptgebäude um den Hauptplatz ausgraben und kam zu dem Schluss, dass die Bevölkerungszahl des Ortes ziemlich hoch gewesen sein musste. Sein Bericht wurde im Jahr 1904 in England veröffentlicht.

Im Jahr 1915 untersuchte R.E. Merwin von der Harvard-Uni-

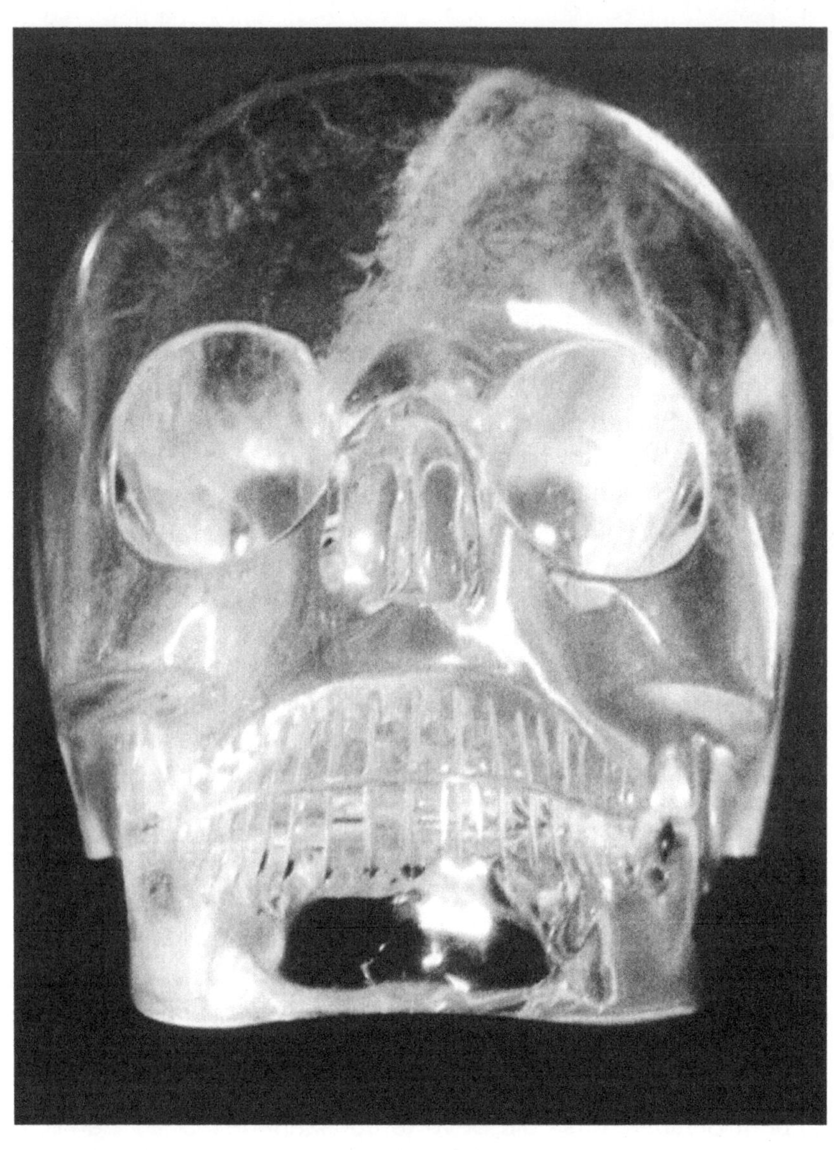

Der geheimnisvolle Kristallschädel, der von Mitchell-Hedges Adoptivtochter Anna im Jahr 1927 in Belize gefunden wurde. Der Schädel soll mindestens 3 600 Jahre alt sein.

versität den Ort, wobei er viele neue Gebäude fand und zum ersten Mal einen Plan der Stadt zeichnete. Bei der Ausgrabung des Hofes wurden drei gravierte Grenzsteine gefunden, wobei jeder zwei Männer zeigte, die ein Ballspiel spielten. Seltsamerweise handelt es sich bei diesen Steinen um die einzigen gravierten Steine in Lubaantum.

Erst im Jahr 1924 kam F.A. Mitchell-Hedges in Lubaantum an, um Thomas Gann bei der Ausgrabung der Stadt zu helfen. Im Jahr 1927 entdeckte Mitchell-Hedges Advoptivtocher Anna an ihrem 17. Geburtstag bei Grabungen in einem eingestürzten Altar einen lebensgroßen Kristallschädel. Drei Monate später wurde acht Meter vom Altar entfernt ein dazugehöriger Kieferknochen gefunden. Und auf diese Weise wurde eines der seltsamsten, antiken Objekte der Öffentlichkeit bekannt.

Das Alter des Schädels ist unbekannt. Steinkristalle können durch konventionelle Mittel nicht datiert werden. Die Hewlett-Packard-Labors, welche den Schädel untersuchten, schätzten, dass für die Vollendung viele sehr geschickte Künstler mindestens 300 Jahre beschäftigt waren. Auf der Härteskala rangiert Steinkristall gleich hinter Diamanten.

Das Rätsel des Schädels wurde noch größer, als entdeckt wurde, dass der Kieferknochen aus dem gleichen Kristallstück herausgearbeitet worden war, und wenn die beiden Stücke zusammengefügt wurden, dann schaukelte der Schädel auf seiner Kieferunterlage hin- und her, was den Eindruck erweckte, dass er durch Öffnen und Schließen des Mundes sprach. Auf diese Weise wurde der Schädel vielleicht als Tempelorakel von Priestern verwendet, um die Leute zu täuschen.

Dem Schädel werden aber auch noch wesentlich unglaublichere Eigenschaften zugeschrieben. Es wird behauptet, dass der Vorderlappen manchmal eine milchig-weiße Farbe annimmt. Zu anderen Zeiten soll er eine Lichtaura ausstrahlen, "welche die Farbe von Heu hat, ähnlich derjenigen eines Hofes um den Mond."[94]

Laut Frank Dorland, eines Kristallographen von Hewlett-

Packard, erscheinen im Schädel manchmal "Bilder", wie z.B. Fliegende Untertassen oder das, was als das Caracol-Observatorium in Chichen Itza aussieht. In den letzten Jahren ist der Schädel recht bekannt geworden, weil er bei Esoterikausstellungen in den USA und Kanada ausgestellt worden ist. Der Schädel befindet sich nun bei Anna "Sammy" Mitchell-Hedges in Kitchener in Ontario oder in ihrem Heim in Südengland.

F. A. Mitchell-Hedges war eine faszinierende Person, und in mancher Hinsicht war sein Leben ein Vorbild für den Indiana-Jones-Charakter. Von Geburt an (Geburtsdatum 1882) war "Mike" Mitchell-Hedges für ein Abenteuerleben bestimmt. In seinem Buch *Danger my Ally* aus dem Jahr 1954 berichtet er von vielen seiner Abenteuer. Mitchell-Hedges kam im Jahr 1899 nach Kanada und die Vereinigten Staaten, um sich mit J.P. Morgan zu treffen, gewann ein Vermögen beim Kartenspielen und ging dann nach Mexiko. Er wurde dort von Pancho Villa gefangen genommen und landete schließlich irgendwann in Zentralamerika. Mit seiner Freundin, der reichen Lady Richmond Brown (welche zu dieser Zeit noch verheiratet war) segelte er in die Karibik und erforschte die Bay-Inseln vor Panama und das Gebiet um Jamaika.

Er glaubte, dass die Kunstgegenstände, welche er auf den Bay-Inseln gefunden hatte, auf eine hohe Zivilisation hindeuteten, deren Überreste nun unter Wasser lagen, und setzte diese mit Atlantis gleich. Mitchell-Hedges hatte eine Vorliebe für die mystischen Wissenschaften und Geheimgesellschaften. Schließlich landete er in Lubaantum, wo im Jahr 1927 der Kristallschädel gefunden wurde.

Mitchell-Hedges, Lady Richmond Brown und Thomas Gann in Lubaantum im Jahr 1927

Seltsamerweise widmete er dem berühmten Kristallschädel in seinem Buch nur drei Absätze, und selbst diese wurden aus der amerikanischen Ausgabe, die später veröffentlicht wurde, gestrichen.

Der Kristallschädel ist offensichtlich wie andere Gegenstände auch ein High-Tech-Objekt der Vergangenheit. Das Rätsel der antiken Technologie ist, dass wir glauben, dass die antiken Gesellschaften primitiv waren, und trotzdem wissen wir, dass es in der Antike Dampfmaschinen, Uhren und Kristallschädel gegeben hat. Welche anderen Geheimnisse einer Hochtechnologie hält die Vergangenheit noch für uns bereit?

"Der Schädel des Verhängnisses ist aus reinem Steinkristall hergestellt, und laut einiger Wissenschaftler muss es 150 Jahre gedauert haben, um den Schädel herzustellen.

Er ist mindestens 3 600 Jahre alt und wurde, laut der Legende, vom Hohepriester der Maya verwendet, wenn er esoterische Zeremonien durchführte. Es wird behauptet, dass er mit Hilfe des Schädels jemanden sofort töten konnte. Er ist als die Verkörperung des Bösen beschrieben worden. Ich möchte nicht versuchen, diese Phänomene zu erklären."[93]

Auch heute noch versetzt der Schädel das Publikum auf der ganzen Welt in Erstaunen, und er wird des öfteren im Fernsehen gezeigt. Quarzkristalle werden auch heute in der Hochtechnologie verwendet, nämlich in Computern und Quarzuhren.

2. KAPITEL

DIE SCHÖPFER DER MEGALITHEN

Tatsachen hören nicht auf zu existieren, wenn sie ignoriert werden.
Aldous Huxley.

Die Wahrheit ist eins, aber der Irrtum wächst weiter. Der Mensch zerschneidet ihn in kleine Stücke, in der Hoffnung, ein Körnchen Wahrheit zu finden.
René Dauman.

MEGALITHOMANIE

Legenden von blühenden, antiken Zivilisationen und ihres Untergangs sind Teil fast jeder Kultur auf der Welt. Der moderne Skeptiker fragt: "Nun, falls hochentwickelte, antike Gesellschaften in der Vergangenheit existiert haben, wo sind dann die Beweise für ihre Maschinen und Ähnliches? Und sollte es nicht Überbleibsel der Städte dieser Menschen geben? Die Antwort ist, dass solche Beweise tatsächlich existieren, und man hat Hunderte von Ruinenstädten sowohl am Land als auch unter Wasser gefunden.

Die Ansicht, dass die Menschen in der Vergangenheit primitiv waren und dass die Gegenwart die

höchste Zivilisation ist, die es bisher auf diesem Planeten gegeben hat, wird im Westen mehr oder minder anerkannt, während andere Kulturen die Geschichte als zyklisch ansehen, und unsere derzeitige Kultur als einen Niedergang aus einem früheren, goldenen Zeitalter betrachten. Es existieren megalithische Städte, die gebaut wurden, um Tausende von Jahren zu halten. Wie primitiv waren solche Leute wohl?

Überall auf der Welt existiert eine Art von Konstruktion aus Felsblöcken, die von Forschern, welche an eine fortschrittliche Zivilisation in der Vergangenheit glauben, als atlantisch bezeichnet wird. Hierbei werden typischerweise riesige Felsblöcke verwendet, oft kristalliner Granit. Riesige Blöcke sind in polygonaler Weise ohne Mörtel zusammengefügt, wobei die schweren Blöcke in sägezahnartiger Weise miteinander verbunden sind. Diese polygonalen Wände sind erdbebensicher, da sie sich mit der Schockwelle des Bebens mitbewegen. Sie vibrieren momentan und bewegen sich frei, gehen dann aber wieder in ihre ursprüngliche Position zurück. Diese Sägezahnwände brechen bei einem Erdbeben nicht wie normale Ziegelwände zusammen.

Solche Konstruktionen im “atlantischen Stil” sind überall auf der Welt zu finden. Klassische Beispiele für solche Konstruktionen sind in Mykonos auf dem Pelepones zu finden, weiterhin sind die Tempel von Malta zu nennen, die gigantischen, megalithischen Wände von Tiahuanaco, Ollantaytambo, Monte Alban, Stonehenge, die vorägyptischen Gebäude in Abydos und der Tempel der Sphinx.

Die atlantische Architektur ist oft kreisförmig, wobei äußerst genaue Schneidetechniken verwendet werden, um die Blöcke zusammenzufügen. In der atlantischen Architektur werden oft “Schlusssteinschnitte” verwendet -- auf beiden Seiten einer Verbindungsstelle werden identische Formen in den Stein geschnit-

Typisches, sägezahnartiges Mauerwerk in einem Inkabauwerk

ten, und der Zwischenraum wird mit einer metallischen Klammer ausgefüllt. Die Schlusssteinschnitte haben typischerweise eine Doppel-T-Form. Die Klammern dazwischen können aus Kupfer, Bronze, Silber, **Elektrum** (einer Mischung aus Gold und Silber) oder irgendeinem anderen Metall sein. In praktisch jedem Fall, wo Schlusssteine gefunden wurden, sind die Metallklammern schon entfernt worden -- und zwar schon vor mehreren tausend Jahren!

Viele bekannte und nicht so bekannte Ruinenstädte auf der Welt enthalten die Überbleibsel noch älterer Städte. Solche Städte sind Baalbek im Libanon, Cuzco in Peru, die Akropolis in Athen, Lixus in Marokko, Cadiz in Spanien, und sogar der Tempelberg in Jerusalem sind auf den gewaltigen Überresten älterer Ruinen erbaut. Einige moderne Städte -- Cuzco ist ein gutes Beispiel -- enthalten drei oder mehrere Besiedlungsschichten. Einige Archäologen glauben, dass diese älteren Gebäude ein Teil der "mythischen" Kultur von Atlantis waren.

Maya-Relief, das den Untergang von Atlantis zeigt

Wo lag also Atlantis? In seinem Buch *The View Over Atlantis*[73] nimmt der britische Forscher John Mitchell an, dass Atlantis überall um uns herum war. Mitchell konnte in seinem Werk *Megalithomania*[77] weiterhin zeigen, dass diese erstaunlichen Ruinen ein weltweites Phänomen sind. Viele Autoren haben versucht zu zeigen, dass die weltweite Verbreitung von Megalithen auf eine fortschrittliche Zivilisation in vorsintflutlicher Zeit hindeutet, wobei hier z.B. Peter Lancaster Browns Werk *Megaliths & Masterminds* zu nennen ist.

Ihre These lautet, dass die antike Welt aufgrund ihres sogenannten steinzeitlichen Erbes erstaunlich fortschrittlich war, und sie glauben, dass eine fortschrittliche Zivilisation in Atlantis vor dem Beginn unserer Geschichte stand. Diese prähistorische Zivilisation war nicht nur weltweit vorhanden, sondern hinterließ auch beeindruckende Monumente und Gebäude.

Die Sonnenpyramide in Teotihuacan in Mexiko (Höhe 60 m)

Die Ansicht, dass der Mensch erst kürzlich solche Dinge wie Elektrizität, Generatoren, Dampf- und Verbrennungsmaschinen oder sogar motorgetriebene Flugzeuge erfunden hat, gilt nicht notwendigerweise in einer Welt, in der sich die Geschichte zyklisch wiederholt.

Wenn wir sehen, wie schnell Erfindungen von der heutigen Gesellschaft aufgenommen werden, dann können wir uns vorstellen, wie schnell eine wissenschaftliche Zivilisation in einer vergangenen Zeit entstanden sein mag. Genauso wie es auch noch heute primitive Stämme in Neu-Guinea und Südamerika gibt, welche im Steinzeitalter leben, genauso kann auch Atlantis während einer Periode existiert haben, wo andere Gebiete der Welt auf einer niedrigeren Entwicklungsstufe gelebt haben.

Die antike Welt von Atlantis mag vielleicht der modernen Welt von heute sehr ähnlich gewesen sein -- ein Nebeneinander verschiedener Splitterparteien in der Regierung und des Militärs, wobei durch ein Wirtschaftssystem, das durch große Konzerne bestimmt wurde, eine internationale Unzufriedenheit entstanden sein mag. Laut des Mythos, der sich um Atlantis gebildet hat, wurde dieses durch die vielen Kriege, die auf der ganzen Welt geführt wurden, zerstört. Heute steht die Welt wieder an der

Die gigantischen Steinskulpturen von Abu Simbel in Ägypten

Schwelle eines Armageddon, und zwar aufgrund politischer, religiöser und ethnischer Unterschiede. Kann der moderne Mensch etwas aus dem Studium der Vergangenheit lernen? Die Atlantisforscher glauben, dass dem so ist.

DIE OSIRIS-KULTUR

Bei der Osiris-Kultur handelte es sich gemäß der esoterischen Tradition um eine fortschrittliche Zivilisation, die gleichzeitig mit Atlantis bestand. Vor 15 000 Jahren gab es eine Reihe hoch entwickelter Zivilisationen auf unserem Planeten, die alle eine fortschrittliche Technologie hatten. Neben Atlantis gab es auch in Indien eine hoch entwickelte Zivilisation, die oft als Rama-Reich bezeichnet wird.

Was über die Vergangenheit theoretisiert wird, unterscheidet sich von dem, was wir in der Schule lernen, völlig. Es handelt sich um eine Vergangenheit mit herrlichen Städten, geschäftigen Häfen und abenteuersuchenden Händlern und Seeleuten. Ein Großteil der antiken Welt war zivilisiert, und solche Gebiete wie Indien, China, Peru und Mexiko waren blühende Handelszentren mit vielen wichtigen Städten. Viele dieser Städte sind für immer verloren, aber andere sind entdeckt worden oder werden noch entdeckt werden.

Es wird behauptet, dass zur Zeit von Atlantis und des Rama-Reiches der Mittelmeerraum ein großes und fruchtbares Tal war und kein Meer wie heute. Der Nil kam wie heute aus Afrika und wurde als Styx bezeichnet. Statt aber in Nordägypten in das Mittelmeer zu fließen, floss er in das Tal weiter und wandte sich dann nach Westen, um in eine Reihe von Seen im Süden von Kreta zu fließen. Der Fluss floss zwischen Malta und Sizilien südlich von Sardinien heraus und bei Gibraltar (den Säulen des Herkules) in den Atlantik. Dieses riesige, fruchtbare Tal, zusammen mit der Sahara (zu dieser Zeit eine fruchtbare Ebene) war in antiker Zeit als die Osiris-Kultur bekannt.

Die Osiris-Zivilisation kann auch als das vordynastische Ägypten bezeichnet werden, des antiken Ägyptens, in welchem die Sphinx und die präägyptischen Megalithe wie das Osirion in Abydos entstanden sind. In dieser Darstellung der antiken Geschichte wurde das Osirische Reich von Atlantis erobert und gewaltige Kriege wüteten gegen Ende der atlantischen Eroberungsphase.

Solon bemerkt in seinen Dialogen, dass Atlantis gegen Ende der Überschwemmungskatatstrophe das antike Griechenland überfiel. Dieses antike Griechenland war von einer Art, das die "antiken" Griechen nicht kannten. Dieses "unbekannte, antike Griechenland" war mit der

Osiris-Isis-Zivilisation eng verbunden, wie wir noch sehen werden.

Eine geflügelte Isis

Die Geschichte von Osiris selbst, wie sie von dem griechischen Historiker Plutarch wiedergegeben wird, stellt eine Offenbarung in bezug auf die Technologie dar. Laut der ägyptischen Mythologie wurde Osiris aus der Erde und dem Himmel geboren, war der erste König von Ägypten und das Werkzeug ihrer Zivilisation. Osiris reiste in der ganzen Welt umher und unterrichtete die Menschen nach der Flut. Er brachte die Einwohner von ihrem barbarischen Verhalten ab, lehrte ihnen den Ackerbau und die Verehrung der Götter und stellte Gesetze auf. Nachdem er dies erreicht hatte, machte er sich daran, sein Wissen dem Rest der Welt zu vermitteln.

Während seiner Abwesenheit regierte seine Frau Isis, aber Osiris Bruder und Schwager Typhon (auch als Seth und als Satan bekannt) wollte immer ihre Arbeit zerstören. Als Osiris nach seinen Zivilisierungsversuchen der Welt heimkehrte, beschloss Seth/Typhon/Satan Osiris zu töten und sich Isis selbst zu nehmen. Er sammelte 72 Verschwörer um sich und ließ eine wundervolle Truhe bauen, welche genau der Größe von Osiris angepasst war. Er gab ein Banquet und erklärte, dass er die Truhe demjenigen geben würde, welcher genau in diese hineinpassen würde. Als sich Osiris hineinlegte, stürzten sich die Verschwörer auf die Truhe und nagelten den Verschluss mit Nägeln zu. Dann gossen sie Blei über die Truhe und warfen sie in den Fluss, von wo sie auf das Meer hinausgetragen wurde. Als Isis von Osiris Tod hörte, machte sie sich sofort daran, ihren Geliebten zu finden. Die Truhe wurde in der Nähe von Byblos im heutigen Libanon gefunden, nicht weit von den gewaltigen Bauten von Baalbek. Wo die Truhe angeschwemmt worden war, wuchs ein Baum, und der König von Byblos ließ ihn abschneiden und verwendete die Truhe als Säule in seinem Palast, wobei Osiris sich noch immer darin befand. Isis konnte Osiris schließlich finden und brachte ihn zurück nach Ägypten, wo Thyphon/Seth/Satan die Truhe aufbrach, Osiris in 14 Stücke schnitt und diese im Land verteilte.

Isis suchte nach den Teilen ihres Ehemanns, und jedesmal wenn sie einen Teil fand, begrub sie ihn -- dies ist der Grund, weshalb es überall in Ägypten und auch in Teilen des östlichen Mittelmeerraums Tempel gibt, welche der Isis geweiht sind. In einer anderen Version gibt sie nur vor, die Teile zu begraben, um Seth/Typhon zu täuschen, und fügt Osiris zusammen und erweckt ihn wieder zum Leben. Schließlich hatte sie alle Teile gefunden, außer den Phallus, und Osiris kehrte auf die eine oder andere Weise wieder aus der Unterwelt zurück und brachte seinen Sohn Horus (den bekannten falkenköpfigen Gott) dazu, seinen Tod zu rächen. In ägyptischen Tempeln werden öfters Szenen dargestellt, in denen Horus eine große Schlange (Typhon oder Seth) aufspießt, eine Szene, welche mit derjenigen des Heiligen Georg und des Drachen identisch ist, obwohl sie Tausende von Jahren älter ist.

Beim Happy End kommen Isis und Osiris wieder zusammen und haben ein anderes Kind, nämlich Harpocrates. Allerdings kommt es zu einer Frühgeburt, und es wird mit lahmen Unterbeinen geboren.[147,148]

Horus

Es kommen viele wichtige Themen in der Legende von Osiris vor, eingeschlossen Wiederauferstehung und Vergeltung und die Überwindung des Bösen durch das Gute, was vielleicht ein Schlüsselpunkt der antiken Osiris-Zivilisation war. Handelte es sich bei den 14 verstreuten Teilen von Osiris um eine Anspielung auf die 14 heiligen Stätten, welche von der Osiris-Kultur überall im Mittelmeerraum errichtet wurden?

Ich habe bereits die Theorie erwähnt, dass der Mittelmeerraum einmal ein fruchtbares Tal mit vielen Städten, Tempeln und Bauernhöfen war. Vielleicht liegen einige der 14 Stätten immer noch unentdeckt unter Wasser und andere sind bekannt, aber ihre ganze Bedeutung ist noch nicht erkannt worden. Ich glaube, dass die ursprünglichen Bauten in Baalbek, Jerusalem, Giseh und das Osirion in Abydos zu den bekannten Stätten zählen.

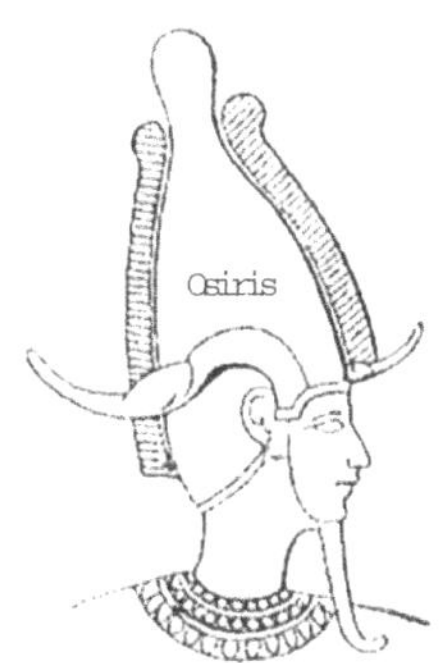

Ein Schlüssel für die Megalith-Zivilisation von Osiris kann in den seltsamen Ruinen des Osirions gefunden werden. Der britische Archäologe Naville stellte in einem Artikel der *London Illustrated News* aus dem Jahr 1914 fest, dass "sich an verschiedenen Stellen des Granitblocks ein dicker Griff befand, der dazu benutzt worden war, um die Steine zu bewegen. Die Blöcke sind sehr groß -- eine Länge von vier Metern ist beileibe nicht selten; und die ganze Struktur hat vollkommen den Charakter einer primitiven Konstruktion, welche in Griechenland als zyklopisch bezeichnet wird. Ein ägyptisches Beispiel hierfür ist der sogenannte Tempel der Sphinx in Giseh."[58]

Naville verbindet das Osirion direkt mit den gigantischen und prähistorischen Bauten in Griechenland und auch mit dem Tempel der Sphinx. Andere solche Stätten um das Osiris-Reich herum sind auf Malta, im Libanon, in Israel, den Balearen und anderen Gebieten des Mittelmeerraums zu finden. (Tatsächlich sind auf jeder größeren Mittelmeerinsel prähistorische Megalithen vorhanden). Weiterhin handelt es sich bei den Griffen, welche dazu gedient haben mögen, die Blöcke zu bewegen oder nicht, um die gleiche Art von Griffen, welche auch bei den gewaltigen Steinen

Der Tempel der Sphinx. Beachten sie die riesigen Steinblöcke

vorhanden sind, welche für die massiven Wände benutzt wurden, welche in der Nähe von Cuzco in Peru gefunden wurden.

Das Fehlen von Inschriften weist darauf hin, dass das Osirion, genauso wie der Tempel der Sphinx, schon vor der Verwendung von Hieroglyphen in Ägypten gebaut wurde! Wir wissen dies deshalb, weil die Ägypter in alle ihre Bauten Hieroglyphen und Verzierungen einmeisselten. Die einzige Ausnahme sind solche Gebäude wie die Große Pyramide, das Osirion und der Tempel der Sphinx, welche von den meisten Archäologen nun als älter als die anderen Bauwerke angesehen werden. Das Osirion ist offensichtich ein Relikt der Osiris-Zivilisation selbst.

Die Gegenwart und die Vergangenheit sind
vielleicht beide sowohl Gegenwart in der Zukunft,
und die Zukunft ist in der Vergangenheit enthalten.
T. S. Eliot.

BAALBEK UND OSIRIS

Eine der erstaunlichsten Ruinen der Welt sind die megalithischen Bauwerke von Baalbek, die vorrömischen Ruinen, auf welchen die Tempel der römischen Ära gebaut sind.

Die archäologische Stätte von Baalbek befindet sich ungefähr 70 km östlich von Beirut und besteht aus einer Reihe von Ruinen und Katakomben. Mit einer Länge von 750 m auf jeder Seite handelt es sich um eine der größten Steinbauwerke auf der ganzen Welt. Ein Teil besteht aus gigantischen Steinblöcken, die eine Plattform bilden, auf der ein römischer Tempel gebaut wurde. Der römische Tempel, welcher dem Jupiter und der Venus geweiht war, wurde auf die früheren Tempel gebaut, welche den entsprechenden antiken Gottheiten -- nämlich Baal und seiner Partnerin Astarte -- geweiht waren.[94]

Die Tempel des Baal und der Astarte sind vielleicht einmal als Teil eines prähistorischen Sonnentempels errichtet worden, und vielleicht sogar auf den Ruinen eines noch älteren Bauwerkes,

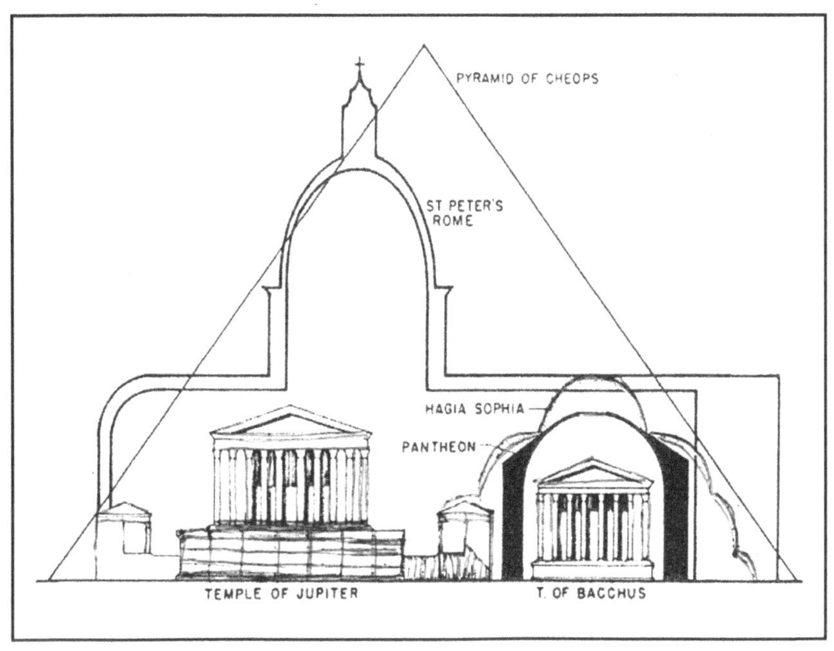

Baalbek im Größenvergleich zum St. Peters Dom in Rom und der Großen Pyramide von Giseh in Ägypten

dessen Zweck unbekannt ist. Laut eines Artikels von Jim Theisen im *INFO-Journal*[63] nannten die Griechen den Tempel "Heliopolis", was "Sonnentempel" oder "Sonnenstadt" bedeutet. Trotzdem mag der ursprüngliche Zweck der gigantischen Plattform ein völlig anderer gewesen sein.

Baalbek ist ein gutes Beispiel dafür, was mit großen, gut gefertigten, antiken Mauern geschieht -- sie werden immer wieder von anderen Baumeistern genutzt, welche eine neue Stadt oder einen Tempel auf die alten Grundmauern errichten. Oftmals sind die vorhandenen Steine so kolossal, so dass sie nicht bewegt oder anderswohin gebracht werden konnten. Monte Alban in Mexiko und Stätten in den Anden wie Cusco, Chavin und Ollantaytambo sind Beispiele, bei denen antike Steinwälle, die 3 000 bis 6 000

Die Sphinx mit der Großen Pyramide von Giseh im Hintergrund

Jahre alt sind, mit Steinwällen vermischt sind, die nur 500 bis 2 500 Jahre alt sind.

In Baalbek stellt die römische Architektur (die im Jahr 1759 größtenteils durch ein Erdbeben zerstört wurde) kein archäologisches Problem dar, die massiven, bearbeiteten Steinblöcke darunter jedoch schon. Ein Teil des Stadtwalls, der Trilithon genannt wird, besteht aus drei behauenen Blöcken, welche die größten Steinblöcke sind, die jemals für ein Bauwerk auf dieser Erde verwendet worden sind, jedenfalls soweit bekannt ist (vielleicht gibt es unter Wasser noch größere Blöcke). Hierbei handelt es sich um eine architektonische Leistung, die in der Geschichte bisher nicht übertroffen worden ist.

Riesiger Steinblock, der aus unbekannten Gründen im Steinbruch in Assuan zurückgeblieben ist und ungefähr 1000 Tonnen wiegt

Das Gewicht und sogar die Größe der Blöcke wird verschieden angegeben. Rene Noorbergen schreibt in seinem faszinierenden Buch *Secrets of the Lost Races*[32], dass die einzelnen Steine 24,5 Meter lang und 4,5 Meter breit sind und zwischen 1200 und 1500 Tonnen wiegen sollen. Wenn auch Noorbergens Größenangabe nicht ganz richtig sein mag, so kommt seine Schätzung des Gewichts der Wahrheit vielleicht am nächsten. Sogar vorsichtige Schätzungen besagen, dass die Blöcke wenigstens 750 Tonnen wiegen.[32]

Dies ist eine erstaunliche architektonische Leistung, denn die Blöcke sind mehr als sechs Meter angehoben worden, um auf die kleineren Blöcke gelegt zu werden. Die kolossalen Blöcke passen perfekt zusammen, und nicht einmal eine Messerschneide hat zwischen ihnen Platz. Auch die Blöcke unterhalb des Trilithons sind unglaublich schwer. Bei einer Länge von vier Metern wiegen sie ungefähr 50 Tonnen. Und die Blöcke des Trilithons sind noch gar nicht die größten!

Der größte bearbeitete Block, der 4 mal 4 m bei einer Länge von 20 m misst und mindestens 1 000 Tonnen wiegt (sowohl Noorbergen als auch Berlitz geben ein Gewicht von 2 000 Tonnen an), liegt im nahe gelegenen Steinbruch, der sich über einen halben Kilometer entfernt befindet. Der Stein wird als *Hadjar el Gouble* bezeichnet, was der arabische Ausdruck für Stein des Südens ist. Noorbergen hat Recht, wenn er sagt, dass es auf der ganzen Welt keinen Kran gibt, welcher irgendeinen dieser Blöcke anheben könnte, unabhängig davon, was nun ihr wirkliches Gewicht ist. Bei den größten Kränen in der Welt handelt es sich um stationäre Kräne, die an Dämmen verwendet werden, um große Betonblöcke an ihren Bestimmungspunkt zu heben. Sie können

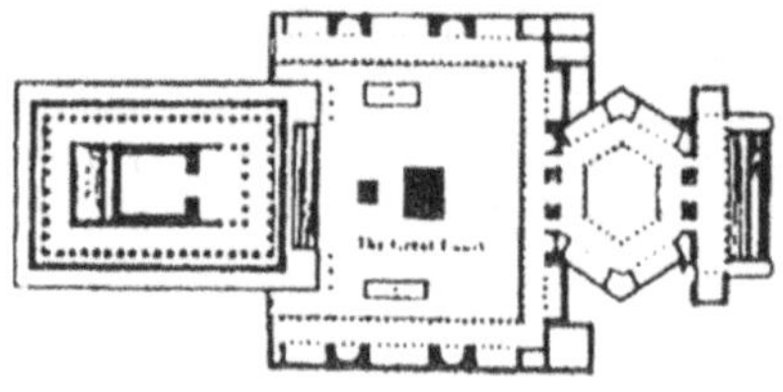

Gewichte von maximal einigen hundert Tonnen anheben. 1 000 geschweige denn 2 000 Tonnen liegen weit über ihren Möglichkeiten. Wie diese Blöcke bewegt und angehoben wurden,

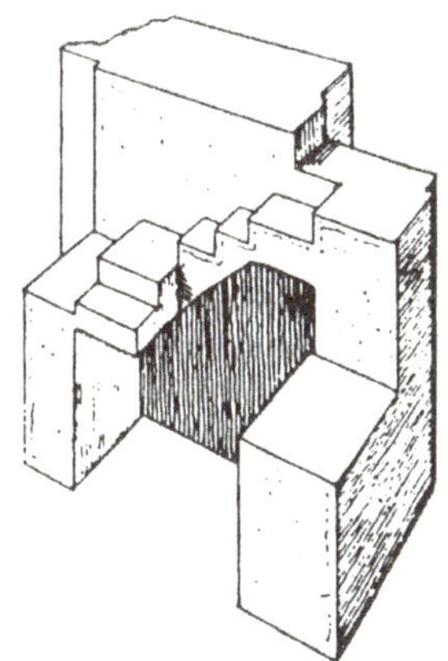

liegt jenseits des Vorstellungsvermögens der Ingenieure.

Aus Mesopotamien und dem Niltal kamen große Mengen von Pilgern an den Tempel des Baals und der Astarte. Dieser Ort wird in der Bibel im Buch der Könige erwähnt. Unterhalb der Akropolis ist ein ausgedehntes Netzwerk von unterirdischen Gängen vorhanden, deren Funktion unbekannt ist, aber wahrscheinlich dienten sie für den Schutz der Pilger.

Wer baute die gewaltige Plattform in Baalbek? Wie haben sie es gemacht? Laut antiker, arabischer Schriften wurde der erste Baal-Astarte-Tempel kurz nach der Sintflut gebaut, und zwar auf Anordnung des legendären Königs Nimrod durch einen "Stamm aus Riesen."[32]

Aber er könnte auch älter sein, da die Geschichte zeigt, dass einige Herrscher gerne den Bau einiger Monumente für sich in Anspruch nehmen. Der mythische König Nimrod, eine historische Figur, die so alt ist, dass sie für uns verloren ist, kann vielleicht um das Jahr 6 000 den Anspruch erhoben haben, Baalbek erbaut zu haben, wohingegen das Bauwerk vielleicht 12 000 v. Chr. erbaut worden war und damit vor der Sintflut.

Vertreter der Außerirdischen-Theorie haben des öfteren vorgeschlagen, dass Baalbek in Wirklichkeit von Außerirdischen gebaut wurde. Charles Berlitz sagt, dass ein sowjetischer Wissenschaftler namens Dr. Agrest die Meinung vertreten hat, dass die Blöcke ursprünglich ein Teil einer Lande- und Startbahn für außerirdische Raumschiffe waren.[3] Der Autor Zecharin Sitchin glaubt in gleicher Weise, dass Baalbek vielleicht als Startrampe für Raketen diente.

Genauso wie Buddha einen Mittelweg suchte, suche auch ich einen Mittelweg für diese fesselnden Rätsel der Vergangenheit. Während Astronauten die Erde in der Vergangenheit besucht haben können, so scheint es doch unwahrscheinlich, dass sie

Einer der Tempel auf Malta, der aus riesigen Steinblöcken besteht

hier in Raketen angekommen sind. Sicherlich hätten sie die Technik der Antigravitation oder zumindest elektrische Feststoffantriebe verwendet. Solche Luftfahrzeuge können auch auf Wiesen leicht landen und benötigen keine riesigen Plattformen.

Was war Baalbek also nun, und wer baute es? Die Theorie, dass Baalbek zusammen mit den anderen Megalithbauten des Mittelmeerraums ein Überbleibsel es Osiris-Reiches war, passt sehr gut in die zuvor erwähnte arabische Legende, dass nämlich die massiven Blöcke kurze Zeit vor der Sintflut auf Anordnung des Königs Nimrod hergestellt wurden.[94]

Selbst wenn aber Baalbek auch ein Überbleibsel der Osiris-Zivilisation gewesen ist, so bleibt doch die Frage, wie solch große Blöcke transportiert und angehoben wurden? Einen Hinweis hierzu liefert der gewaltige Block, der sich immer noch im 500 m entfernten Steinbruch befindet. Dieser Stein war offensichtlich dazu bestimmt, zusammen mit anderen Steinen seinen Platz auf der Plattform einzunehmen, aber aus irgendeinem Grund ist es nie soweit gekommen. Laut des *INFO*-Artikels[32] wiegt der größte Block, welcher für die Große Pyramide in Ägypten verwendet wurde, ungefähr 200 Tonnen (innerhalb der Pyramide befinden sich einige große Granitblöcke).

In seinem Buch *Baalbek*[154] versucht der Archäologe Friedrich Ragette zu erklären, wie Baalbek gebaut und die Blöcke bewegt wurden. Ragette erklärt zuerst, dass es zwei Steinbrüche gibt, wobei sich einer ungefähr 2 km nördlich von Baalbek befindet, und der andere näher gelegen ist. Er macht dann folgende, interessante Bemerkung über die Steinbrüche: "Nachdem der Block auf seiner vertikalen Seite abgetrennt worden war, wurde eine Nut entlang der Außenseite geschnitten und der Felsblock wurde wie ein Baum gefällt. Es scheint, dass die Römer ebenfalls eine Art von Seinbruchmaschine verwendeten. Dies können wir aus den Mustern von konzentrischen Einschnitten schließen, welche einige Blöcke besitzen."

Ragette stellt dann die Theorie auf, dass es möglich wäre, einen 800 Tonnen schweren Stein auf Rollen zu bewegen: "Falls wir annehmen, dass der Block auf zylindrisch geformten Holzrollen mit einem Durchmesser von 30 cm ruhen würde, dann hätte jede Rolle ein Gewicht von 20 Tonnen tragen müssen. Wenn die Kontaktfläche der Rollen mit dem Boden 10 cm breit gewesen wäre, dann hätte der Druck 5 kg/cm² betragen, wodurch eine gepflasterte Straße notwendig gewesen wäre. Die theoretische Kraft, um einen solchen Block horizontal zu bewegen, wäre 80 Tonnen. Eine andere Möglichkeit ist, dass der gesamte Block in eine zylindrische Einhüllung aus Holz und Eisen gesetzt wurde." Ragette sieht die zweite Möglichkeit jedoch als unwahrscheinlich und beschwerlich an. "Es erhebt sich auch die Frage, wie der Block wieder aus der Umhüllung herausgehoben und an Ort und Stelle gebracht wurde, was uns wieder zu dem noch verwirrenderen Problem des Anhebens großer Gewichte führt."[154]

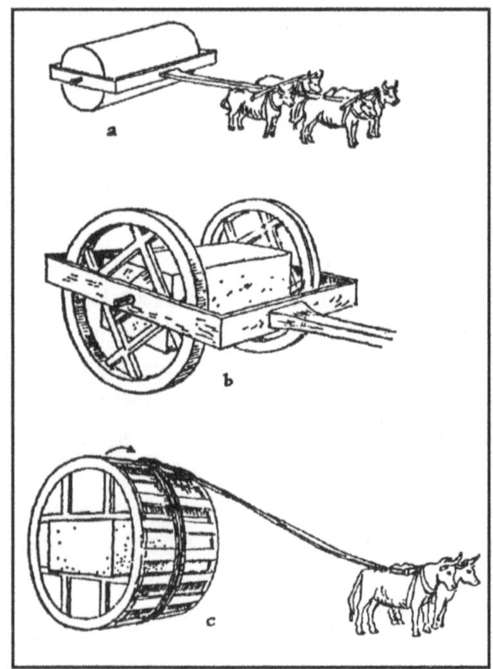

Links: Verschiedene Methoden, um große Steine zu bewegen.
Rechts: Die Verwendung von Lewis-Steinen für den Transport

Es gibt allerdings keine Hinweise irgendwelcher antiker Straßen, die gepflastert sein hätten müssen, wie Ragette zugibt. Laut dem *INFO*-Artikel sind "keine Hinweise für eine Straße vorhanden, welche den Steinbruch mit dem Tempel verbindet. Selbst wenn eine solche Straße existiert hätte, wären die verwendeten Rollen durch das Gewicht der Steine zermalmt worden. Offensichtlich war irgendjemand in der Vergangenheit in der Lage, solche großen Gewichte zu transportieren."[32]

Es gibt heutzutage keine Firma, die sich bereit erklären würde, solche Blöcke anzuheben oder zu transportieren. Dies liegt ganz einfach jenseits unserer heutigen technologischen Möglichkeiten. Ich finde es interessant, dass zwischen dem Steinbruch und dem

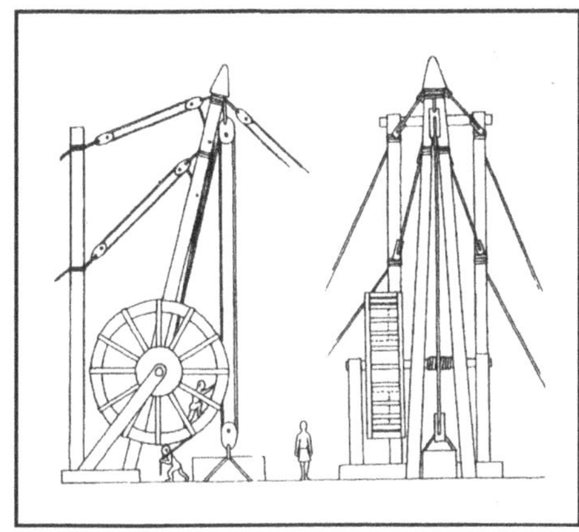

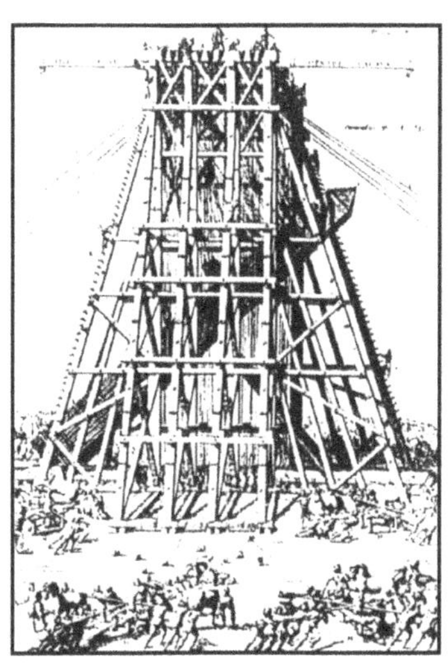

Verschiedene Methoden, die von den Römern verwendet wurden, um einen Obelisken aufzustellen

Sonnentempel keine sichtbare Straße vorhanden ist. Dies zeigt, dass der Bau der unteren Plattform zu einer solch frühen Zeit durchgeführt wurde, dass die Straße längst verschwunden ist, oder dass die Straße für den Transport der Blöcke überhaupt nie notwendig war. Wie der *INFO*-Artikel andeutet, wäre eine Straße sowieso von geringem Nutzen gewesen.

Auch Ragette kann also das Problem des Anhebens solcher Blöcke nicht lösen, selbst wenn er vorschlägt, dass ein riesiger Rahmen um den Block gebaut wurde und dann zumindest 160 "Lewis-Steine" oben in den Block angebracht wurden. Durch ein System von Flaschenzügen sollen dann Tausende von Arbeitern den gigantischen Block ein paar Zentimeter angehoben haben.

Ragette sagt uns nicht, weshalb die Römer oder irgendjemand anders, sich soviel Mühe gemacht haben, um eine wahrlich unmögliche Ingenieurstat zu vollbringen, nur um die Grundlage für einen Jupitertempel zu errichten. Falls sie den Block sagen wir mal in 100 Teile zerschnitten hätten, dann wären sie immer noch ungewöhnlich groß gewesen, aber dann hätten sie wesentlich leichter in einer Mauer verfrachtet werden können. Alles, was bleibt, ist nur der unbefriedigende Gedanke, dass diese riesigen

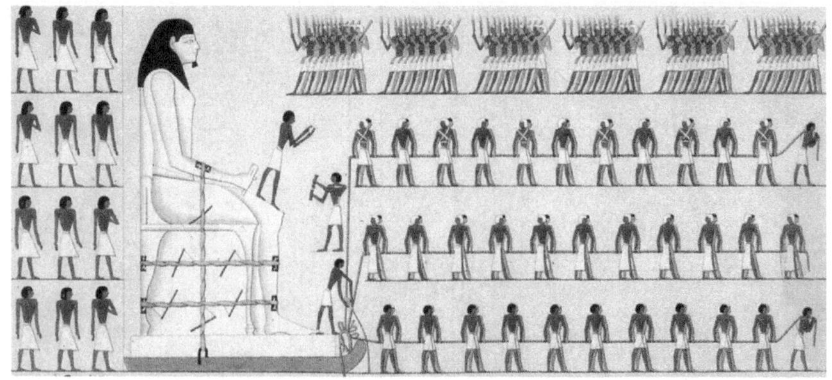

Oben: Ägyptische Arbeiter transportieren eine große Steinstatue
Unten: Der Transport von großen Steinblöcken mittels Lewis-Steinen

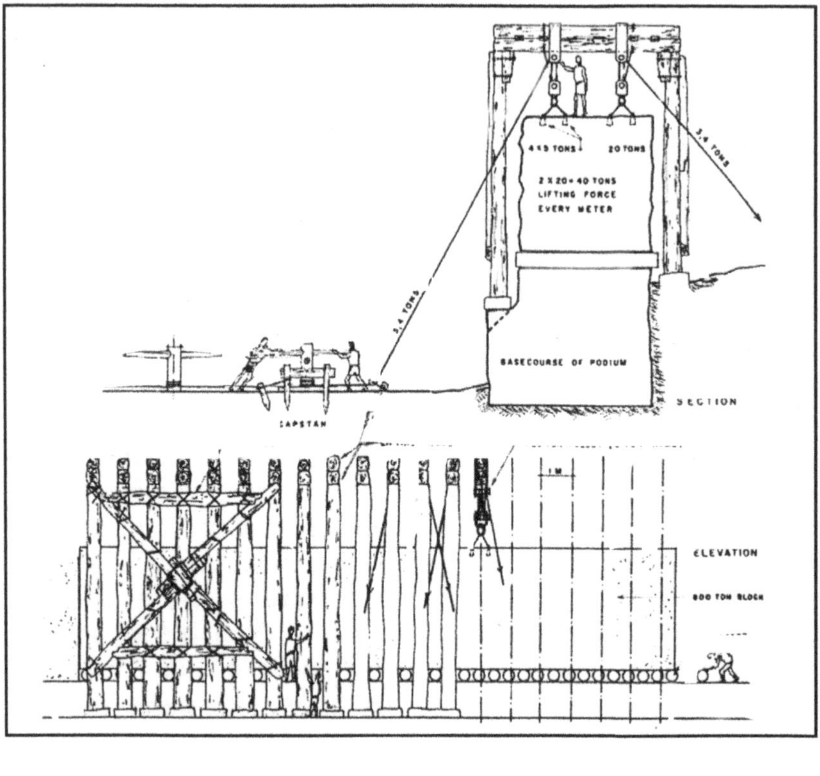

Steine verwendet wurden, weil die damaligen Menschen dazu in der Lage waren, sie zu transportieren -- und dies relativ leicht, auch wenn wir heute keine Ahnung haben, wie sie das gemacht haben.

Ragette macht zum Schluss noch eine weitere interessante Bemerkung über Baalbek: "Das wirkliche Geheimnis von Baalbek ist das völlige Fehlen von schriftlichen Aufzeichnungen über seine Konstruktion. Welcher Herrscher hätte nicht den Ruhm für sich in Anspruch nehmen wollen, dieses Bauwerk errichtet zu haben? Welcher Architekt wäre nicht stolz gewesen, seinen Namen auf einen der zahllosen Steine zu meisseln? Und trotzdem beansprucht niemand, den Tempel gebaut zu haben. Man gewinnt den Eindruck, dass allein Jupiter den ganzen Verdienst für sich in Anspruch nimmt."[154]

ÜBERBLEIBSEL DES OSIRIS-REICHES IN ÄGYPTEN

Im Mittelmeerraum sind noch andere Überreste von Osiris vorhanden. Die Grundsteine der Klagemauer in Jerusalem bestehen ebenfalls aus riesigen Blöcken, welche denjenigen in Baalbek ähnlich sein sollen. Megalithische Ruinen, die bei Alexandria unter Wasser gefunden wurden, sollen angeblich auch aus der Zeit des vordynastischen Ägyptens datieren. Den Namen dieser verlorenen Zivilisation aus der Zeit vor Atlantis kennen wir aus den Legenden von Osiris und den vielen "Gräbern des Osiris".

Die versunkenen, megalithischen Ruinen von Alexandria sind ein weiterer Hinweis auf das antike Osiris-Reich. Alexandria ist keine wirkliche ägyptische Stadt, sondern eine griechische. Wie man leicht erraten kann, ist Alexandria nach Alexander dem Großen benannt, dem mazedonischen König, der im dritten Jahrhundert v. Chr. zuerst die Stadtstaaten von Griechenland eroberte und sich dann daran machte, den Rest der Welt zu erobern, beginnend mit Persien. Persien war traditionell der Feind von Ägypten, und so fiel Ägypten bereitwillig in Alexanders Hände. Er ging nach Memphis in der Nähe des heutigen Kairo und wander-

Der herrliche Isis-Tempel in Philae in Ägypten

te dann den Nil hinunter in die kleine ägyptische Stadt Rhakotis. Hier gab er seinen Architekten die Anweisung, eine große Hafenstadt zu bauen, die Alexandria heißen sollte.

Alexander ging dann weiter zum Tempel des Ammon, wo er als die Reinkarnation eines Gottes gefeiert wurde, also einer großen Persönlichkeit aus dem antiken Osiris-Reich oder Atlantis. Um welchen Gott es sich hierbei gehandelt hat, wissen wir nicht. Danach eroberte er den Rest von Persien und schließlich Indien. Acht Jahre nachdem er Alexandria verlassen hatte, kehrte er dorthin zurück, und zwar in einem Sarg. Er sah die Stadt nie selbst, obwohl seine Gebeine bis heute dort ruhen sollen, wenn auch bis heute niemand seine Gruft gefunden hat.

Von allen Geheimnissen Alexandrias ist allerdings keines fesselnder als die megalithischen Ruinen, welche im Westen des Leuchtturms von Pharos in der Nähe des Vorgebirges von Ras El Tin liegen. Bei diesem prähistorischen Hafen, welcher zur Jahrhundertwende von dem französischen Archäologen M. Jondet entdeckt und in seiner Schrift *Les Ports submerges de l´ancienne Isle de Pharos* diskutiert wird, handelt es sich großteils um massive Steine, welche heute fast vollständig unter Wasser liegen. In der Nähe befand sich der legendäre Tempel des Poseidon, ein Bauwerk, das nicht mehr existiert, aber in der Literatur erwähnt wird.[152]

Als die Theosophische Gesellschaft von dem unter Wasser liegenden Hafen erfuhr, glaubte sie sehr bald, dass es sich hierbei um ein Bauwerk atlantischen Ursprungs handele. M. Jondet stellte die Theorie auf, dass er minoischen Ursprungs und Teil eines Hafens für kretische Schiffe gewesen sei. E.M. Forster stellt in seinem ausgezeichneten Führer über Alexandria[152] die Theorie auf, dass er vielleicht ägyptischen Ursprungs war und von Ramses II. ca. 1 300 v. Chr. erbaut wurde. Der größte Teil der Hafenanlage liegt zwischen einem und sechs Metern unter Wasser und dehnt sich 70 m von Osten nach Westen aus, wobei sie sich leicht nach Süden zieht.

Vielleicht liegt die Wahrheit aber zwischen den Ansichten von M. Jondet und der Theosophischen Gesellschaft, oder es handelt sich um eine Mischung aus beiden.

Wenn sich das Mittelmeer langsam aufgefüllt hätte, dann hätte sich das Meer nach ein paar Jahrhunderten theoretisch stabilisiert, und die osirischen Baumeister, welche eine Technologie und Wissenschaft ähnlich derjenigen von Atlantis verwendeten, bauten dann verschiedenen Hafenanlagen. Später wurde durch eine andere tektonische Verschiebung die Hafenanlage (die vielleicht von vordynastischen Ägyptern benutzt wurde) unter Wasser gesetzt und war damit praktisch nutzlos.

Es ist in bezug auf diese Theorie interessant anzumerken, dass ein Tempel des Poseidon an der Spitze von Ras El Tin lag. Atlantis war in der Antike als Poseid bekannt und Poseidonis oder Poseidon war ein legendärer König von Atlantis. Es wird auch angenommen, dass Poseidonis und Osiris die gleiche Person waren. Der Haupttempel von Rhakotis, der ägyptischen Stadt, welche von Alexander an diesem antiken Hafen gegründet wurde, war naturgemäß dem Osiris gewidmet.

Was wir über die megalithischen Baumeister lernen, ist, dass ihre Gebäude überall auf der Welt zu finden sind, und viele von ihnen befinden sich unter Wasser und sind nur schwierig zu erreichen!

Das Gegenteil einer richtigen Feststellung ist eine falsche Feststellung. Aber das Gegenteil einer grundlegenden Wahrheit kann eine andere grundlegende Wahrheit sein.
Niels Bohr.

DIE VERSUNKENEN TEMPEL VON CARNAC

Carnac, das an der Südküste der Bretagne in Frankreich liegt, weist die größte Ansammlung von Megalithen in der Welt auf. Vorsichtige Schätzungen gehen davon aus, dass die Megalithe 5000 v. Chr. errichtet wurden, also fast vor 7000 Jahren. Vielleicht sind sie sogar wesentlich älter.

Der Grand Menhir Brisé in der Bretagne ist der größte Menhir der Welt und befindet sich auf einer Anhöhe in der Nähe des Meeres. Die Schwierigkeiten, einen so großen Stein zu bewegen, werden in dem Artikel "The Astronomical Significance of the Large Menhirs" aufgezeigt, welcher im *Journal for the History of Astronomy* (Nr. 2, 1971, Seite 147-160) veröffentlicht wurde. Die beiden Astronomen Mr. und Mrs. Thom glauben, dass es sich bei den Megalithen um lunare Observatoriumssteine gehandelt hat. Sie schreiben Folgendes:

"Der Er Grah oder der Stein der Elfen, der auch manchmal als der Grand Menhir Brisé bekannt ist, ist nun in vier Teile zerbrochen, die zusammen mindestens 20 m lang gewesen sein müssen. Aus der Berechnung seines Volumens wird geschätzt, dass er mindestens 340 Tonnen wiegt.

Hulle glaubt, dass er aus Cote Sauvage an der Westküste der Quiberon-Halbinsel stammt. Seine Annahme, dass er hierher

Die langen Reihen von Steinobelisken im französischen Carnac

über das Meer gebracht wurde, lässt die Tatsache außer Acht, dass der Meeresspiegel an dieser Küste in der Steinzeit eindeutig niedriger war; außerdem berücksichtigt er die Tatsache nicht, dass hierzu ein massives Holzfloß mit den Ausmaßen 30x15x1,2 m notwendig gewesen wäre. Es ist nicht klar, wie ein solches Floß in dem Gebiet um die Halbinsel herum bei Ebbe und Flut gesteuert und vorwärts bewegt werden hätte können.

Wenn man annimmt, dass der Stein über Land transportiert wurde, musste ein Weg (aus Holz?) für die großen Rollen angelegt worden sein und eine Zugkraft von vielleicht 50 Tonnen auf die Hebel angewandt werden, falls die Rollen tatsächlich durch Hebel gedreht wurden. Dies hätte wahrscheinlich Jahrzehnte gedauert, und trotzdem liegt der Stein jetzt als stummer Zeuge für das Geschick, die Energie und die Entschlossenheit der Inge-

Der Grand Mehir an der Südküste der Bretagne, der nun in vier Stücke zerbrochen ist und ursprünglich fast 20 m hoch war

nieure da, welche ihn vor mehr als dreitausend Jahren aufgerichtet haben.

In Großbritannien sind die höchsten Steine meistens lunare Rückvisiereinrichtungen, aber es scheint keinen Grund zu geben, einen Stein dieser Größe hierfür zu verwenden. Falls er jedoch als Vorvisiereinrichtung verwendet wurde, dann werden die Gründe für seine Lage und Höhe klar, vor allem wenn es beabsichtigt war, ihn aus verschiedenen Richtungen als universelle Vorvisiereinrichtung einzusetzen. Es sind acht Hauptwerte zu berücksichtigen, welche dem Aufgang und Untergang des Mondes an den Stillstandspunkten entsprechen, wenn die Deklination plus oder minus war. ... Es hat sich gezeigt, dass es zumindest eine Stelle auf den acht Linien gibt, welche den notwendigen Raum für eine seitliche Bewegung hat.

Wir müssen nun versuchen, uns vorzustellen, wie eine Stelle für den Er Grah gefunden wurde, welche diese Bedingungen erfüllen konnte. Wahrscheinlich sind immer sorgfältigere Beobachtungen des Mondes schon seit Hunderten von Jahren durchgeführt worden. Hierdurch wäre man auch auf unerklärliche Anomalien aufgrund der Veränderung der Parallaxe und der Brechung gestoßen, und aus diesem Grund ist es vielleicht für notwendig angesehen worden, Beobachtungen an den hauptsächlichen Stillstandspunkten, sowohl bei Mondaufgang, als auch bei Monduntergang durchzuführen. Bei jedem Stillstand gab es 10 bis 12 Lunationen, wenn die monatliche maximale und minimale Deklination verwendet werden konnte. Bei jedem Maximum oder Minimum hätten verschiedene Gruppen an allen möglichen Stellen versucht, den Mondaufgang hinter hohen Versuchsstangen zu beobachten. In der Nacht wären Lampen auf den Spitzen dieser Stangen notwendig gewesen. Mittlerweile müssen schon frühere Beobachtungen verwendet worden sein, so dass die Erbauer über die Art des beoachteten Maximums auf dem Laufenden gehalten werden konnten; sie hätten die Größe der Abweichung wissen müssen.

Dann hätten neun Jahre Warten bis zum nächsten Stillstand gefolgt, wonach dann die anderen vier Stellen gesucht worden wären. Die Schwierigkeit der Aufgabe wurde dadurch noch vergrößert, dass man sich entschied, dass die gleiche Visiereinrichtung für beide Stillstandspunkte verwendbar sein sollte. Wir können verstehen, weshalb dies als notwendig angesehen wurde, wenn wir die jahrzehntelange Arbeit für das Schneiden, Formen, Transportieren und Aufrichten des Steines in Betracht ziehen.

Wir wissen nun, dass bei einem Stein mit einer Höhe von 18 m der Mond am besten anvisiert werden kann."[17]

Auch Francis Hitching ist in seinem Werk *Earth Magic*[244] der Meinung, dass es sich beim Grand Menhir um eine zentrale Visiereinrichtung zur Beobachtung der Mondauf- und untergänge gehandelt hat. Ein Großteil des gigantischen, astronomischen Observatoriums liegt vielleicht unter Wasser. Viele der Megalithe entlang der Küste der Bretagne befinden sich offensichlich unter Wasser. Viele bekannte Stätten reichen bis ins Meer, und bei Ebbe können einige Megalithe gesehen werden, die kaum aus dem Wasser ragen. Viele der langen Reihen aufrecht stehender Steine in Carnac sind offensichtlich errichtet worden, als sich die Geographie der Bretagne von der heutigen völlig unterschied.

In der Nähe der Stadt Carnac befindet sich die berühmte Anordnung von Hunderten von stehenden Steinen. Auch sie sind offensichtlich ein Teil eines riesigen, astronomischen Observatoriums. In einem anderen Artikel der Thoms mit dem Titel "The Carnac Alignements" für das *Journal of Astronomy* (Nr. 3, 1972, Seite 11-26)[17] ziehen diese die Schlussfolgerung, dass es sich auch bei Carnac um ein riesiges Mondobservatorium handelt: "Eine bemerkenswerte Eigenschaft ist die große Genauigkeit, mit welcher die Reihen angeordnet sind. Es kann gar nicht überbetont werden, dass die Präzision viel größer war als jene, die durch die Verwendung von Seilen erreicht werden kann. Die einzige Alternative für die Errichter war die Verwendung von zwei Messstäben (vielleicht aus Eiche oder Walknochen?). Diese waren wahrscheinlich 6.802 Fuß lang. Jeder Stab musste genau waagrecht ausgerichtet werden, und wir können nur darüber spekulieren, wie die Ingenieure mit den unvermeidlichen Unebenheiten fertig geworden sind.

Es sollte angemerkt werden, dass der Wert für das megalithische Yard in Britannien mit 2.720 +/- 0,003 Fuß bestimmt wurde und dass der oben gefundene Wert 2.721 +/- 0,001 Fuß beträgt. Eine solche Genauigkeit kann heute nur durch ausgebildete Vermesser, die eine moderne Ausrüstung verwenden, erreicht werden.

Wie ist es den Steinzeitmenschen gelungen, eine solche Genauigkeit nicht nur in einem bestimmten Gebiet zu erreichen, sondern die gleiche Einheit in weit entfernten Gebieten zu tragen? Wie wurde diese Einheit z.B. auf den Orkney-Inseln gemessen? Sicherlich nicht dadurch, dass Kopien von Kopien gemacht wurden. Es muss irgendeinen Apparat gegeben haben, um die

Stäbe zu standardisieren, welcher fast sicher in einer Zentralstelle vorhanden war."[17]

Die Thoms betrachten Carnac als einen Teil eines antiken und riesigen Systems, welches im größten Teil des damaligen Europas verwendet wurde. In ihrem Artikel ziehen sie folgende die Schlussfolgerung:

"Die Organisation und die Bürokratie, um die bretonischen Steinreihen und den Grand Menhir zu errichten, dehnte sich offensichtlich über ein großes Gebiet aus, aber die Beweise der Messungen zeigen, dass sich ein wesentlich größeres Gebiet im engen Kontakt mit der Zentralstelle befand. Die Geometrie der zwei eiförmigen Steinkreise bei Le Menec stimmt mit derjenigen überein, welche auch in den britischen Fundstätten gefunden wurde. ...

Die großen Ausmaße der Anlage in der Bretagne lassen darauf schließen, dass es sich hierbei um das Zentrum gehandelt hat, aber wir dürfen die Tatsache nicht außer Acht lassen, dass bisher noch keine der bretonischen Stätten eine Geometrie hat, welche an Komplexität der Konstruktion oder der Schwierigkeit der Durchführung mit derjenigen verglichen werden kann, die in Avebury gefunden wurde."[17]

Die Thoms müssen am Ende ihres Artikels zugeben, dass sie nicht wissen, wie die großen Steinreihen in Carnac verwendet wurden.

Carnac besitzt eine Ähnlichkeit mit dem bedeutenden, ägyptischen Tempel von Karnak. Beim ägyptischen Karnak handelt es sich um ein großes Gebäude, bei dem auch lange Reihen von Steinsäulen verwendet wurden, welche einst ein riesiges Dach trugen.

Gibt es in der Nähe von Carnac vielleicht sogar noch größere Menhire, welche unter der Wasseroberfläche liegen? Ein Beispiel einer bekannten Anlage aus Megalithen, die sich nun unter Wasser befindet, ist Kernic im Bezirk von Plouescat, die heute bei Flut unter Wasser liegt.[150]

DIE ERSTAUNLICHEN MEGALITHE IN DEN ANDEN

Auf einer Abflachung eines Berges über dem Cusco-Tal in Peru befindet sich die gewaltige Festung Sacsayhuaman, eines der imposantesten Gebäude, das je gebaut wurde. Sacsayhuaman besteht aus drei oder vier terassenartigen Wänden, und die Ruinen enthalten Durchgänge, Treppen und Rampen.

Gigantische Steinblöcke, von denen einige mehr als 200 Tonnen wiegen, sind in perfekter Weise zusammengefügt. Die gewaltigen Steinblöcke sind so genau geschnitten und zusammengefügt, dass man nicht einmal heute eine Messerschneide oder ein Blatt Papier zwischen sie hindurchschieben kann. Es wurde kein Mörtel verwendet, und kein Block gleicht dem anderen, und trotzdem passen sie perfekt zusammen. Und von manchen wird behauptet, dass ein heutiger Konstrukteur nicht einmal mit der Hilfe von Metallen und den besten Stahlwerkzeugen bessere Ergebnisse erzielen könnte.

Die Lage jedes einzelnen Steines musste im Voraus geplant werden; ein 20-Tonnen-Stein, geschweige denn einer, der 80 oder 100 Tonnen wiegt, kann in der Hoffnung, eine solche Genauigkeit zu erreichen, nicht einfach irgendwo plaziert werden. Die Steine sind sägezahnförmig miteinander verbunden, wodurch solche Mauern erdbebensicher sind. Tatsächlich stehen sie auch noch nach einer Reihe von schweren Erdbeben, die in den letzten Jahrhunderten aufgetreten sind, wohingegen die spanische Kathedrale in Cuzco schon zweimal dem Erdboden gleich gemacht wurde.

Noch unglaublicher ist, dass die Blöcke nicht aus der Umgebung stammen, sondern aus 1500 km entfernten Steinbrüchen in Ecuador! Es gibt auch Steinbrüche, welche wesentlich näher liegen, vielleicht nur 10 km entfernt. Obwohl diese fantastische Festung angeblich erst vor ein paar Jahrhunderten von den Inkas

gebaut worden sein soll, besitzen sie weder Aufzeichnungen, dass sie diese gebaut haben, noch kommt sie in irgendeiner ihrer Legenden vor. Wie können die Inkas, welche erwiesenermaßen kein Wissen der höheren Mathematik, keine Schriftsprache, keine Eisenwerkzeuge hatten und nicht einmal das Rad verwendeten, einen solchen zyklopenartigen Komplex aus Mauern und Gebäuden errichtet haben? Offen gesagt, muss man sich schon sehr anstrengen, um eine Erklärung hierfür zu finden.

Als die Spanier zum ersten Mal in Cusco ankamen und diese Anlagen sahen, glaubten sie, dass sie aufgrund ihrer Größe vom Teufel selbst gebaut worden waren. Tatsächlich kann man nirgendwo solche riesigen Felsblöcke finden, welche so perfekt aneinandergefügt sind. Ich bin auf der Suche nach antiken Geheimnissen und verlorenen Städten überall auf der Welt umhergereist, aber ich habe in meinem ganzen Leben nichts Ähnliches gesehen!

Die Baumeister dieser Steinmauern waren nicht einfach gute Konstrukteure -- sie waren unvergleichlich! Im gesamten Cusco-Tal können ähnliche Mauerwerke gefunden werden. Sie bestehen im allgemeinen aus glatt bearbeiteten, rechteckigen Blöcken, welche vielleicht bis zu einer Tonne wiegen. Eine Gruppe aus starken Männern konnte einen solchen Block hochheben und an die entsprechende Stelle setzen; auf diese Weise sind zweifelsohne einige der kleineren Gebilde entstanden. Aber in Sacsayhuaman, Cusco und anderen antiken Inkastädten kann man gigantische Blöcke finden, welche 30 oder mehr Winkel an jeder Seite besitzen.

Zur Zeit der spanischen Eroberung befand sich Cusco auf seinem Höhepunkt, wobei vielleicht 100 000 Inkas in dieser antiken Stadt lebten. Die Festung in Sacsayhuaman konnte die gesamte Bevölkerung im Falle eines Krieges oder einer Naturkatastrophe aufnehmen. Einige Historiker haben behauptet, dass die Festung ein paar Jahre vor der spanischen Invasion gebaut wurde und dass die Inkas dafür verantwortlich seien. Aber die Inkas selbst wissen nicht einmal, wann und wie die Anlage errichtet wurde!

Es gibt nur einen Bericht über den Transport der Steine, der in Garcilaso de la Vegas Werk *The Incas*[145] zu finden ist. In seinen Kommentaren erzählt Garcilaso von einem riesigen Stein, der aus der Nähe von Ollantaytambo über eine Entfernung von 75 km herangeschafft wurde. "Die Indios sagen, dass der Stein aufgrund der schwierigen Transportarbeiten müde wurde und Tränen aus Blut weinte, weil er seinen Platz in dem Gebäude nicht erreichen konnte. Diese Geschichte wird von den Amautas, den Philosophen und Doktoren der Inkas berichtet. Sie sagen, dass mehr als 20 000 Indios den Stein an diesen Ort brachten, indemsie ihn mit riesigen Seilen zogen. Der Weg, über den sie den Stein dorthin brachten, war sehr beschwerlich. Es waren viele Steigungen und Gefälle zu überwinden. Ungefähr die Hälfte der Indios zogen den Stein mit Hilfe von Seilen, welche vorne angebracht waren. Die andere Hälfte hielten den Stein aus Angst, dass er in eine Schlucht stürzen könnte, aus der er nicht mehr gehoben werden konnte, von der Rückseite fest.

Die Ruinen in der Nähe von Chavin in Peru

Auf einem der Hügel löste sich der Stein aufgrund fehlender Vorsicht und Koordination und rollte den Berg hinunter, wobei drei- bis viertausend Indios getötet wurden. Trotz dieses Unglücks gelang es ihnen, den Stein wieder heraufzubewegen. Er wurde in die Ebene gebracht, wo er sich auch heute noch befindet."[145]

Selbst wenn auch Garcilaso de la Vega den Transport

eines Steines beschreibt, so gibt es trotzdem viele, welche den Wahrheitsgehalt der Geschichte bezweifeln. Dieser Stein war kein Teil der Festung von Sacsayhuaman und ist laut einger Forscher kleiner als die meisten, welche dort verwendet wurden, obwohl der Stein nie eindeutig identifiziert werden konnte. Selbst wenn die Geschichte wahr sein sollte, haben die Inkas vielleicht nur versucht, das nachzuahmen, was sie für die Konstruktionstechnik der antiken Baumeister ansahen. Wenn auch nicht bezweifelt werden kann, dass die Inkas meisterliche Handwerker waren, so muss man sich doch fragen, wie sie die 100-Tonnen-Blöcke transportiert und so perfekt plaziert haben, wenn man die Schwierigkeiten in Betracht zieht, die sie schon mit einem Stein hatten.

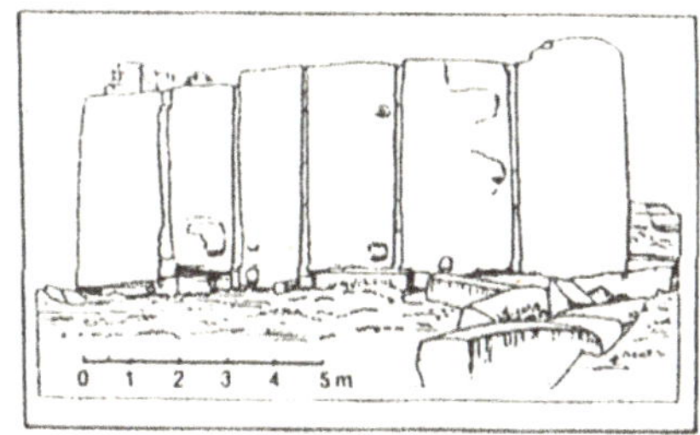

Dass die Inkas tatsächlich diese megalithischen Ruinen gefunden und dann darauf Gebäude errichtet haben, darf man wohl als nicht sehr ungewöhnliche Theorie ansehen. Tatsächlich dürfte es sich hier in aller Wahrscheinlichkeit um die Wahrheit handeln. In Ägypten war es üblich, dass die Herrscher schon vorhandene Obelisken, Pyramiden und andere Gebäude als ihre eigenen hinstellten, wobei sie sogar oft die Inschriften der wahren Baumeister entfernten und sie durch ihre eigenen ersetzten. Tatsächlich scheint auch die Große Pyramide von Giseh das Opfer eines solchen Tricks zu sein. Der Pharao Kufu oder Cheops, wie er in Griechenland bekannt war, ließ seine Inschrift in die Große Pyramide meisseln. Hierbei handelt es sich um die einzige Inschrift, welche irgendwo auf der Pyramide gefunden werden kann, aber alle Anzeichen deuten daraufhin, dass Cheops nicht der Erbauer der Pyramide war. Sie war vielleicht niemals als Grabstätte vorgesehen gewesen, aber dies ist eine andere Geschichte.

Falls die Inkas auf solche Steinmauern und Stadtruinen gestoßen sind, warum sollten sie sich dort nicht einfach niedergelas-

Das Löwentor im türkischen Malatya mit den gewaltigen Steinblöcken

Die Reste der riesigen Steinmauer von Sacsayhuaman in Peru

sen haben? Selbst heute sind nur geringe Reparaturarbeiten und das Anbringen eines Daches notwendig, um diese Anlagen bewohnbar zu machen. Tatsächlich gibt es beträchtliche Hinweise, dass die Inkas diese Gebäude nur gefunden und ausgebaut haben. Es gibt zahllose Legenden, die besagen, dass Sacsayhuaman, Machu Picchu, Tiahuanaco und auch andere megalithische Überbleibsel von einer Rasse von Riesen gebaut wurden. Alain Gheerbrant schreibt in einer Fußnote des Werks von Vega Folgendes: "Es wurden drei verschiedene Steine verwendet, um die

Festung von Sacsayhuaman zu bauen. Zwei von diesen, eingeschlossen jene, welche die riesigen Blöcke für die äußere Mauer lieferten, stammten aus nächster Umgebung. Nur die dritte Art von Stein (schwarzer Andesit) für die inneren Gebäude wurde aus relativ fernen Steinbrüchen herbeigeschafft; die nahe liegendsten Steinbrüche für schwarzen Andesit befanden sich in Huaccoto und Rumicolca, 9 bzw. 25 km von Cusco entfernt.

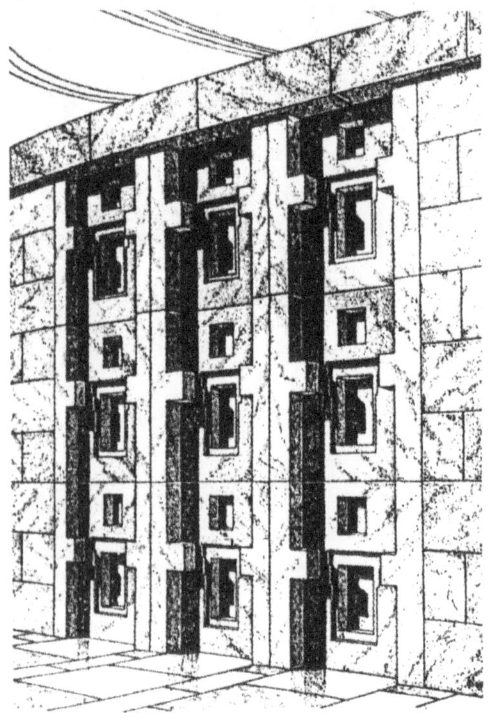

Die gigantischen Steinblöcke in Puma Punku

In bezug auf die riesigen Blöcke der äußeren Mauern gibt es keinen Hinweis dafür, dass sie nicht einfach aus einer Masse von Steinen, welche an dieser Stelle vorhanden waren, gehauen wurden; hierdurch würde das Rätsel gelöst werden."[57]

Gheerbrant ist fast der Ansicht, dass die Inkas niemals diese gewaltigen Blöcke bewegt haben, denn selbst wenn sie diese an Ort und Stelle bearbeitet hätten, so wären doch übermenschliche Kräfte notwendig gewesen, um sie so perfekt zusammenzufügen. Weiterhin ist die riesige Stadt Tiahuanaco in Bolivien genauso aus 100 Tonnen schweren Blöcken errichtet worden. Die Steinbrüche befinden sich viele Kilometer entfernt, und die Stätte stammt mit Bestimmtheit aus der Vorinkazeit. Vertreter der Theorie, dass die Inkas diese Städte in den Bergen gegründet und bewohnt haben, würden dann behaupten, dass die Erbauer von Tiahuanaco, Sacsayhuaman und anderer megalithischer Anlagen im Gebiet von Cusco die gleichen Leute waren.

Garcilaso de la Vega schreibt hierzu: "Wie können wir die Tatsache erklären, dass diese peruanischen Indios in der Lage waren, solche gewaltigen Steinblöcke zu spalten, zu bearbeiten, anzuheben, abzusenken und zu transportieren, welche eher Teile von Bergen als Bausteine sind, und dass sie dies ohne die Hilfe einer einzigen Maschine oder einer einzigen Vorrichtung erreicht haben? Ein solches Rätsel wie dieses kann nicht leicht ohne die Hilfe eines Zaubers gelöst werden, vor allem wenn man sich die große Vertrautheit dieser Leute mit Teufeln vor Augen hält."[145]

Die Spanier zerlegten so viel wie nur möglich von Sacsayhuaman. Als Cusco zum ersten Mal erobert wurde, hatte Sacsayhuaman hinter drei konzentrischen Steinwällen drei runde Türme auf der Spitze der Festung. Diese wurden Stein für Stein abgetragen und die Steine für neue Gebäude der Spanier verwendet.

Eine interessante Theorie in bezug auf den Bau dieser gewaltigen Steinmauern besagt, dass sie durch die Verwendung einer heute verlorenen Technik errichtet wurden, bei welcher die Steine aufgeweicht und verformt wurden. Hiram Bingham, der Entdecker von Machu Picchu schrieb in seinem Buch *Across South*

America von einer Pflanze, von der er gehört hatte, dass deren Säfte Steine aufweichen können, so dass diese zu einem perfekt ineinandergreifenden Mauerwerk geformt werden könnten.

In seinem Buch *Exploration Fawcett*[88] erzählt Oberst Fawcett, wie er erfahren hatte, dass die Steine durch eine Flüssigkeit zusammengefügt worden waren, durch welche die Steine so aufgeweicht wurden, dass sie die Konsistenz von Lehm hatten. Brian Fawcett, der das Buch seines Vaters herausbrachte, erzählt die folgende Geschichte: Einer seiner Freunde, der in einer Mine auf 4 000 m Höhe in Cerro di Pasco in Peru arbeitete, entdeckte in einem Grab aus der Inka- oder Vorinkazeit ein Gefäß. Er öffnete dieses in der Annahme, dass es sich um Chicha, ein alkoholisches Getränk handele, wobei er das immer noch intakte Wachssiegel aufbrach. Später wurde das Gefäß aus Versehen umgestoßen und die Flüssigkeit lief über einen Felsen.

Fawcett schreibt: "Ungefähr zehn Minuten später beugte ich mich über den Felsen und untersuchte die Lache aus ausgeschütteter Flüssigkeit. Sie war nicht länger flüssig; der ganze Fleck und der Felsen darunter waren so weich wie nasser Zement! Es war so als, ob der Stein geschmolzen wäre, genauso wie Wachs unter dem Einfluss von Hitze."[88,57]

Fawcett glaubte anscheinend, dass die Pflanze am Pyrene-Fluss im Chuncho-Bezirk in Peru gefunden werden kann. Sie soll rote Blätter haben und ungefähr 30 cm hoch sein. Eine ähnliche Geschichte wird von einem Biologen erwähnt, der einen ungewöhnlichen Vogel im Amazonasgebiet beobachtet hatte. Er sah, wie er ein Nest in einen Felsen machte, indem er den Felsen mit einem Zweig rieb. Der Saft des Zweiges löste den Felsen auf, wodurch ein Hohlraum im Felsen entstand, in den der Vogel sein Nest bauen konnte.

Alle diese Spekulationen können jedoch vielleicht durch neuere Funde beendet werden, über welche im *Scientific American* (Febr. 1986) berichtet wird. In diesem faszinierenden Artikel bezieht sich der französische Forscher Jean-Pierre Protzen auf Experimente, mit welchen er die Konstruktion von Sacsayhuaman und Ollantaytambo nachvollziehen konnte. Protzen verbrachte Monate in der Gegend von Cusco zu und führte Experimente durch, bei denen er verschiedene Methoden ausprobierte, um die gleichen Steine, welche auch von den Inkas (oder ihren megalithischen Vorläufern) verwendet wurden, zu bearbeiten und zusammenzufügen. Er fand heraus, dass die Bearbeitung der Steine durch die Steinhammer erreicht werden konnte, welche im Überfluss in dieser Gegend gefunden werden konnten. Die Steine konnten auf relativ leichte Art und Weise mit großer Präzision zusammengefügt werden, sagt er, selbst wenn die Arbeit sehr aufwendig war.

Aber selbst Protzen konnte einige Rätsel nicht lösen. Er war nicht in der Lage herauszufinden, wie die Baumeister die größeren Steine bearbeitet hatten, welche 100 Tonnen und sogar noch mehr wogen.

Laut Protzen wurden für den Transport der Steine aus den Steinbrüchen spezielle Straßen und Rampen gebaut. Viele der Steine wurden über Schotterstraßen gezogen, wodurch die Steine nach seiner Theorie ihre glatte Oberfläche erhielten. Der größte Stein in Ollantaytambo wiegt ungefähr 150 Tonnen. Er hätte mit einer Kraft von 130 000 kg eine Rampe hinaufgezogen werden können, meint er. Hierzu wären mindestens 2 400 Männer notwendig gewesen. Diese Männer zu finden, scheint möglich zu sein, aber wo standen sie alle? Protzen sagt, dass die Rampen höchstens acht Meter breit waren. Weiterhin ist für Protzen verwirrend, dass die Blöcke von Sacsayhuaman zwar fein bearbeitet waren, aber keine Anzeichen von Schleifspuren zeigen. Er konnte nicht herausfinden, wie sie von dem 40 km entfernten Steinbruch in Rumiqolqa transportiert wurden.

Protzens Artikel zeugt von guter Forschungsarbeit, denn er weist darauf hin, dass die moderne Wissenschaft die Meisterwerke von Sacsayhuaman und Ollantaytambo immer noch nicht erklären und duplizieren kann. Protzens Theorie funktioniert vielleicht für die kleineren, späteren Konstruktionen, kann aber die darunterliegenden, megalithischen Bauten nicht erklären. Vielleicht können die Theorien der Levitation und des Aufweichens der Steine doch nicht widerlegt werden! Eine letzte fesselnde Beobachtung, welche Protzen macht, ist, dass die Schnittmarken, welche bei einigen Steinen gefunden werden können, denjenigen eines unvollendeten Obelisken in Assuan in Ägypten ähneln. Ist dies nur ein Zufall, oder gab es eine antike Zivilisation, durch welche beide Stätten miteinander verbunden waren?

DER GRÖßTE COMPUTER DER WELT

Das gewaltige Monument, das als Stonehenge bekannt ist, ruht einsam auf der Salisbury-Ebene, und wird von einem Parkplatz und Geschenkläden für Touristen flankiert. Stonehenge ist berühmt für seine riesigen Steinblöcke und seine seltsame Architektur, bei der ein Kreis aus bearbeiteten Steinen verwendet wird.

Im Jahr 1964 veröffentlichte der britische Astronom Gerald S. Hawkins zum ersten Mal seine inzwischen berühmte Abhandlung über Stonehenge als astronomischer Computer. Sein Artikel mit dem Titel "Stonehenge: A Neolithic Computer" erschien in der Ausgabe 202 des angesehenen, britischen Journals *Nature*. Im Jahr 1965 wurde dann Hawkins berühmtes Buch *Stonehenge Decoded* veröffentlicht.[95]

Hawkins brachte die archäologische Welt gegen sich auf, indem er die Behauptung aufstellte, dass es sich bei dieser megalithischen Stätte nicht bloß um einen Rundtempel handelte, der von einigen egozentrischen Königen errichtet wurde, sondern um einen hoch entwickelten Computer für die Himmelsbeobachtung.

Er beginnt seinen Artikel mit einem Zitat von Diodurus über das prähistorische Britannien aus seiner *History of the Ancient World*, welche ungefähr 50 v. Chr. verfasst wurde. "Der Mond scheint von diesen Inseln aus gesehen der Erde sehr nahe zu stehen und ebensolche Erhebungen zu

besitzen wie die Erde, welche mit dem freien Auge sichtbar sind. Es wird auch berichtet, dass der Gott (der Mond?) diese Inseln alle 19 Jahre besucht, die Periode, in welcher die Rückkehr der Sterne an den gleichen Ort am Himmel erfolgt. ... Es gibt auf dieser Insel auch einen bezaubernden, heiligen Bezirk des Apollo und einen bekannten Tempel, ... und die Aufseher werden Boreadea genannt, und ihre Nachfolger stammen immer aus der gleichen Familie."

Hawkins grundsätzliche Theorie bestand darin, dass "Stonehenge ein Observatorium war; die Mathematik der Wahrscheinlichkeit und die Himmelssphäre sind auf meiner Seite." Hawkins erste Behauptung war, dass die Anordnung von zwei Paaren von Steinen und anderer Merkmale mit denen, welche durch einen Computer aus Plänen im kleineren Maßstab berechnet wurden, den Azimuthen der aufgehenden und untergehenden Sonne, und dem aufgehenden und untergehenden Mond während der Sommersonnenwende und Tagundnachtgleiche für das Jahr 1 500 v. Chr. entsprachen. Hawkins behauptete, dass er 32 "signifikante" Anordnungen gefunden hätte.

Seine zweite Behauptung war, dass die 56 Aubrey-Löcher als ein "Computer" verwendet wurden (das heißt also als Markierungen), um die Bewegungen des Mondes und die Sonnenfinsternisse vorherzusagen, für welche er behauptete, dass er "einen bisher unbekannten 56-Jahre-Zyklus gefunden hätte, der eine 15%-ige Unregelmäßigkeit aufweist; und dass durch den Aufstieg des Vollmondes nächst der Wintersonnenwende über dem Endstein immer eine Sonnenfinsternis vorhergesagt wurde. Es ist interessant anzumerken, dass nicht mehr als die Hälfte dieser Sonnenfinsternisse von Stonehenge aus sichtbar sind."

Hawkins meint weiter: "Die Nummer 56 ist von großer Bedeutung für Stonehenge, weil dies die Zahl der Aubrey-Löcher ist, welche am äußeren Kreis vorhanden sind. Vom Zentrum aus gesehen, befinden sich diese Löcher in gleichmäßigen Abständen des Azimuths um des Horizonts und können deswegen nicht die Sonne, den Mond oder irgendeinen anderen Himmelskörper

Der berühmte Steinkreis von Stonehenge in England

bezeichnen. Dies wird durch archäologische Beweise bestätigt; in den Löchern sind zwar Gegenstände verbrannt worden, aber sie haben nie Steine enthalten. Wenn nun die Stonehenge-Leute nur gewollt hätten, den Kreis aufzuteilen, warum haben sie dann nicht einfach 64 Löcher gemacht? Ich glaube, dass die Aubrey-Löcher ein System für die Zählung der Jahre lieferten, wobei jedes Loch für ein Jahr steht, um die Bewegungen des Mondes vorherzusagen. Vielleicht wurden im Verlauf des Jahres in einem bestimmten Aubrey-Loch Einäscherungen durchgeführt, oder vielleicht wurde das Loch durch einen beweglichen Stein markiert.

Stonehenge kann als digitale Berechnungsmaschine verwendet werden. ... Die Steine am Loch 56 sagen das Jahr voraus, wenn eine Sonnen- oder Mondfinsternis innerhalb von 15 Tagen des Mittwinters auftreten wird -- dem Monat des Wintermonds. Hierdurch werden auch Finsternisse des Sommermondes vorhergesagt."[95]

Die Kritiker von Hawkins, welche den beherrschenden, akademischen Geist dieser Zeit darstellten, machten sich sofort über seine Entdeckungen her und verurteilten sie. Im Jahr 1966 erschien in der Zeitschrift *Nature* (Band 210) ein Artikel des britischen Astronomen R.J. Atkinson mit dem Titel "Decoder Misled?" Hierin kritisiert er Hawkins aufgrund seiner Behauptungen, dass Stonehenge ein astronomischer Computer sei.

Atkinson schreibt über Hawkins Buch *Stonehenge Decoded* Folgendes: "Es ist tendenziös, arrogant, schlampig, nicht überzeugend und trägt wenig zum Verständnis von Stonehenge bei.

Die ersten fünf Kapitel über den legendären und archäologischen Hintergrund wurden kritiklos zusammengestellt und enthalten eine Reihe bizarrer Interpretationen und Fehler. Der Rest des Buches ist ein erfolgloser Versuch, die Behauptung des Autors zu beweisen, dass Stonehenge ein Observatorium war."

Atkinsons beißende Kritik an Hawkins ist eine Offenbarung, weil sie zeigt, welche Widerstände die akademische Wissenschaft gegen neue Ansichten entwickelt. Atkinsons Weigerung zu glauben, dass Stonehenge irgendeine Art astronomischer Computer war, hat seinen Grund wahrscheinlich größtenteils darin, dass allgemein geglaubt wird, dass die antiken Menschen einfach keinen Grad der Zivilisation erreicht hatten, der es ihnen erlaubte, sich mit höherem Wissen zu befassen.

Aber von diesen Kritikern ist heute nichts mehr zu hören, und selbst für den konservativsten Archäologen besteht heute kein Zweifel mehr, dass Stonehenge irgendeine Art astronomischer Tempel war. Es gibt eine Reihe einfacher astronomischer Tatsachen, welche aus Stonehenge abgeleitet werden können. Z.B. verstreichen 29,53 Tage zwischen zwei Vollmonden, und es gibt 29 und einen halben Monolithen im äußeren Sarsen-Kreis.

Es gibt 19 der großen "Blauen Steine" im inneren Hufeisen, wofür es verschiedene mögliche Erklärungen gibt. Zwischen den extremen Aufgangs- und Untergangspunkten des Mondes verstreichen 19 Jahre. Wenn außerdem ein Vollmond an einem bestimmten Tag des Jahres auftritt, z.B. zur Sommersonnenwende,

Das steinzeitliche Observatorium in Stonehenge, mit dessen Hilfe z.B. Sonnen- und Mondfinsternisse vorhergesagt werden konnten

dann vergehen 19 Jahre, bevor ein weiterer Vollmond am gleichen Tag des Jahres auftritt. Schließlich verstreichen 19 Jahre von Finsternissen (oder 223 Vollmonde) zwischen ähnlichen Finsternissen, also Finsternissen, die auftreten, wenn die Sonne, der Mond und die Erde in ihre ursprüngliche, relative Position zurückkehren. Die Positionen der anderen Planeten können sich sogar noch in wesentlich länger dauernden Zyklen verändern.

Es wird auch vorgeschlagen, dass die fünf großen Trilithon-Bogengänge die fünf Planeten darstellen, welche für das bloße Auge sichtbar sind.

Der britische Autor über antike Geschichte John Ivimy macht zum Schluss seines Buches über Stonehenge mit dem Titel *The Sphinx and the Megaliths*[96] einen sehr außergewöhnlichen Vorschlag. Im Hauptteil seines Buches versucht er die These zu beweisen, dass Stonehenge von einer Gruppe von kühnen Ägyptern gebaut wurde, welche zu den Britischen Inseln gesandt worden waren, um eine Reihe von astronomischen Beobachtungsstationen in höheren Breitengraden zu errichten, um hierdurch

Sonnenfinsternisse genau vorherzusagen, was durch die Observatorien in Ägypten nicht erreicht werden konnte, da sie sich zu nahe am Äquator befanden.

Ivimy nennt solche Beweise wie die megalithische Konstruktion, Schlusssteinschnitte in den riesigen Steinblöcken, den offensichtlichen astronomischen Zweck, und vor allem die Verwendung eines Zahlensystems, das auf die Zahl sechs und nicht auf die Zahl zehn basierte, wie wir es heute verwenden. Ivimy zeigt, dass die Ägypter ein Zahlensystem benutzten, das auf die Zahl sechs beruhte und dass Stonehenge auf ein ebensolches System beruht. Er sagt dann, dass auch die Mormonen für den Bau ihrer Tempel, und vor allem für den großen Tempel in Salt Lake City, ein Zahlensystem verwendeten, welches auf die Zahl sechs basiert.

Zum Schluss wird Ivimys jedoch ziemlich kontrovers: Er glaubt nämlich, dass Brigham Young und die ursprünglichen Mormonensiedler in Utah Reinkarnationen der gleichen ägyptischen Gruppe von Siedlern waren, welche auch nach Britannien gesandt wurden, um Stonehenge zu bauen. Ivimy schreibt: "Es ist schon auf die große, hölzerne Kuppel eingegangen worden, die völlig ohne Metall gebaut ist, und welche das Dach des mormonischen Tabernakels bildet. Kann deren Konstruktion nicht durch eine nebelhafte Rückerinnerung inspiriert worden sein, und zwar durch die gleichen Leute, welche allerdings in einer anderen Inkarnation einige Jahrhunderte später eine Kuppel über den Tempel des hyperboräischen Apollo gebaut haben?"[96]

Es ist eine faszinierende Vorstellung, dass irgendwelche Ägypter nach Britannien gekommen sind, um ein megalithisches Observatorium zu bauen, um Sonnen- und Mondfinsternisse vorherzusagen. Es wird berichtet, dass ungefähr 2 000 v. Chr. ein chinesischer Herrscher zwei seiner Astronomen zum Tode verurteilte, weil sie nicht in der Lage waren, eine Sonnenfinsternis vorherzusagen. In Bezug auf dies fragt Raymond Drake, ein Vertreter der prähistorischen Astronautik, Folgendes: "Würde heute irgendeinem König noch so etwas interessieren?"

Die Ägypter, die Chinesen, die Mayas und viele andere antike Kulturen waren besessen davon, Sonnenfinsternisse und andere Himmelsphänomene vorherzusagen. Man nimmt an, dass sie Katastrophen, eingeschlossen den Untergang von Atlantis, mit den Planetenbewegungen und Finsternissen in Verbindung brachten. Vielleicht glaubten die antiken Ägypter, die Mayas und andere Zivilisationen, dass sie die nächste Katastrophe vorhersagen konnten, wenn sie die Mondfinsternisse und die Bewegungen der Planeten in Bezug auf die Erde beobachteten.

Herodot schreibt über die ägyptische Astronomie und die Katastrophen in Kapitel 142 seines Zweiten Buches Folgendes: "Die Ägypter und ihre Priester erzählen folgende Geschichte: Bisher hat es 341 Generationen von Menschen vom ersten bis zum letzten König gegeben, dem Priester von Hephastus. ... Nun, in all dieser Zeit, nämlich 11 340 Jahren, sagen sie, dass die Sonne von ihrer normalen Bahn viermal abwich und dort aufgegangen ist, wo sie nun untergeht und dort untergeht, wo sie nun aufgeht; aber in Ägypten hat sich hierdurch nichts verändert, weder in Bezug auf die Flüsse oder die Früchte der Erde, noch auf die Krankheiten oder die Todesfälle."

Falls man Herodot glauben kann, dann hat es vier Polsprünge gegeben. Die Sonne geht dann in einer anderen Richtung als normal auf. Polsprünge werden von einer Reihe zerstörerischer Erdveränderungen und großer Klimaveränderungen begleitet. Falls die Ägypter also mit dieser Art von Vorfällen vertraut und bis dahin von diesen Katastrophen nicht betroffen waren, haben sie sich vielleicht äußerst angestrengt, um ihr astronomisches Wissen zu erweitern, was sogar so weit ging, dass sie England kolonialisiert und dort Stonehenge gebaut haben.

Tatsächlich haben die megalithischen Baumeister die Welt von Ägypten über England und Amerika bis zu den Osterinseln und Tonga kolonialisiert. Steinbauwerke existieren in der Mandschurei, den Philipinen, der Mongolei und den Assam-Bergen in Indien. Die megalithischen Baumeister waren einst überall. Aber welche Technologie verwendeten diese Baumeister?

3. KAPITEL

METALLURGIE UND MASCHINEN IN DER ANTIKE

An der Madison-Gabelung haben die Weißen eine Menge von dem gelben Metall gefunden, das sie verehren und verrückt macht.
Der Indianerhäuptling Schwarzer Elch.

Jede reibungslos funktionierende Technologie erweckt den Eindruck der Zauberei.
Arthur C. Clarke.

BERGBAU UND HERSTELLUNG VON METALLEN IN DER ANTIKE

Für eine Hochtechnologie benötigt eine Zivilisation gute Metalle, um daraus Maschinen herzustellen; Metalle wie z.B. Eisen und Stahl. Die orthodoxe Wissenschaft sagt, dass es sich bei der Verwendung von geschmolzenem Eisen um eine langsame und sporadische technologische Entwicklung gehandelt hat, die ungefähr vor 5 000 Jahren begonnen hat. Wie wir allerdings noch sehen werden, gibt es Beweise, dass die Metallurgie und die Herstellung von Metallgegenständen bis auf das Jahr 50 000 v. Chr. zurückreicht, wenn nicht noch weiter.

Die Ursprünge des Eisens und der Metallurgie liegen im Dunkel der Geschichte verborgen. Die biblische Legende von Tubal

Cain handelt von einem der Hüter der Geheimnisse der Metallurgie. Wie wir gesehen haben, wird in der Legende von Osiris erzählt, wie er nach seiner Wiederauferstehung in der Welt umhergereist ist, um das Wissen über die Metallurgie und die Wissenschaft zu verbreiten.

Es wird behauptet, dass die Technik der Eisenverhüttung und schließlich die Herstellung von Stahl erstmals von den Hethitern in der Zentraltürkei ungefähr im Jahr 2 700 v. Chr. entdeckt wurde. Bis zum Jahr 1 200 v. Chr. soll sich das Wissen um die Herstellung dieses Metalls im Westen nicht sehr weit verbreitet haben.

Abgesehen von anomalen Fundstücken tauchen die ersten eisernen Gegenstände im dritten Jahrtausend vor Christus auf. Diese Eisenteile, bei denen es sich nur um Gusseisen handelt, wurden an verschiedenen Orten gefunden. In Tell Chagar Bazar im Norden von Syrien wurde ein Bruchstück entdeckt, das auf das Jahr 2 700 v. Chr. datiert wurde; bei Ausgrabungen in Tell Asmar im Irak wurde ein Eisenmesser gefunden, das in einer Bronzeschneide steckte, welches auf die frühe, dynastische Periode der Sumerer (ca. 2450-2340 v. Chr.) datiert wurde; aus dem Königsgrab in Alaca Huyuk in Anatolien stammt ein Dolch mit einer Eisenschneide und einem vergoldeten Griff, der ungefähr auf den Zeitraum zwischen 2 600 und 2 300 v. Chr. datiert.

Allerdings sind auch Eisengegenstände entdeckt worden, die älter sind, was sogar die etablierten Archäologen zugeben müssen. Ihre Erklärung dafür lautet, dass es sich hierbei eher um "meteoritisches Eisen" als um Gusseisen handeln muss. Der südafrikanische Archäologe Nikolass van der Merwe schreibt in seinem Buch *The Carbon-14 Dating of Iron*[97] Folgendes:

"Bevor der Mensch das Wissen der Eisenverhüttung erlangte, konnte er schon meteoritisches Eisen verwenden. Die Fähigkeiten, welche er schon seit neolithischen Zeiten beim Schneiden und Bearbeiten von Steinen entwickelt hatte, waren ausreichend, um meteoritisches Eisen zu bearbeiten. Das Wissen über das Schmelzen von Eisen aus seinen Erzen wurde erst im dritten

Oben: Landkarte, die das einstige Einflussgebiet der Hethiter in der heutigen Türkei zeigt.
Rechts. Eine hethitische Stele aus der Zentraltürkei. Die Hethiter kontrollierten jahrhundertelang die Eisenherstellung in Kleinasien.

Jahrhundert v. Chr. erworben. Das sich hieraus ergebene Metall besaß eine mindere Qualität, und es gibt nur isolierte Fundstellen in Anatolien, Mesopotamien und den angrenzenden Gebieten. Es erwies sich, dass Bronze, welche zu dieser Zeit noch keine große Bedeutung erlangt hatte, für die Herstellung von Schneidwerkzeugen billiger und haltbarer war als die frühen Formen des Eisens. Der Einfluss von Eisen als Fertigungsmaterial war nicht recht groß, bis die Hethiter die grundsätzlichen Techniken der Stahlherstellung entwickelten. Nach einer Entwicklungsperiode breitete sich die Verwendung von Eisen innerhalb von fünf Jahrhunderten bis zum Jahr 1 200 v. Chr. sehr schnell aus. 500 v. Chr. wurde Eisen dann im größten Teil Europas, dem Fernen Osten und in Afrika bis nach Nubien und Nigeria hinunter verwendet.

Nachdem sich die Eisenverhüttungstechnik immer weiter verbreitet hatte, wurden auch neue, metallurgische Prozesse eingesetzt. Im Mittelmeerraum wurden die Techniken für die Herstellung und Verbesserung von Stahl sehr schnell entwickelt. Zu Beginn der christlichen Ära waren die Techniken der Verkokung, des Glühens, des Härtens und Temperns überall bekannt, und der Einsatz eines indirekten Prozesses hatte sich durchgesetzt. In China entstand eine unterschiedliche, metallurgische Tradition; sobald das Eisen bekannt wurde, wurde Gusseisen hergestellt. Der Prozess der Dekarbonisierung wurde schnell entwickelt und zu einem Wahrzeichen der Eisenherstellung im Osten. In Europa war der direkte Prozess bis ins 14. Jahrhundert hinein vorherrschend, bis die Einführung des Gusseisens und des indirekten Prozesses dann die Grundlagen für die moderne Eisenindustrie legten."[97]

Den Bergbau gab es zweifelsohne schon seit mehreren Zehntausend Jahren. Die Metalle Kupfer, Gold und Silber sind wenigstens seit 50 000 Jahren abgebaut worden. Der Grund hierfür ist, dass diese Metalle direkt aus dem Boden gewonnen und sofort verarbeitet werden können. In anderen Worten, reines Kupfer kann aus dem Boden entnommen und direkt zu einer Lanzenspitze, einem Messer oder einem Schwert gehämmert werden. Gold und Silber sind weicher, können aber für viele verschiedene Dinge verwendet werden.

Metalllegierungen sind eine andere Sache, aber einige Legierungen können relativ leicht hergestellt werden, wie z.B. Elektrum, eine Mischung aus Gold und Silber. Für andere Legierungen wie Zinn und Bronze ist ein bestimmter Raffinierungsprozess und eine sehr hoch entwickelte Technologie notwendig. Platin hat einen hohen Schmelzpunkt, und für seine Herstellung wird ein schwieriger Prozess eingesetzt.

Hethitisches Felsrelief aus Hattusas

Die Entdeckung von meteoritischem Eisen mag vielleicht die Neugier der antiken Menschen angeregt haben, aber stammt das gesamte, früher gefundene Eisen von Meteoriten, oder ist es aus einem wirklichen Schmelzprozess entstanden? Van der Merwe schreibt hierzu:

Hethitisches Fresko aus der Türkei, das ein Trankopfer zeigt

"Die Liste der frühen, meteoritischen Eisenfunde in den archäologischen Aufzeichnungen ist fragmentarisch und kurz. Dies liegt teilweise daran, dass meteoritisches Eisen äußerst selten vorkommt, und dass dementsprechend nur eine kleine Zahl von Gegenständen daraus hergestellt wurden. Genauso wichtig ist die Tatsache, dass für die Bestimmung des meteoritischen Ursprungs eine chemische Analyse des Nickelgehalts, oder eine metallographische Untersuchung, notwendig ist; es ist von Bedeutung anzumerken, dass meteoritische Eisengegenstände im allgemeinen nur erkannt worden sind, wenn es sich um große archäologische Projekte gehandelt hat, bei denen Experten aus verschiedenen Disziplinen teilgenommen haben, oder in solchen Fällen, bei denen Eisenfunde aus einer sehr frühen Periode aufgetaucht sind.

Aus einer Liste von frühen, meteoritischen Eisengegenständen, die von Coghlan zusammengestellt wurde, sollen hier einige erwähnt werden. Der früheste Fund stammt aus Gersah in Ägypten, wo Wainwright eine Reihe von Eisenperlen entdeckte. Diese wurden nach dem Petrie-System ungefähr auf das Jahr 3500 v. Chr. datiert und besitzen einen Nickelgehalt von 7,5%, was klar im meteoritischen Bereich liegt. In Mesopotamien entdeckte Woolley in den Königsgräbern von Ur (ca. 2 500 v. Chr.) ein Eisenteil mit einem Nickelgehalt von 19,9%. An der anatolischen Fundstätte in Alaca Huyuk sind zwei Eisenstücke mit einem Nickelgehalt von 5,08% bzw. 4,3% auf die frühe Bronzezeit (ca. 2 600 bis 2 300 v. Chr.) datiert worden.

Einige dieser Stücke wurden mit zeitgenössischen, geschmolzenen Eisengegenständen in den gleichen Ablagerungen gefunden. Es ist vernünftig anzunehmen, dass viele Gegenstände aus meteoritischem Eisen aufgrund fehlender chemischer und metallurgischer Analysen nicht erkannt worden sind."[97]

DER URSPRUNG DER EISENVERHÜTTUNG

Es ist die Theorie aufgestellt worden, dass die Eisenverhüttung ihren Ursprung im einfachen Erhitzen von goldhaltigem Sand hat, um das geschmolzene Metall leichter zu extrahieren. Die Extraktion von Quecksilber aus Zinnober läuft ähnlich ab, obwohl dieser Prozess erst viel später eingesetzt wurde. Der Hauptgrund hierfür ist, dass Quecksilber als Metall oder als Flüssigkeit nicht sehr nützlich ist, außer in elektrischen Schaltern und Kreiseln, wie wir noch sehen werden.

Der Autor glaubt, dass der Bergbau auf diesem Planeten vor mindestens 40 000 Jahren begann und dass die Verhüttung kurz danach begann, wenn nicht schon zur gleichen Zeit. Während die normalen Wissenschaftler daran glauben, dass die Eisenverhüttung mit den Hethitern begann, liegt bei diesem Prozess immer noch einiges im Dunkeln. Van der Merwe schreibt hierzu:

"Es sind einige Versuche unternommen worden, den Prozess zu rekonstruieren, durch welchen Eisen zuerst verhüttet worden ist. Die einfachste Erklärung bezieht sich auf die Gewinnung von Gold aus goldhaltigem Sand. Schon die antiken Ägypter schmolzen Gold aus dem nubischen Wüstensand, welcher auch Magneteisen enthält. Unter günstigen Umständen bildet sich deshalb oberhalb des geschmolzenen Goldes im Schmelztigel geschmolzenes Eisen und darunter eine Schicht aus Eisenschlacke. Dies würde der Fall sein, falls zufällig die richtige Schmelzatmosphäre benutzt und das Verhältnis von Magneteisen und Sand 2:1 betragen hätte. Das so hergestellte Eisen wäre natürlich fest gewesen und vielleicht ausgesondert worden. Die Ausdrücke für meteoritisches Eisen und verhüttetes Eisen im antiken Ägypten zeigen jedoch deutlich, dass die Beziehung zwischen den beiden bekannt war; das Wissen über das meteoritische Eisen hat es den Goldschmelzern vielleicht ermöglicht, das geschmolzene Eisen zu erkennen.

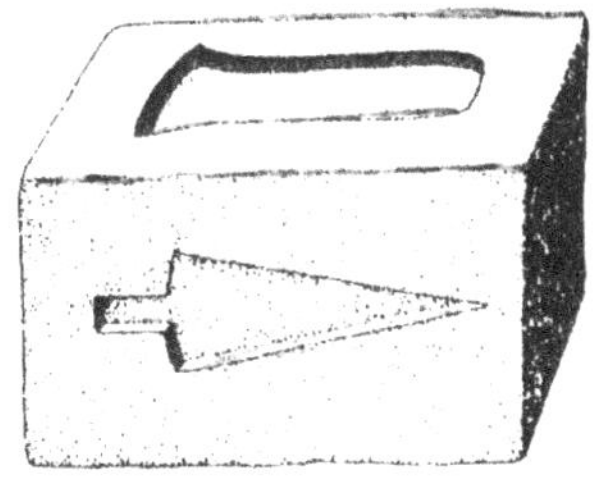

Andere hypothetische Rekonstruktionen basieren darauf, dass Eisen zufällig in einem Kupferofen geschmolzen wurde. Wenn Kupfersulfiderze vor dem Schmelzen geröstet werden, verwandeln sie sich in ein rötliches Oxid, welches Roteisen sehr ähnlich ist. Falls der Schmelzer statt Kupfererz Roteisenerz in seinem Schmelzofen verwendet hätte, dann hätte er am Boden des Ofens unter den richtigen Bedingungen nutzlose, geschmolzene Eisenschlacke, statt des geschmolzenen Kupfers, erhalten. Falls er jedoch die geschmolzenen Klumpen aus Eisen oberhalb der Schlacke beachtet hätte, dann hätte er herausgefunden, dass diese über 1 000° C verformbar sind. Wenn der letzte Aspekt auch nur schwer akzeptiert werden kann, ist es vernünftig zu argumentieren, dass die Idee der Herstellung von Metall aus Mineralerzen zu Experimenten mit einer Reihe von Erzen geführt hätte. Tatsächlich ist es vielleicht nicht einmal notwendig zu postulieren, dass ein Schmelzofen zufällig mit Eisenerzen beschickt wurde; es können auch absichtliche Experimente mit verschiedenen Erzen stattgefunden haben. Die Vertrautheit mit den Eigenschaften von meteoritischem Eisen mag vielleicht die Erkenntnis begünstigt haben, dass es sich bei Eisen um ein nützliches Metall handelt, nachdem es zufällig oder absichtlich wiederholt hergestellt wurde. Die Tatsache, dass Eisen zuerst in den frühen Stadien der Bronzezeit und in solchen Gebieten mit der fortschrittlichsten Metallindustrie erzeugt wurde, unterstützt die Ansicht, dass bewusst Experimente durchgeführt wurden. Es sollte auch in Betracht gezogen werden, dass Eisen noch viele Jahrhunderte nach seiner Entdeckung als wertvolles Metall angesehen wurde; die früheren, wirtschaftlichen Erfolge bei der Herstellung von Gold und Silber lieferten vielleicht einen Grund für die Entdeckung von Metallen, durch welche ähnliche Gewinne für den erfolgreichen Schmelzer erzielt werden konnten. Wohingegen über den exakten Prozess, wie Eisen ursprünglich verhüttet wurde, nur spekuliert werden kann, so wissen wir doch sicher, dass neue Techniken notwendig waren, um brauchbare Gegenstände aus diesen ersten Produkten eines Schmelzprozesses zu erzeugen. ... Auf diese Weise entwickelte sich schließlich die Schmiedekunst, welche am Anfang einer langen Periode einer technischen Evolution stand, welche schließlich direkt in die Eisenzeit führte."[97]

Es gibt zwei allgemeine Prozesse für die Herstellung von Eisen: den Verhüttungszprozess, ein einfacherer Prozess, und den direkten Prozess. Van der Merwe schreibt hierzu: "Ein Hauptgrund für die Eisenzeit war die Entwicklung des Einsatzhärtens, einer Technik durch welche Stahl aus Schmiedeeisen hergestellt werden kann. Diese Entdeckung wird heute üblicherweise den Chalyben, Untertanen der Hethiter, zugeschrieben und datiert auf das Jahr 1 500 bis 1 400 vor Christus. Es wird angenommen, dass die Hethiter ein strenges Monopol auf die Herstellung der neuen Legierung aufrecht erhielten, was es ihnen ermöglich-

te, die Preise auf einem künstlich hohen Niveau zu halten. Diese Ansicht basiert auf die Interpretation eines Briefes des hethitischen Königs Hattusilis III. (1281-1260 v. Chr.) an einen unbekannten Empfänger, was reichlich Anlass zu Diskussionen gegeben hat."[97]

Eisen war in antiken Zeiten das teuerste Metall -- falls es überhaupt erhältlich war! Van der Merwe erwähnt, dass "der Preis von Eisen während der frühen Phasen des hethitischen Bundes (Anfang des zweiten Jahrtausend v. Chr.) fünfmal so hoch war wie derjenige von Gold, und vierzigmal so hoch wie derjenige von Silber, und es muss während des dritten Jahrtausends v. Chr. noch teurer gewesen sein. Bei solchen Preisen ist es sehr wahrscheinlich, dass Eisengegenstände unter den Adligen der Königreiche des Nahen Ostens als Statussymbole angesehen wurden, wodurch dieses Metall viel weiter verbreitet war als nur an den Produktionsstandorten."[97]

Schließlich wurden jedoch die Hethiter vernichtet, ihre Hauptstadt Hattusas durch starke Hitze glasiert und die moderne Eisenzeit begann, jedenfalls laut der Historiker. Die Geheimnisse der Eisenverhüttung verbreiteten sich im Mittelmeerraum. Eine Frage bleibt allerdings: Haben nicht andere Nationen, wie z.B. Indien und China, schon vorher das Geheimnis der Eisenherstellung gekannt?

METALLURGIE IM ANTIKEN INDIEN UND CHINA

Das Geheimnis der Verwendung von Eisen in Indien und China ist eines, das den modernen Metallurgen großteils Rätsel aufgibt. Es wird angenommen, dass diese Länder Eisen und andere metallurgische Prozesse erst nach dem Westen entwickelt haben, aber die Beweise deuten auf das Gegenteil hin. Nikolass van der

Merwe gibt die orthodoxe Sicht wieder: “Indem sich das Eisen vom Mittelmeerraum Richtung Osten verbreitete, war es vor der christlichen Ära im größten Teils Asien bekannt. Im Jahr 1 100 vor Christus wurde es in Persien verwendet, von wo es sich nach Pakistan und Indien ausdehnte. Die Zeit der Ankunft des Eisens in Indien wird immer noch heftig diskutiert; bis vor kurzem war angenommen worden, dass es Nordindien im Jahr 500 v. Chr. erreicht hatte, wo es an Stätten wie Taxila, Histinapura und Ahichatra in Verbindung mit den “nördlichen, schwarzen, polierten” Keramiktyp auftaucht. Neueste Ausgrabungen in Atranjikhera in Uttar Pradesh haben jedoch eiserne Fundstücke zu Tage gefördert, die in Verbindung mit der “gestrichenen, grauen” Keramik aus einer früheren Periode der Ganges-Zivilisation stehen und auf das Jahr 1 100 bis 1 000 v. Chr. datieren. Es sind weitere archäologische Arbeiten notwendig, um den Einfluss des Wissens über die Eisenverarbeitung im nördlichen Indien beurteilen zu können. In den südlichen Teilen von Indien, vor allem in Deccan, scheint das Eisen eine wahre Revolution erzeugt zu haben.

Die Weitergabe des Wissens über die Eisenherstellung nach China, falls diese überhaupt stattfand, ist ein Problem, das ungelöst bleibt. Es besteht die Möglichkeit, dass das Eisen durch Nomadenstämme der eurasischen Steppen nach China gebracht wurde. Während der zweiten Hälfte des ersten Jahrtausends vor Christus haben nämlich die Sarmaten, ein Stamm, der eng mit den Skythen verbunden war, das Gebiet, welches an Kansu im Nordwesten von China angrenzt, erobert. Die Sarmaten benutzten hauptsächlich Bronze und Eisen nur im begrenzten Ausmaß. Ihr Vordringen in den Nordwesten von China ist gekennzeichnet durch ihren charakteristischen “Tierkunststil” in der Mongolei und Ordos, wo dieser bis auf das Jahr 500 v. Chr., oder sogar noch früher, datiert. Da das Eisen während des 6. Jahrhunderts v. Chr., und vielleicht früher, in China auftaucht, darf bezweifelt wer-

den, ob die Sarmaten tatsächlich das Wissen über die Eisenherstellung nach China getragen haben. Falls sie dies überhaupt getan haben."[97]

Es wird üblicherweise behauptet, dass Eisen in Amerika nicht verarbeitet wurde. Van der Merwe meint hierzu: "Es kann nicht behauptet werden, dass das Eisen in der Neuen Welt vor der Kolonialzeit eine weite Verbreitung gefunden hätte. Geringe Mengen von Eisen drangen jedoch über Sibirien bis in den Norden von Alaska vor, und zwar ca. 300 n. Chr. Eisen wurde in der Neuen Welt allerdings nicht hergestellt, bis die Vikinger es um das Jahr 1 000 n. Chr. in Neufundland einführten."[97]

Die Archäologen ignorieren jedoch die Beweise für Eisenschmelzöfen in Ohio. Arlington Mallery schreibt in seinem Buch *The Rediscovery of Lost America*[132] detailliert über die Entdeckung verschiedener Eisenschmelzöfen im Süden von Ohio, welche in prähistorischer Zeit verwendet wurden. Einen Schmelzofen, den Mallery in Allyn Mound in der Nähe von Frankfort in Ohio entdeckte, war vom Bienenstocktyp, und es wurde Kohle und Eisenerz im Innern entdeckt. Der Hügel hatte einen Durchmesser von ungefähr 18 m und war 2 m hoch. Mallery verglich den Ofen mit den primitiven Agaria-Eisenschmelzöfen, welche immer noch in Indien verwendet werden.

Mallerys Buch enthielt eine Einführung von Matthews W. Sterling, dem damaligen Direktor des Amtes für Amerikanische Ethnologie und des Smithonian Instituts. Sterling schrieb in seiner Einleitung Folgendes: "Es wird schwer sein, die amerikanischen Archäologen davon zu überzeugen, dass es in Amerika vor Kolumbus eine Eisenzeit gab. Diese erstaunliche Tatsache sollte jedoch nicht länger in Zweifel gezogen werden. Die detaillierten Untersuchungen der Metallurgen und die neue Kohlenstoff-14-Datierungsmethode sollte ausreichend sein, um eine definitive Antwort auf diese Fragen zu geben."[132]

DER EISENPFEILER VON NEU-DELHI

Im südlichen Bezirk von Neu-Delhi befindet sich der berühmte Eisenpfeiler, von dem im allgemeinen angenommen wird, dass er aus dem 4. Jahrhundert n. Chr. stammt, aber einige Gelehrte glauben, dass er 4 000 Jahre alt ist. Er wurde als Denkmal für den König Chandra errichtet. Es handelt sich um einen massiven Pfeiler mit einem Durchmesser von 40 cm und 7 m Höhe. Was das Erstaunlichste daran ist, dass er immer noch nicht verrostet ist, obwohl er Wind und Wetter jahrhundertelang ausgesetzt war!

Der Pfeiler trotzt allen Erklärungsversuchen, nicht nur weil er nicht verrostet ist, sondern weil er aus reinem Eisen besteht, welches selbst heute nur in winzigen Mengen durch Elektrolyse erzeugt werden kann! Die Technik, die verwendet wurde, um einen solch großen, massiven Eisenpfeiler zu gießen, ist ebenfalls ein Geheimnis, da es selbst heute schwierig wäre, einen Pfeiler solcher Größe herzustellen. Der Pfeiler steht als stummer Zeuge für ein hoch entwickeltes, wissenschaftliches Wissen, welches in der Antike bekannt war und bis in die neueste Zeit nicht nachgeahmt werden konnte. Jedoch gibt es auch weiterhin keine zufriedenstellende Erklärung, weshalb der Pfeiler noch nicht verrostet ist![43]

Weiterhin gibt es Beweise, dass das antike Indien hoch entwickelte Hochöfen besaß. Das Magazin *Motilal Banarsidass Newsletter* aus Neu-Delhi berichtete in seiner Ausgabe vom Juli 1998, dass Funde des staatlichen, archäologischen Amtes, die bei Ausgrabungen im Sonebhadra-Bezirk in Lucknow entdeckt wurden, die Geschichte in bezug auf den Ursprung des Eisens revolutionieren könnten. In Raja Nal Ka Tila wurden Eisengegenstände gefunden, welche auf den Zeitraum 1 200 bis 1 300 v. Chr. datieren. Das Magazin schreibt:

"Die Untersuchung der Gegenstände nach der Kohlenstoff-14-Methode durch das Birbal-Sahani-Institut in Palaeobotany hat bestätigt, dass sie aus dem Jahr 1 300 v. Chr. stammen, so dass das erstmalige Auftauchen von Eisen mindestens um 400 Jahre zurückdatiert werden muss."

Und hierbei handelt es sich um vorsichtige Schätzungen. Wie wir schon gesehen haben, gibt es beträchtliche Beweise, dass Bergbau und Eisenherstellung schon lange vor 1 300 v. Chr. vorhanden waren. Wenn man die futuristischen Epen (es scheint ungewöhnlich, Geschichten aus der Vergangenheit als futuristisch zu bezeichnen) des alten Indiens als Hinweis nimmt, muss es im antiken Indien schon vor Tausenden von Jahren erhebliche metallurgische Aktivitäten gegeben haben.

DER MYSTERIÖSE URSPRUNG DES ALUMINIUMS

Im Jahr 1959 behaupteten chinesische Archäologen, dass sie in einem Grab Gürtelschnallen aus dem antiken China entdeckt hätten. Sie waren mehrere tausend Jahre alt, wie in einem Zeitungsartikel berichtet wurde, aber unglaublicherweise waren sie aus Aluminium hergestellt! Aluminium ist ein seltsames Metall, weil für den Schmelzprozess aus dem Bauxit Elektrizität notwendig ist! Fotos dieser Gürtelschnallen sind in der Ausgabe Nr. 283 aus dem Jahr 1961 der französischsprachigen Zeitschrift *Revue de l`Aluminum* enthalten.

Der moderne Prozess für die Extraktion des Aluminiums aus Bauxit war nicht vor dem Jahr 1886 entwickelt worden. Der größte Teil des Aluminiums wird heute aus Bauxit gewonnen. Das Bauxit, das zum ersten Mal im Jahr 1921 in Les Baux (woraus der Name abgeleitet ist) in Frankreich entdeckt wurde, ist ein Erz, das reich an hydrierten Aluminiumoxiden ist, welche durch Ver-

Gegenstand aus Aluminium, der schon Tausende Jahre alt ist

witterungsprozesse solcher aluminiumhaltiger Felsgesteine wie Feldspat, Nephelin und Ton entstehen. Hierbei werden die Silikate aufgetrennt und ausgewaschen, wodurch ein Erz übrig bleibt, das reich an Aluminium, Eisenoxid, Titanoxid und ein wenig Kieselerde ist. Industriell verwertbare Erze enthalten in der Regel 45% Aluminium und nicht mehr als 5 oder 6% Kieselerde.

Die größten Bauxitvorkommen sind in den tropischen und subtropischen Gebieten zu finden, wo schwere Regenfälle, warme Temperaturen und eine gute Ableitung zusammenwirken, um den Verwitterungsprozess zu beschleunigen. Weil Bauxit immer in der Nähe oder an der Oberfläche gefunden wird, wird es im Tagebau abgebaut. Danach wird es, falls notwendig, zerkleinert, gesiebt, getrocknet und gemahlen und dann für die Weiterverarbeitung verschifft. Australien, Guinea, Jamaica, Brasilien und Indien sind die führenden Bauxitproduzenten.

Obwohl das Aluminium als Metall bis in das 18. Jahrhundert nicht bekannt war, wurde Lehm, welcher das metallische Element enthielt, im Irak schon 5 300 v. Chr. verwendet, um hochwertige Keramiken herzustellen. Bestimmte andere Aluminiumverbindungen, wie z.B. Alaun, waren bei den Ägyptern und Babyloniern schon 2 000 v. Chr. im allgemeinen Gebrauch. Trotz dieser frühen Anwendungen des "Metalls aus Lehm" dauerte es fast 4 000 Jahre, bis das Metall von seinen Beimengungen befreit wurde, wodurch es wirtschaftlich verwendet werden konnte.

Dem dänischen Physiker Hans Christian Oersted gelang es als Erstem, das Aluminium von seinen Oxiden zu trennen. Im Jahr 1825 berichtete er der Königlichen Dänischen Akademie, dass er dies durch die Erhitzung von wasserfreiem Aluminiumchlorid mit Potassiumamalgam und der Abdestillierung von Quecksilber erreicht hätte. Sein Produkt war allerdings so unrein, dass es ihm nicht gelang, die physikalischen Eigenschaften zu bestimmen und er nur einen metallischen Glanz feststellen konnte.

Im Jahr 1845 gelang es Friedrich Wöhler nach jahrelangen Experimenten, Aluminiumkügelchen herzustellen, die groß genug waren, um die Bestimmung einiger seiner Eigenschaften zu erlauben. Im Jahr 1845 ersetzte Henri Sainte-Claire Deville das Natrium durch das relativ teure Kalium, und indem er Kaliumaluminiumchlorid anstatt Aluminiumchlorid verwendete, konnte er in einer kleinen Fabrik in der Nähe von Paris zum ersten Mal Aluminium in wirtschaftlich nutzbaren Mengen herstellen. Barren und verschiedene andere Gegenstände aus diesem Metall wurden auf der Pariser Ausstellung im Jahr 1855 gezeigt, und die folgende Publicity war größtenteils dafür verantwortlich, dass sich bald eine Aluminiumindustrie entwickelte.

Im Jahr 1886 entdeckten und patentierten Charles Martin Hall of Oberlin aus Ohio und Paul L.T. Heroult aus Frankreich praktisch gleichzeitig den Prozess, durch den Aluminium in geschmolzenem Kryolit aufgelöst und elektrolytisch aufgespalten wird. Dieser Schmelzprozess, der allgemein als Hall-Heroult-Prozess bekannt ist, konnte bisher noch nicht ersetzt werden und er ist bis

heute die einzige Methode, durch welche Aluminium in wirtschaftlichen Mengen hergestellt werden kann. Die Familien der Erfinder verdienten Millionen und schließlich Milliarden von Dollars. Aluminium wird überall auf der Welt hergestellt, normalerweise dort, wo Bauxit zu finden ist und der elektrische Strom billig ist, wie z.B. an Wasserkraftwerken.

Aluminium ist das Metall, von welchem auf diesem Planeten die größten Vorkommen vorhanden sind. Tatsächlich war die Entwicklung des Herstellungsprozesses von unschätzbarem Nutzen für die Menschheit, da hierdurch eine fortschrittliche, metallurgische Wissenschaft entstehen konnte, welche die Grundlage für solche Erfindungen wie Flugzeuge und Raumschiffe bildet.

Die Gürtelschnallen, welche im Jahr 1959 in China gefunden wurden, führen zu der Frage, ob diese Objekte durch die Verwendung von Elektrizität hergestellt wurden. Für den Schmelzprozess des Aluminiums aus dem Bauxit ist Elektrizität notwendig! Die Gürtelschnallen wurden von französischen Wissenschaftlern untersucht und ihr Bericht im Jahr 1961 veröffentlicht. Sie zogen die Schlussfolgerung, dass die antiken Chinesen das Aluminium durch einen unbekannten Prozess hergestellt hatten.

ANOMALIEN AUF DEN GEBIETEN DES BERGBAUS UND DER METALLHERSTELLUNG

Es gibt viele Minen in Südafrika, und in der Nähe dieser sind oft seltsame Steinruinen vorhanden. Der Archäologe J. Theodore Bent, welcher einige der Ruinen im Jahr 1891 ausgrub und im Jahr 1892 das Buch *The Ruined Cities of Mashonaland* veröffentlichte, sagte, dass in einem Minenschacht in Umtali eine römische Münze aus der Regierungszeit Antonius Pius (138 n. Chr.) gefunden wurde.[58]

Aber die Minen in Südafrika sollen 5 000 Jahre und älter sein. Einige Minen in Südafrika sind auf das Jahr 50 000 v. Chr. zurückdatiert worden. William Corliss zitiert aus einem Artikel in dem britischen Wissenschaftsjournal *Nature* über das Thema Minen in Südafrika, in dem von Minen gesprochen wird, die aus dem Jahr 26 000 v. Chr. stammen! Unter diesen erstaunlichen, antiken Minen befanden sich auch Mangan- und Eisenminen.

In dem Artikel heißt es Folgendermaßen: "Die einzige antike Manganmine, die bisher gefunden wurde, liegt im südlichen Afrika in Chowa in Sambia. ... In dem Berg namens Kafufulamadzi, der sich fünf Kilometer entfernt befindet, wurden weitere Steinzeitgeräte in Quarz gefunden, zusammen mit Manganwerkzeugen, welche mit denjenigen identisch waren, die in den Gruben in der Mgwenya-Eisenmine im westlichen Swasiland gefunden wurden."[5]

Nach der Radiokarbonmethode wurde festgestellt, dass die tiefsten Bereiche zwischen 23 000 und 28 000 Jahre alt sind. Proben der Holzkohleknöllchen wurden zur weiteren Analyse an die Yale Universität und an die Universität von Groningen in den Niederlanden geschickt. In Yale wurden die Proben auf ein Alter von 22,280 +/- 400 und in Groningen auf 28 130 +/- 260 Jahre datiert.[5] Es gibt also klare Beweise, dass Eisenerz und andere Metalle schon vor Tausenden von Jahren im südlichen Afrika abgebaut wurden, und vielleicht in anderen Gebieten der Welt ebenso.

Rene Noorbergen erzählt in seinem Buch *Secrets of the Lost Races*[3] eine bizarre Geschichte. Unter dem Untertitel *Who Shot Rhodesian Man?* stellt er fest, dass offensichtlich irgendjemand einen dieser Minenarbeiter aus der Antike erschoss. Im Museum für Naturgeschichte in London wird ein menschlicher Schädel ausgestellt, der im Jahr 1921 in der Nähe von Broken Hill in Rhodesien gefunden wurde. “Auf der linken Seite des Schädels ist ein vollkommen rundes Loch vorhanden. Es sind keine radialen Rillen vorhanden, wie sie entstehen, wenn eine Waffe wie ein Pfeil oder ein Speer eingedrungen wäre. Nur ein Hochgeschwindigkeitsprojektil wie eine Gewehrkugel kann ein solches Loch verursacht haben. Die Schädelhülle gegenüber des Loches ist zerschmettert. Die gleichen Merkmale sind auch bei Opfern von Kopfwunden, die von Projektilen aus Hochgeschwindkeitsgewehren stammen, zu finden. Durch ein langsameres Projektil konnte weder das glatte Loch noch der Zerschmetterungseffekt erzeugt werden. Ein deutscher Gerichtsmediziner aus Berlin hat eindeutig festgestellt, dass die Schädelverletzung nur durch eine Kugel erzeugt worden sein konnte. Falls tatsächlich eine Kugel auf den rhodesischen Mann gefeuert wurde, dann ergeben sich hieraus zwei mögliche Schlussfolgerungen: Entweder ist der Schädel nicht so alt wie behauptet, sondern höchstens zwei oder drei Jahrhunderte, und er wurde von einem europäischen Kolonialisten oder Forscher erschossen; oder die Knochen sind so alt wie behauptet wird, und er wurde durch einen Jäger oder einen Krieger erschossen, der zu einer sehr alten, aber hoch entwickelten Zivilisation gehörte.

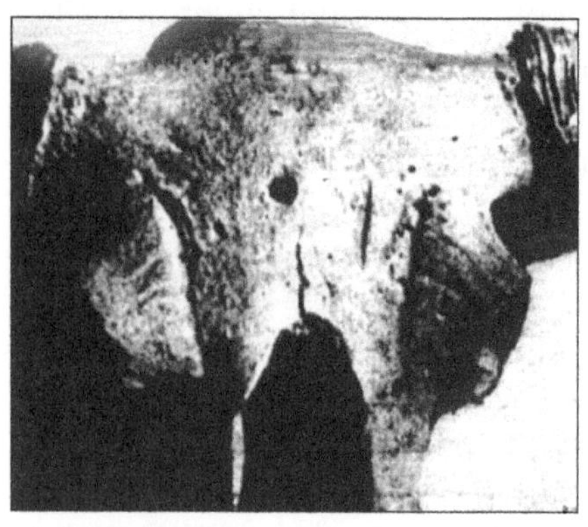

Die zweite Schlussfolgerung ist plausibler als die erste, vor allem weil der rhodesische Schädel in einer Tiefe von 20 m gefunden wurde. Nur in einem Zeitraum von mehreren tausend Jahren können Ablagerungen von solcher Dicke entstehen. Anzunehmen, dass die Natur in nur zwei oder drei Jahrhunderten eine solch große Menge an Erde abgelagert haben könnte, ist wirklich lächerlich.”[3]

Noorbergen erwähnt zum Schluss noch den Schädel eines Auerochsen, welcher westlich der Lena in Russland gefunden und vom Paläontologischen Museum in Moskau auf ein Alter von mehreren tausend Jahren geschätzt wurde. Der Kurator des Museums Professor Konstantin Flerow entdeckte ein kleines Loch im Vorderkopf, das eine glatte Oberfläche ohne radiale Rillen besaß, was darauf hindeutet, dass das Projektil mit einer sehr hohen Geschwindigkeit eintrat. Der Auerochse überlebte den Schuss, was sich aus der Verkalkung des Loches erkennen lässt. Später starb er dann aufgrund einer anderen Ursache.[3]

Ein Grund, dass wir nicht viele Eisen- oder Metallgegenstände besitzen, die Tausende von Jahren alt sind, ist, dass solche Objekte nicht so lange halten. Die meisten Metalle wie Eisen, Kupfer, Bronze und Zinn korrodieren und lösen sich in Nichts auf. Ein Eisennagel, welcher dem Wasser ausgesetzt ist, wird rosten und sich in ein paar Jahren auflösen. Dies ist ein Grund, weshalb Gold besonders wertvoll ist -- es ist unzerstörbar. Alles Gold, welches in antiker Zeit existiert hat, ist auch heute noch vorhanden, genauso wie Juwelen, Münzen, Goldbarren oder Ähnliches. Allerdings ist Gold zu weich, um für Waffen oder Maschinen verwendet werden zu können, zumindest in reiner Form. Andere Metalle, welche auch über einen längeren Zeitraum haltbar sind, sind Blei und Quecksilber. Um Gegenstände aus rostendem Metall zu finden, ist es notwendig, dass diese irgendwie von der Umgebung abgeschirmt sind. Die folgende Geschichte beweist, dass solche Fundstücke existieren.

EINE ZÜNDKERZE, WELCHE IN EINEM GEODEN GEFUNDEN WURDE

Im Jahr 1961 gingen Wally Lane, Mike Mikesell und Virginia Maxey, die gemeinsamen Besitzer des Rockhound-Mineralien- und Geschenkladens in Olancha in Kalifornien in die Coso-Berge im Inyo-Nationalpark in der Nähe des Death-Valley, um nach ungewöhnlichen Steinen zu suchen. In der Nähe des 1 300 m

Die Geoden aus Coso -- handelte es sich hierbei um Zündkerzen?

hohen Gipfels fanden sie einen Geoden. Als sie diesen öffneten, fanden sie etwas, das einer Zündkerze ähnelte. In der Mitte des Geoden befand sich ein Metallkern mit einem Durchmesser von 2 mm, der auf einen Magneten ansprach. Dieser wurde durch einer Art keramische Manschette eingeschlossen, welche selbst wieder von einer hexagonalen Buchse umschlossen war, welche aus Holz geschnitzt und offensichtlich später versteinert wurde. Ein Bruchstück aus Kupfer, welches noch zwischen der Keramik und dem versteinerten Holz vorhanden war, deutete darauf hin, dass die beiden einst durch eine Kupferbuchse getrennt waren, welche sich nun aufgelöst hatte. Um das Ganze herum befand sich die äußere Schicht des Geoden, die aus verhärtetem Lehm, Kieselsteinen, einer fossilen Schale und zwei nichtmagnetischen Metallgegenständen bestand, die einem Nagel und einem Dichtungsring ähnelten. Basierend auf den Fossilen, welche in dem

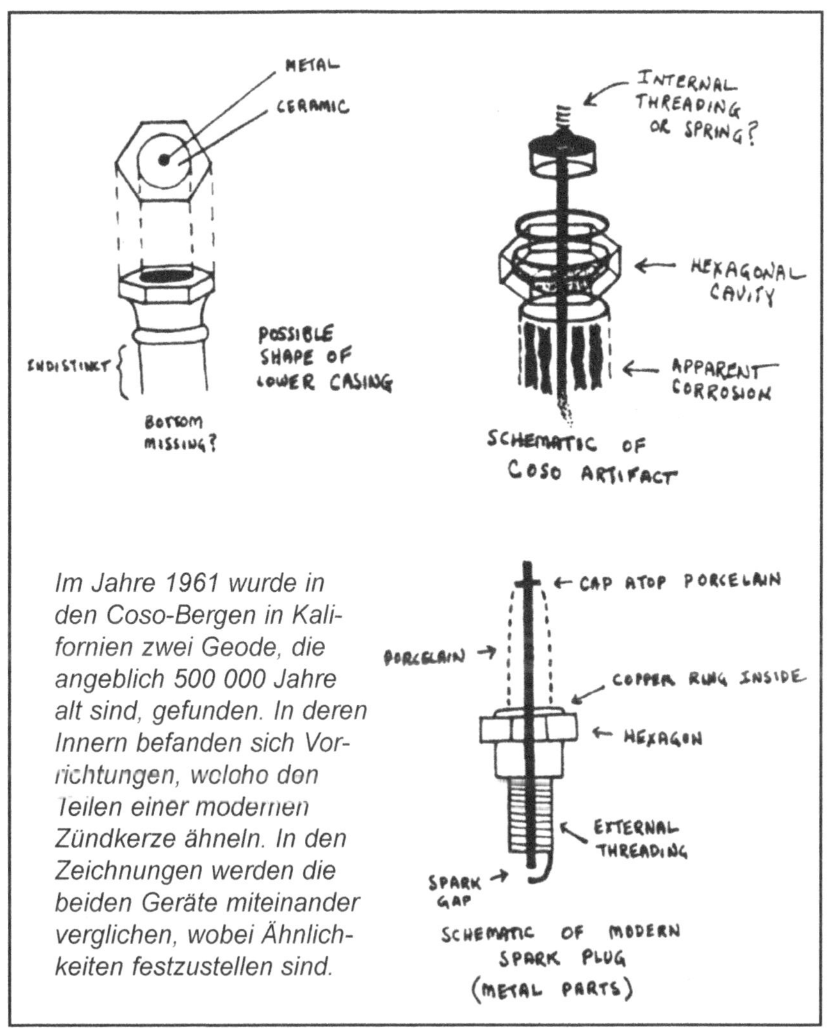

Im Jahre 1961 wurde in den Coso-Bergen in Kalifornien zwei Geode, die angeblich 500 000 Jahre alt sind, gefunden. In deren Innern befanden sich Vorrichtungen, welche den Teilen einer modernen Zündkerze ähneln. In den Zeichnungen werden die beiden Geräte miteinander verglichen, wobei Ähnlichkeiten festzustellen sind.

Geoden enthalten waren, wurde geschätzt, dass das Objekt mindestens 500 000 Jahre alt ist![16,39]

Als Ron Calais, welcher für Brad Steiger Forschungen anstellte, für Ivan T. Sandersons *INFO Journal* (Band 1, Nr. 4) das Coso-Fundstück untersuchen ließ, hatte der Herausgeber Paul J.

Willis eine Idee, um was es sich bei dem Gegenstand vielleicht gehandelt haben konnte. Nachdem er sich Röngtenaufnahmen des Geoden angesehen hatte, war Willis der Meinung, dass die hexagonalen Teile an eine Zündkerze erinnerten.[16]

“Ich war wie vom Blitz getroffen,” schrieb sein Bruder Ron Willis, “denn plötzlich schien alles zusammenzupassen. Als das Objekt in zwei Teile zerschnitten wurde, zeigten sich ein hexagonaler Teil, ein Porzellan- oder Keramikinsulator mit einem mittleren Stift aus Metall -- den grundsätzlichen Teilen einer Zündkerze.” Beim Vergleich mit einer Zündkerze stellte sich heraus, dass die Einzelteile einer solchen dem Coso-Objekt ähnelten, wenn auch mit einigen Unterschieden. Die Willis-Brüder glaubten, dass der hexagonale Bereich im Geoden vielleicht aus Rost besteht und das Überbleibsel eines Stahlgehäuses ist. Es handelt sich also auf alle Fälle um irgendeine Art eines elektrischen Geräts.

“Es gibt kein Anzeichen, dass das Objekt jemals von einem professionellen Wissenschaftler untersucht worden ist, so dass es immer noch fraglich ist, welchen Verwendungszweck es hatte. Das Coso-Fundstück scheint zu solch rätselhaften Dingen wie der Wyoming-Mumie, dem Voynich-Manuskript und anderen Fortschen Gegenständen zu gehören, dessen Besitzer sich weigern, die Objekte von irgendjemand untersuchen zu lassen, wenn sie nicht eine exorbitante Summe dafür zahlen.”[8,16]

SELTSAME DINGE, WELCHE IN FELSGESTEIN GEFUNDEN WURDEN

In dem Buch von Frank Edwards mit dem Titel *Strangest of All*[53] wird von der Entdeckung eines ähnlich seltsamen Objekts berichtet: “Irgendwo in den verstaubten Lagerräumen eines Museums liegt ein Stück Feldspat, das im November 1869 in der Abbey-Mine in Treasure City in Nevada gefunden wurde. Das faustgroße Steinstück ist deshalb ungewöhnlich, weil sich darin eine Metallschraube befindet, die ungefähr fünf Zentimeter lang ist. Die Verjüngung ist klar erkennbar, genauso wie die regelmäßige Gewindesteigung. Da sie ursprünglich aus Eisen war, ist sie oxidiert, aber der Stein, welcher die zerfallenden Überreste enthält, hat die feinen Konturen konserviert. Das Problem mit diesem Ausstellungsstück ist, dass der Feldspat, in dem die Schraube eingebettet war, Millionen Jahre älter war als der Mensch selbst, und so wurde das ärgerliche Ausstellungsstück an die San Francisco Akademie gesandt und dort in aller Stille vergessen."

In einer Ausgabe des *Scientific American* (Nr. 7, 1852) wird berichtet, dass während Sprengarbeiten in Dorchester in Massachusetts im Jahr 1851 durch die Kraft der Explosion ein glockenförmiges Gefäß aus den Felsen herausgeschleudert wurde. Die Vase bestand aus einem unbekannten Metall und war mit silbernen Blumen verziert.

Der Herausgeber des *Scientific American* war der Meinung, dass die Vase von Tubal Chain, dem biblischen Vater der Metallurgie, hergestellt wurde. Als Antwort sagte Charles Fort, der solche seltsamen Dinge sammelte und in seinen vier Büchern veröffentlichte, Folgendes: "Obwohl ich glaube, dass dies ein wenig willkürlich ist, bin ich nicht gewillt, mich ohne weiteres jeder wissenschaftlichen Meinung anzuschließen."[39]

Im Jahr 1891 brach Mrs. S.W. Culp aus Morrisonville in Illinois ein Stück Kohle für ihren Ofen auseinander und bemerkte eine Goldkette, welche darin eingebettet war. Im Jahr 1851 ließ Hiram de Witt aus Springfield in Massachusetts aus Versehen ein faustgroßes Stück goldhaltigen Quarzes fallen, das er zuvor aus Kalifornien mitgebracht hatte. Das Gestein zerbrach, und im Herbst fand de Witt darin einen fünf Zentimeter langen Eisennagel, der nur ein wenig verrostet war. "Er war völlig gerade und hatte einen perfekten Kopf," berichtete die *Times of London*.[39]

Frank Edwards bemerkt über einen anderen Fund: "Im Jahr 1851 wurden durch eine Brunnenbohrung aus einer Sandschicht in einer Tiefe von 35 m zwei Fundstücke ans Tageslicht gebracht. Bei einem handelte es sich um ein Kupfergerät, das die Form eines Schiffshakens hatte, und bei dem anderen um einen Kupferring, dessen Zweck unbekannt war. Und im Jahr 1971 wurde durch Bohrungen eine Bronzemünze zu Tage gefördert, und zwar aus einer Tiefe von 35 m -- ein anderer Hinweis darauf, dass es zu dieser Zeit schon Menschen gegeben hat, aber wann, das weiß keiner."[53]

Wahrscheinlich gibt es Hunderte von Berichten über ungewöhnliche Funde wie diese, Berichte von Dingen, welche fraglos von Menschenhand hergestellt wurden, und trotzdem müssen sie laut einer uniformitären Geologie Hunderttausende, wenn nicht Millionen von Jahren, alt sein! Kohle, Fossilien, Geoden und Ähnliches werden auf der Basis geologischer Schichten datiert. Tiefere Schichten werden als älter betrachtet als darüberliegende Schichten. Unter der Annahme, dass geologische Veränderungen langsam vor sich gehen, kann man dann davon ausgehen, dass bestimmte Zeitabschnitte mit bestimmten Schichten gleichgesetzt werden können.

Wenn man die Möglichkeit in Betracht zieht, dass die orthodoxe Geologie und ihre Datierungsmethoden vollkommen falsch sind, dann wären Gegenstände, die anfänglich ein unglaubliches Alter aufweisen, sagen wir Millionen von Jahren, tatsächlich wesentlich früher hergestellt wurden. Ich nehme an, dass dies der Fall bei den meisten dieser Funde ist. Wenn auch davon ausgegangen werden kann, dass die meisten von ihnen authentisch sind, so sind sie doch eher nur einige Zehntausend Jahre, statt Millionen von Jahren alt.

Eine andere interessante Sache, die hier angemerkt werden sollte, ist der Prozess, wie irgendwelche Objekte in Kohle, Gestein oder Geoden eingebettet werden. Es handelt sich hierbei um den gleichen Vorgang, durch welchen Fossilien erzeugt werden, nämlich nicht durch langsame geologische Veränderungen, sondern durch plötzliche geologische Katastrophen, wie z.B. jene, durch welche angeblich frühere Kontinente untergegangen sind. Es scheint, dass es sich bei solchen Katastrophen nicht um isolierte, seltene Ereignisse handelt, sondern dass diese mit erschreckender Regelmäßigkeit auftreten!

Von einer seltsamen Entdeckung in dieser Richtung wurde zuerst im Jahr 1982 berichtet. Laut verschiedener Berichte, eingeschlossenen eines solchen in dem Buch *Forbidden Archeology*[113], die in den letzten Jahrzehnten veröffentlicht wurden, haben südafrikanische Minenarbeiter Hunderte von Metallkugeln gefunden, von denen einige drei parallele Rillen entlang ihres Äquators besitzen.

Es gibt zwei Arten dieser Kugeln -- eine Art besteht aus einem bläulichem Metall mit weißen Flecken, und bei der anderen handelt es sich um Hohlkugeln, die mit einem porösen Material gefüllt sind. Roelf Marx, der Kurator des Museums in Klerksorp in Südafrika, wo einige dieser Kugeln zur Zeit untergebracht sind, sagte in einem Brief aus dem Jahr 1984 Folgendes: "Es gibt bisher keine wissenschaftlichen Veröffentlichungen über diese Kugeln, aber die Tatsachen sind diese: Sie werden in Pyrophyllit gefunden, welcher in der Stadt Ottosdal im Westen des Transvaals abgebaut wird. Bei diesem Pyrophyllit ($Al_2Si_4O_{10}(OH)_2$) handelt es sich um ein ziemlich weiches Sekundärmineral, welches ungefähr vor 2,8 Milliarden Jahren durch Ablagerungen entstanden ist. Auf der anderen Seite sind die Kugeln, welche eine faserförmige Struktur auf der Innenseite besitzen, sehr hart und können nicht einmal durch den härtesten Stahl geritzt werden.

Die gerillten, metallischen Kugeln aus den Ottosdal-Minen sollen laut der orthodoxen Geologie aus einer Schicht stammen, die als Präkabrisch bezeichnet wird und angeblich 2,8 Mrd. Jahre alt ist. 2,8 Milliarden Jahre! Es scheint unwahrscheinlich, dass es in der Geschichte der Metallurgie eine so große Lücke geben sollte, und ich möchte behaupten, dass die Metallkugeln vielleicht Zehntausende oder höchstens Hundertausende von Jahren alt sind. Ein Großteil der Datierungen der uniformitären Geologie ist wesentlich übertrieben, und es ist bewiesen worden, dass Ablagerungen, die ein paar Meter dick sind, in ein paar Tagen abgelagert werden können, und dass hierfür nicht Millionen von Jahren notwendig sind, wie die orthodoxen Geologen "raten". Es wird manchmal behauptet, dass die Fossilien durch die Schichten und die Schichten durch die Fossilien datiert werden. Solche Kreisschlüsse werden auch bei den gerillten Metallkugeln angewendet; sie sind zweifelsohne alt, aber müssen sie Milliarden von Jahren alt sein?

Ein ähnlicher Fund wird von William Corliss in seinem Buch *Ancient Man. A Handbook of Puzzling Artifacts*[5] aufgeführt: die Entdeckung gegossener, metallischer Objekte in einem Kalkbett. Sie wurden am 30. Sept. 1968 in Caen in Frankreich entdeckt, und es handelte sich um metallische Hohlkörper, die eiförmig sind und unterschiedliche Größen besitzen. Das Kalkbett soll angeblich 65 Millionen Jahre alt sein, und es wurde davon ausgegangen, dass die metallischen Gegenstände künstlich hergestellt worden waren, und zwar von "intelligenten Wesen", welche in fernen Zeiten gelebt hatten.

WEITERE ANTIKE FUNDSTÜCKE

Die Akten der Geschichte sind voll von seltsamen Berichten über unerklärliche Gegenstände. In einem Bericht des Magazins *The American Antiquarian* aus dem Jahr 1883 wird von einem Rancher aus Colorado erzählt, der sich im Jahr 1880 auf den Weg machte, um Kohle aus einem Flöz zu holen. Die Ladung, welche er holte, stammte aus einer Tiefe von 90 m.

Als der Rancher heimkehrte, fand er heraus, dass die Kohlestücke zu groß waren, um in seinem Ofen verbrannt werden zu können. Er zerbrach einige von ihnen -- und aus einem der Brocken fiel ein eiserner Fingerhut! Zumindest sah er wie ein Fingerhut aus -- und "Evas Fingerhut" war der Name, welcher dem Objekt in der Gegend gegeben wurde, wo er ziemlich bekannt wurde. Das Metall zerbröckelte leicht und blätterte immer mehr ab, da es von neugierigen Nachbarn des öfteren in die Hand genommen wurde. Schließlich ging der Fingerhut verloren.

Im Jahr 1883 glaubte niemand, dass die amerikanischen Indianerstämme jemals Fingerhüte oder metallische Gegenstände verwendet hätten. Außerdem wurde der Kohleflöz auf eine Periode zwischen der Kreidezeit und dem Tertiär datiert und sollte damit 70 Millionen Jahre alt sein.

Es handelte sich um ein unmögliches Fundstück, und trotzdem passte es genau in den Hohlraum in dem Kohlebrocken. Genauso wie andere ungewöhnliche Funde (Ivan T. Sanderson nannte sie "Ooparts") schien er absolut echt zu sein; wenn man jedoch von der geologischen Datierung und der anerkannten Erdgeschichte ausgeht, dürfte es solche Dinge überhaupt nicht geben.[8,16]

Im Jahr 1967 wurden in einer Silberader in Colorado menschliche Gebeine gefunden, und zwar zusammen mit einem zehn Zentimeter langen Kupferpfeil. Die Silberablagerung war natürlich mehrere Millionen Jahre alt und damit viel älter als die Menschheit, jedenfalls wenn man von der allgemein akzeptierten Meinung ausgeht.[18]

Obwohl die folgende Geschichte nichts direkt mit Metallen aus antiken Zeiten zu tun hat, ist sie faszinierend und deshalb Wert, hier wiedergegeben zu werden. Sie ist absolut wahr und gibt den heutigen Forschern immer noch Rätsel auf. Im Oktober 1932 arbeiteten sich ein paar Goldsucher in einen Hang der Pedro Mountains hinein, die sich ungefähr hundert Kilometer westlich von Caspar in Wyoming befinden. Bei Sprengungsarbeiten sahen sie irgendei-

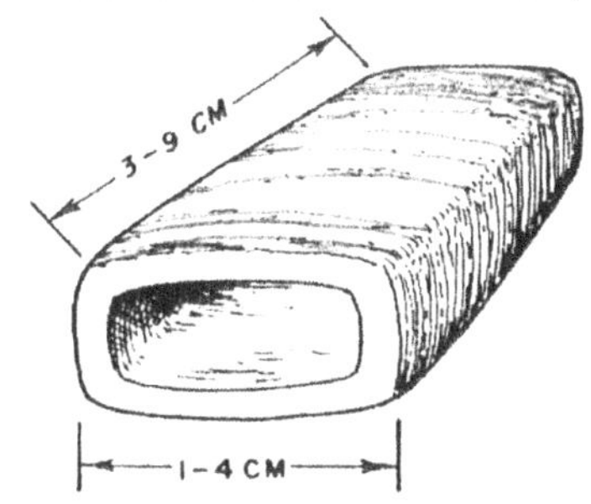

Metallischer Gegenstand, der in Caen in Frankreich gefunden wurde

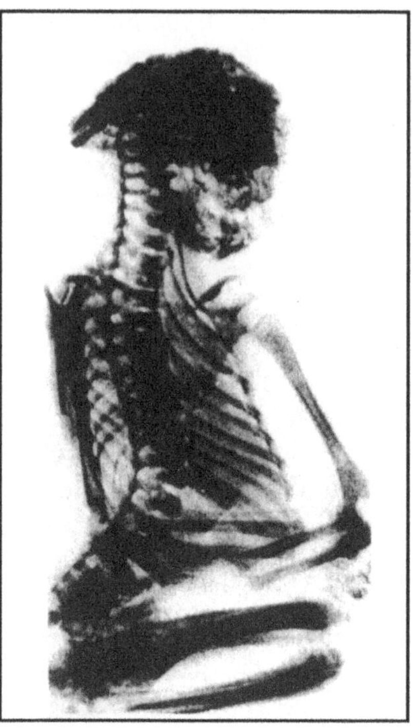

Links: Eine der seltenen Aufnahmen der Mumie aus Wyoming
Rechts: Eine Röntgenaufnahme der gleichen Mumie

ne "Farbe" in der Felswand, und durch die starke Explosion wurde eine natürliche Höhle aus massivem Granit freigelegt, die nur 1,2 m breit, 1,2 m hoch und ungefähr 5 m tief war. Nachdem sich der Staub verzogen hatte, gingen die Goldsucher hinein und waren ziemlich schockiert, als ihnen eine winzige, menschliche Mumie entgegenblickte!

Sie befand sich auf einem schmalen Felssims, saß aufrecht und mit verschränkten Beinen da und hatte die Arme über ihren Schoß gefaltet. Sie hatte eine dunkelbraune Farbe und ein stark faltiges Gesicht, das in mancher Hinsicht fast affenähnlich war. Ein Augenlid hing herunter, so als ob dieser kleine, seltsame Kerl seinen Entdeckern zuzwinkern wollte. Die Mumie war erstaunlich klein, nur ungefähr 35 cm groß!

Die Goldsucher hoben sie vorsichtig auf, wickelten sie in eine Decke und kehrten nach Caspar zurück, wo die Nachricht ihrer Entdeckung beträchtliches Aufsehen erregte. Die Wissenschaftler waren skeptisch, aber interessiert; denn laut der konventionellen Archäologie war es unmöglich, dass ein lebendiges Wesen in massivem Granit begraben sein konnte. Und trotzdem war das Geschöpf real!

Die Mumie wurde untersucht und mit Röntgenstrahlen durchleuchtet. Sie war nur 35 cm groß und wog nur 350 g. Die Röntgenaufnahme zeigte eindeutig, dass es sich bei der winzigen Mumie um einen Erwachsenen gehandelt hatte. Die Biologen, die sie untersuchten, stellten fest, dass das Wesen bei seinem Tod 65 Jahre alt gewesen war. Weiterhin waren zwei vollständige Zahnreihen zu sehen, ein winziger Schädel, die gesamte Wirbelsäule, die Rippen und die Arme und Beine. Bei der Mumie handelte es sich nicht um einen geschickten Schwindel, sondern um ein echtes biologisches Wesen mit normalen, wenn auch winzigen Körpermerkmalen.

Die Gesichtszüge wiesen einen bronzeähnlichen Glanz auf. Die Stirn war sehr niedrig, die Nase flach mit breiten Nasenflügeln und der Mund sehr breit mit dünnen Lippen, die zu einem verschmitzten Lächeln verzogen waren.

Laut des Autors Frank Edwards hatte die Anthropologische Abteilung der Universität Harvard festgestellt, dass es keine Zweifel über die Echtheit der Mumie gibt. Dr. Henry Shapiro, der Leiter der Anthropologischen Abteilung des Amerikanischen Museums für Naturgeschichte sagte, dass die Röntgenaufnahmen ein sehr kleines Skelett gezeigt hätten, das mit einer ausgetrockneten Haut überzogen ist, und dass die Mumie offensichtlich extrem alt, unbekannter Art und unbekannten Ursprungs sei.

Es wurde allgemein angenommen, dass es sich bei der Mumie um ein deformiertes, krankes Kind gehandelt habe, obwohl die Anthropologen, welche die Mumie untersucht hatten, der Meinung gewesen waren, dass das Wesen zur Zeit seines Todes erwachsen war. Edwards sagt auch, dass der Kurator der ägyptischen Abteilung des Bostoner Museums die Mumie untersuchte und erklärte, dass sie das Aussehen ägyptischer Mumien hatte, welche nicht eingewickelt wurden, um zu verhindern, dass sie der Luft ausgesetzt werden. Ein weiterer Experte, Dr. Henry Fairfield, wagte die Behauptung, dass es sich bei der geheimnisvollen Mumie aus den Pedro Mountains um eine Art eines Menschenaffen gehandelt hat, welcher im Pliozän den nordamerikanischen Kontinent durchstreift hatte.[19]

Auch die Höhle wurde untersucht, aber es wurden keine weiteren Spuren gefunden, außer dem winzigen Steinsims, auf welchem die Mumie seit unzähligen Zeitaltern gesessen hatte. Wie konnte sie überhaupt in eine Granithöhle eingeschlossen werden? Meines Wissens wurde die Mumie nicht mit der Radiokarbonmethode untersucht.

Wenn die Mumie auch in Caspar viele Jahre ausgestellt worden war, so ist sie nun doch verschwunden, und es ist nicht bekannt, wo sie sich jetzt befindet.

Was ist die Realität überhaupt?
Nichts anderes als eine kollektive Ahnung.
Jane Wagner.

ROBOTER UND AUTOMATEN DER ANTIKE

Die antiken Menschen stellten eine große Zahl von Maschinen her, wobei viele von diesen mit denjenigen, die wir heute verwenden, identisch waren. Die antiken Menschen besaßen Wasserpumpen, Kräne, Flaschenzüge, Katapulte, Wasserräder und sogar Spielzeuge. Sie besaßen Geräte, welche mit Münzen betrieben wurden, Automaten und sogar Computer, Radio und Fernsehen, so unglaublich dies auch klingen mag.

Bei einigen dieser Automaten handelt es sich um tatsächliche Erfindungen, von denen wir wissen, dass sie existiert haben, andere werden nur in Texten und "Legenden" erwähnt. Der Historiker Andrew Tomas schreibt in seinem Buch *We Are Not The First*[24] Folgendes: Laut griechischer Legenden fertigte Häphestus, der "Schmied des Olymps" zwei goldene Statuen, welche lebenden, jungen Frauen ähnelten. Sie konnten sich selbständig bewegen und eilten an die Seite des lahmen Gottes, um ihn beim Gehen zu stützen. Es kann also nicht bestritten werden, dass das Konzept der Automation im antiken Griechenland vorhanden war.

Die Ingenieure in Alexandria hatten in 2 000 Jahren über hundert verschiedene Automaten hergestellt. Der legendäre Dädalus, der Vater von Ikarus, soll laut Berichten eine menschliche Figur konstruiert haben, die sich selbständig bewegen konnte. Plato sagte, dass diese Roboter so aktiv waren, dass man sie hindern musste, davon zu laufen! Durch welche Kraft wurden sie angetrieben?"

In gleicher Weise gab es in den Tempeln des antiken Ägypten, wie z.B. Theben, Abbilder von Göttern, welche gestikulieren und sprechen konnten. Es ist nicht allzu unwahrscheinlich, dass einige von diesen durch Priester bedient wurden, welche sich im Innern versteckten, andere können mechanisch angetrieben worden sein. Das Aufblitzen von Lichtern, wie es bei den berühmten blitzenden Augen der Statue der Isis in Karnak der Fall war, wurde wahrscheinlich durch einfache elektrische Lichter irgendeiner Art erreicht.

In den Legenden der Griechen, Römer, Perser, Hindus und Chinesen sind überall Andeutungen über das, was wir heute als Roboter oder Automaten bezeichnen, vorhanden, also Maschinen, welche wie Menschen aussahen und auch so handelten. Die antiken Chinesen fanden z.B. Gefallen an Bronzedrachen, deren Schwänze wackelten.

In der alten griechischen Geschichte über die Suche nach dem Goldenen Vlies kommen Jason und die Argonauten im Verlauf ihrer Reisen und Abenteuer nach Kreta. Medea hatte ihnen erzählt, dass Thalus, der letzte Mensch, welcher von der antiken Bronzerasse übrig geblieben war, dort leben würde. Danach erschien eine metallische Kreatur, welche damit drohte, ihr Schiff, die Argo, mit Felsen zu zerschmettern, falls sie näher kommen würden. Handelte es sich hierbei um einen Roboter?

Tomas schreibt in seinem Buch *We Are Not The First* Folgendes: "Das Know-how der Roboterkonstruktion wurde in verschlüsselter Form in Büchern über Magie aufgezeichnet und auf diese Weise lange Jahrhunderte erhalten. Der Mönch Gerbert d' Aurillac (920-1003), der Professor an der Universität von Reims war und später Papst Sylvester II. wurde, soll angeblich einen bronzenen Automaten besessen haben, der Fragen beantwortete. Er war vom Papst unter bestimmten stellaren und planetaren Aspekten konstruiert worden. Dieser frühe Computer sagte ja oder nein zu wichtigen politischen und religiösen Angelegenheiten. Aufzeichnungen über dieses Gerät sind vielleicht immer noch in der Bibliothek des Vatikans vorhanden. Der "magische Kopf" wurde entfernt, nachdem der Papst gestorben war.

Albertus Magnus (1206-1280), der Bischof von Regensburg, war ein gelehrter Mann. Er schrieb ausführliche Abhandlungen über Chemie, Medizin, Mathematik und Astronomie. Er benötigte mehr als zwanzig Jahre, bis er seinen berühmten Androiden konstruiert hatte. In seiner Biographie ist zu lesen, dass dieser Automat aus Metallen und unbekannten Stoffen bestand, welche entsprechend den Sternen ausgewählt worden waren. Der mechanische Mann konnte gehen, sprechen und häusliche Arbeiten ausführen. Albertus Magnus und sein Schüler Thomas von Aquin lebten zusammen, und der Android kümmerte sich um sie. Es wird erzählt, dass der sprechende Roboter Thomas von Aquin mit seinem Gerede und Gequatsche zum Wahnsinn trieb. Albertus Schüler nahm daraufhin einen Hammer und zerstörte die Maschine.

Dieser Bericht sollte nicht einfach nur als Dichtung abgetan werden. Albertus Magnus war ein wirklicher Gelehrter -- im 13. Jahrhundert erklärte er, dass die Milchstraße eine Ansammlung aus sehr fernen Sternen sei. Albertus Magnus und Thomas von Aquin wurden später von der katholischen Kirche heilig gesprochen. Und das Wort Android ist sogar von der Wissenschaft übernommen worden, um damit einen Automaten oder Roboter zu bezeichnen."[24]

Bei Himmelsgloben handelte es sich um Geräte aus gegossenem Metall mit sich automatisch bewegenden Teilen. Die Erde befand sich hierbei immer in der Mitte, während sich die Himmelskörper um diese bewegten. Der Globus wurde durch eine mechanische Vorrichtung ständig gedreht, und die ganze Anordnung stimmte mit den tatsächlichen Bewegungen der Himmelskörper überein.

Thomas schreibt: "Laut Cicero besaß Marcus Marcellus genau einen solchen Globus aus Syrakus in Sizilien, welcher die Bewegungen der Sonne, des Mondes und der Planeten aufzeigte. Cicero behauptet mit Nachdruck, dass es sich um eine sehr alte Erfindung gehandelt hat, und dass ein ähnliches astronomisches Modell im Tempel der Tugendhaftigkeit in Rom ausgestellt wurde. Thales von Milet (6. Jahrhundert v. Chr.) und Archimedes (3. Jahrhundert v. Chr.) werden als die Konstrukteure dieser mechanischen Geräte angesehen.

Die Erinnerung an Planetarien hat viele Jahrhunderte überdauert. Der Historiker Cedrenus schrieb über den Herrscher Heraklit von Byzanz, welchem nach seiner Ankunft in der Stadt Bazalum eine riesige Maschine gezeigt wurde. Sie stellte den Nachthimmel mit den Planeten und ihren Umlaufbahnen dar. Das Planetarium war für den König Chosroes II. von Persien (7. Jahrhundert n. Chr.) gefertigt worden."[24]

ANTIKE TECHNOLOGIE UND DAS ANTIKYTHERA-GERÄT

Im Jahr 1900 wurde auf der kleinen Insel Antikythera, die 40 km nordwestlich von Kreta liegt, eine erstaunliche Entdeckung gemacht. Eine gesunkene, griechische Galeere war in der Nähe der Küste der winzigen Insel entdeckt worden, und einigen Fischern und Schwammtauchern gelang es, ihre Ladung aus Marmor, Keramik und anderen Dingen zu bergen.

Die Überreste des Antikythera-Geräts, das im Jahr 1900 in der Nähe von Kreta aus einer versunkenen Galeere geborgen werden konnte

Unter den Sachen befand sich auch ein verkrusteter Gegenstand aus Bronze, dessen Verwendungszweck nicht bekannt war. Er blieb bis zum Jahr 1955 in einem Museum, bis ein neugieriger Wissenschaftler beschloss, ihn zu reinigen. Er fand heraus, dass es sich um ein komplexes Instrument mit Zahnrädern handelte. Die fein eingeteilten Kreise und Inschriften in altgriechischer Sprache bezogen sich offensichtlich auf dessen Funktion. Bei dem Gerät hatte es sich anscheinend um eine astronomische Uhr ohne Pendel gehandelt.

Durch die Ladung war es möglich, das Schiffswrack ungefähr auf das 1. Jahrhundert v. Chr. zu datieren. Kein griechischer oder römischer Autor hat jemals die Funktion eines solchen antiken Computers beschrieben, obwohl andere Wunder der Antike erwähnt werden, die für uns unbegreiflich sind.

Im Jahr 1958 erforschte der britische Wissenschaftler Derek de Solla Price die Geschichte wissenschaftlicher Instrumente und stieß hierbei auf das Antikythera-Gerät im Museum von Athen. Er war von der Komplexität des Geräts erstaunt und schrieb später: "Es ist kein Instrument wie dieses irgendwo anders erhalten ge-

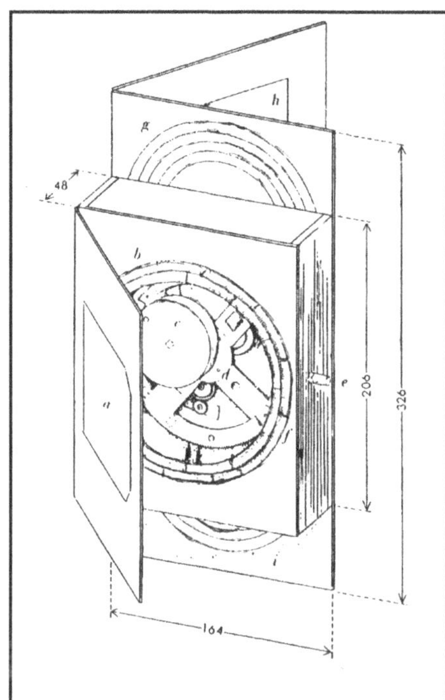

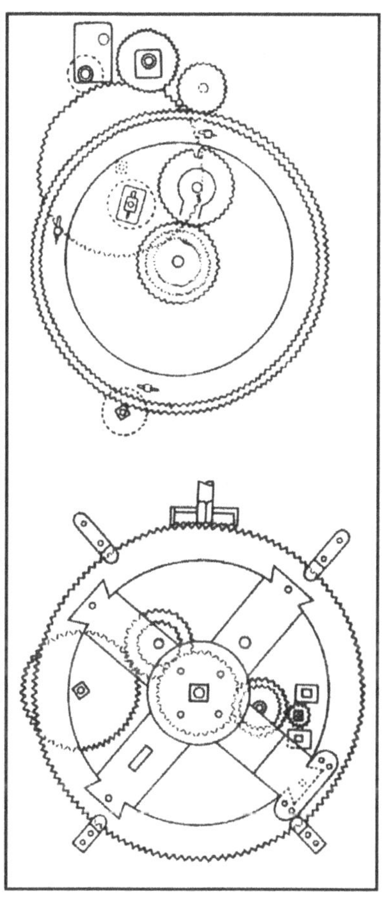

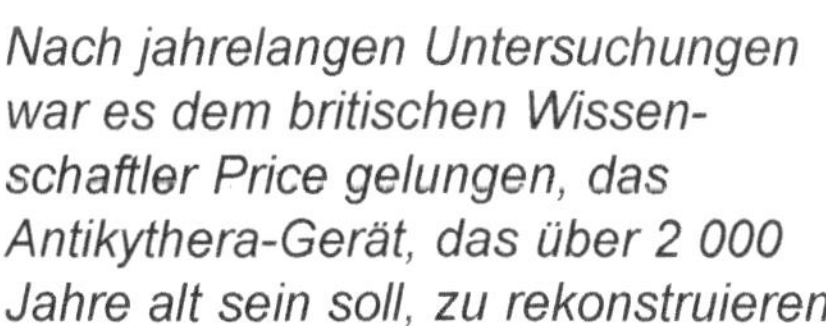

Nach jahrelangen Untersuchungen war es dem britischen Wissenschaftler Price gelungen, das Antikythera-Gerät, das über 2 000 Jahre alt sein soll, zu rekonstruieren

blieben. Es ist auch nichts Vergleichbares aus irgendeiner antiken, wissenschaftlichen Schrift oder literarischer Andeutung bekannt. Und sogar ganz im Gegenteil sollten wir aus dem Wissen über die Wissenschaft und Technik der Hellenistischen Zeit annehmen dürfen, dass ein solches Gerät nicht existiert haben könnte."[4]

Price soll später Folgendes gesagt haben: "Etwas wie dies zu finden, ist das gleiche, als ob man ein Düsenflugzeug in einem Grab des König Tut finden würde."

Price hatte bis dahin geglaubt, dass ein solch kompliziertes Getriebe in einer Uhr erst im Jahr 1575 aufgetaucht ist. Er untersuchte die Fragmente des Objekts mehr als ein Jahrzehnt, und im Jahr 1971 ließ er von der griechischen Atomenergiebehörde Röntgenaufnahmen machen. Hierdurch wurde schließlich die erstaunliche Anordnung ineinandergreifender Zahnräder aufgedeckt.[4,5]

Price beschrieb das Gerät in einem Artikel mit dem Titel "Unwordly Mechanics", der in der Märzausgabe des Jahres 1962 des Magazins *Natural History* erschien. Price schreibt hierin Folgendes:

"Einige der Platten waren mit kaum lesbaren Inschriften versehen, welche in griechischen Buchstaben des 1. Jahrhunderts v. Chr. geschrieben waren, und man konnte gerade noch soviel lesen, dass man erkennen konnte, dass das Gerät zweifelsohne astronomischer Natur war.

Langsam aber sicher wurden die einzelnen Teile zusammengefügt, bis sich schließlich eine ungefähre Vorstellung der Natur und des Zwecks der Maschine und der Hauptmerkmale der Inschriften, mit denen sie versehen war, ergab. Der originale Antikythera-Mechanismus muss eine erstaunliche Ähnlichkeit mit einer guten, modernen, mechanischen Uhr gehabt haben. Er bestand aus einem Holzgehäuse, an dem vorn und hinten Metallplatten angebracht waren, wobei jede Platte ziemlich komplizierte Ziffernblätter mit Zeigern hatte, die sich herumbewegten. Das ganze Gerät war ungefähr so groß wie ein Band einer großen Enzyklopädie. Im Innern befand sich ein Mechanismus aus mindestens zwanzig Zahnrädern, die in einer nicht sofort verständlichen Art und Weise angeordnet waren, und es waren Ausgleichsgetriebe und Kronräder vorhanden, wobei das Ganze auf einer inneren Bronzeplatte montiert war. Seitlich führte eine Welle in das Gehäuse, und wenn diese gedreht wurde, bewegten sich alle Zeiger mit verschiedenen Geschwindigkeiten über die entsprechenden Ziffernblätter. Die Ziffernblätter waren durch bronzene Fenster, die durch Scharniere daran angebracht waren, geschützt, und die Zifferblätter und die Fenster enthielten die ausführlichen Inschriften, welche die Funktion des Geräts genau beschrieben.

Es scheint tatsächlich so, dass es sich hierbei um eine Rechenmaschine gehandelt hat, welche die Bewegungen der Sonne, des Mondes und vielleicht auch der Planeten aufzeigte. Wie das genau erfolgte, ist nicht klar, aber die bisherigen Hinweise weisen darauf hin, dass es auf völlig andere Weise geschah als bei allen anderen planetaren Modellen. Das Gerät kann nicht mit den üblichen Planetarien verglichen werden, welche die Planeten zeigen, wie sie sich mit ihren entsprechenden Geschwindigkeiten bewegen, sondern es handelte sich eher um einen Mechanismus, der auf rein arithmetischen, babylonischen Methoden beruhte. Man musste einfach die Ziffernblätter ablesen, und mittels der Erläuterungen auf den Ziffernblättern konnte man dann berechnen, welche Phänomene zu irgendeiner beliebigen Zeit auftreten würden."[5]

Der britisch-griechische Historiker Victor J. Kean behauptet in seinem Buch *The Ancient Computer from Rhodes*[4], dass das Antikythera-Gerät um das Jahr 71 v. Chr. auf der Insel Rhodos hergestellt wurde. Kean stellte die Theorie auf, dass das Gerät in der Stadt Kamiros hergestellt wurde und nach Rom geschickt werden sollte, wobei das Transportschiff jedoch unterging.

Was das Antikythera-Gerät den Historikern gezeigt hat, ist, dass in der antiken Welt tatsächlich eine höher entwickelte Wissenschaft vorhanden war, als diese zuvor angenommen hatten. Wie aus den Erzählungen über das Rama-Reich, das Osiris-Reich und Atlantis abgelesen werden kann, gab es in der Antike bestimmte Gebiete, in denen komplexe Maschinen, elektrische Geräte und eine metallurgische Wissenschaft vorhanden waren. Allerdings ist die Geschichte ausgelöscht worden, genauso wie der Grieche Solon Plato erzählte.

ZOOMORPHISCHE GLYPHEN UND SCHWERLASTMASCHINEN IN DER ANTIKE

Von einigen ist die Ansicht vertreten worden, dass es in der Antike schon Schwerlastmaschinen für Bauarbeiten gegeben haben muss. Heutzutage sind Bulldozer, Bagger oder pneumatische Werkzeuge für solche Dinge wie Steinbrucharbeiten allgemein üblich. Viele Leute, vor allem Landwirte, besitzen schwere Maschinen, um den Boden zu bestellen. Aber besaßen auch die Menschen in der Antike John-Deere-Traktoren und Caterpillar-Pflüge?

Ivan T. Sanderson schreibt in seinem Buch *Investigating the Unexplained*[8], dass er sowohl kleine Goldmodelle von Flugzeugen aus Kolumbien, als auch Goldmodelle von "Baggern" untersucht hätte. Das Baggermodell war in den Zwanziger Jahren durch Archäologen in Panama gefunden worden.

Sanderson sagt, dass die Fundstätte auf dem Besitz "einer Familie namens Conté in der Provinz Colclé lag, welche an der Südküste von Panama liegt. Dieser Ort befand sich in der Nähe der Stadt Penonomé. ... Hier fanden wir Hunderte von Gräbern, welche Massen von Keramiken, einige Einäscherungsurnen für Kinder, und große Mengen von Goldornamenten, Schutzschildern und Juwelen enthielten. Das Peabody-Museum der Harvard-Universität führte in den Jahren 1930-33 ziemlich kostspielige Ausgrabungsarbeiten durch." Das Objekt befindet sich zur Zeit im Museum der Universität von Philadelphia.[8]

Der Bagger muss von einem ausgezeichneten Artisten aus Gold hergestellt worden sein, und er enthält einen großen Edelstein (wahrscheinlich einen Smaragd). Er ist offensichtlich als Anhänger gedacht und ist zehn Zentimeter lang. Anfangs hielt man ihn für ein Krokodil, später wurde er aber dann als Jaguar angesehen. Das Objekt weist jedoch eindeutig mechanische Geräte auf, eingeschlossen zwei Zahnräder.

Der zoomorphische Anhänger, der in den Zwanziger Jahren in Panama gefunden wurde. Oben: Seitenansicht. Unten: Vorderansicht

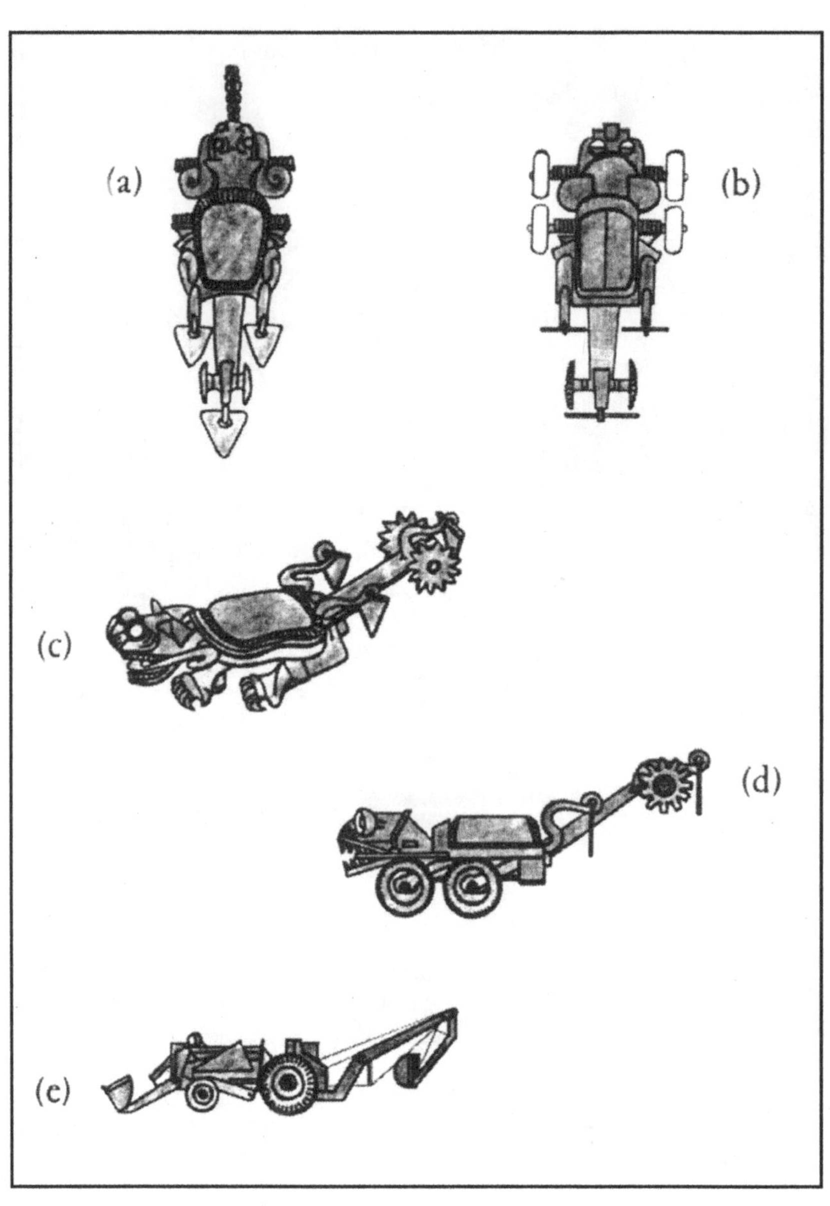

Der zoomorphische Anhänger im Vergleich zu einem heutigen Bagger

Sanderson erwähnt, dass im antiken Amerika Juwelen als Zahlungsmittel eingesetzt wurden. Obwohl die Gräber in Panama Sachen enthielten, die ungefähr aus dem Jahr 1 000 n. Chr. stammen, war der Anhänger möglicherweise wesentlich älter. Und er sieht wie ein Bagger aus, mit Schmutzabweisern und einer Schaufel. Tatsächlich schaut das ganze wie ein Modell eines Baggers aus, aber es ist ein sog. zoomorphisches Abbild.

In Merowe, einer Stadt des antiken Landes Kush, das südlich von Ägypten im heutigen Sudan lag, wurde eine seltsame und interessante Felszeichnung entdeckt. Sie ist in dem Buch *Curse of the Pharaohs*[25] abgebildet. Die Zeichnung zeigt zwei Männer, welche ein Gerät bedienen, bei dem es sich um eine Laserkanone handeln soll. Andere glauben, dass es sich um eine Rakete, um ein Teleskop, oder um irgendeine fortschrittliche Strahlenkanone handelt. Die Leser dieses Buches mögen selbst entscheiden, um was es sich handelt. Die akademischen Experten haben über das Objekt nichts zu sagen, außer, dass es sich um keinen Laser, keine Rakete oder Strahlengewehr handeln kann, weil es zu dieser Zeit solche Geräte nicht gegeben hat. Vielleicht hat es sich auch um ein Grabwerkzeug oder um ein Steinbruchwerkzeug gehandelt -- es gibt unendlich viele Möglichkeiten, wenn wir annehmen, dass die antiken Zivilisationen schon eine fortschrittliche Technik verwendeten.

Der Forscher Ivan T. Sanderson

4. KAPITEL

ELEKTRIZITÄT UND HEILIGE FEUER IN DER ANTIKE

Ich bin nie an einem hölzernen Fetisch, einem vergoldeten Buddha oder einem mexikanischen Götzenbild vorbeigegangen, ohne in Gedanken zu versinken: Vielleicht ist das der wahre Gott.
Charles Baudelaire.

Das ist, was Lernen bedeutet. Man versteht plötzlich etwas, das man sein ganzes Leben verstanden hat, aber in einer neuen Art und Weise.
Doris Lessing.

2 000 JAHRE ALTE BATTERIEN

Elektrische Batterien schon vor 2 000 Jahren? Das ist vielleicht schockierend, aber es ist die Wahrheit! Für eine wirklich fortschrittliche Technologie ist irgendeine Energie notwendig, normalerweise Elektrizität. Denken sie an die erstaunliche Menge von Geräten, die wir heute verwenden -- von Automobilen bis hin zu Flugzeugen, von Toastern und Gefrierschränken, bis hin zu elektrischen Werkzeugen und Computern -- für all diese ist in irgendeiner Form Elektrizität notwendig.

Dass die Menschen in der Antike die Elektrizität nutzen konnten, ist absolut essentiell für den Glauben, dass in der fernen

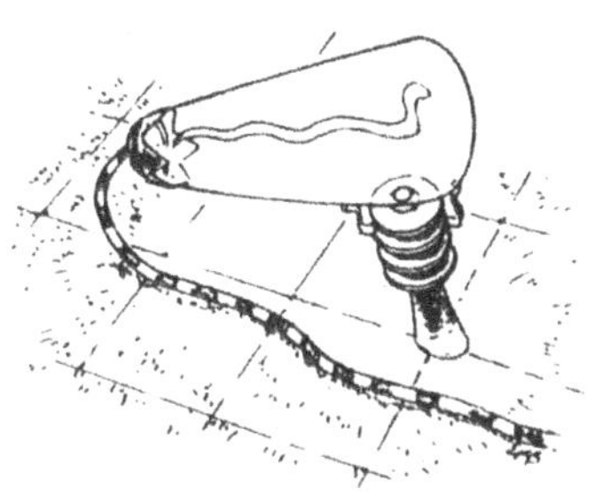

Vergangenheit einst eine Hochtechnologie vorhanden war. Wir alle kennen die Geschichte des großen amerikanischen Staatsmanns, Autors und Erfinders, Benjamin Franklin, der seinen Drachen im Sturm steigen lassen hatte; aber die Elektrizität ist zweifelsohne schon seit Abertausenden von Jahren untersucht worden. Benjamin Franklin wird die Erfindung des Blitzableiters zugeschrieben, allerdings wurde dieser zweifelsohne auch schon in der Antike verwendet. Andrew Tomas zitiert in seinem Buch *We Are Not the First* das folgende Beispiel: "Im Jahr 1966 besuchte der Autor das Kulu-Tal im Himalaya. In der Stadt Kulu gibt es auf einem Hügel einen bemerkenswerten alten Tempel, der dem Gott Shiva geweiht ist. Sein besonderes Merkmal ist ein 18 m hoher Eisenpfosten, der in der Nähe des Tempels aufgestellt wurde. Bei einem elektrischen Sturm zieht er den "Segen des Himmels" an, und zwar in Form von Blitzen, welche den Masten hinunterlaufen und unten auf eine Statue von Shiva treffen. Die einzelnen Teile der zerschmetterten Statue werden dann vom Priester wieder zusammengefügt und für den nächsten "Segen" verwendet. Dieser Brauch existiert schon seit undenklichen Zeiten, was bedeutet, dass elektrische Leiter in Indien schon seit Jahrtausenden bekannt sind."[24]

Laut Dr. Wilhelm König, einem deutschen Archäologen, welcher am irakischen Museum in Bagdad angestellt ist, wurden elektrische Batterien schon vor mehr als 2 000 Jahren verwendet. Im Jahr 1938 hatte er bei Ausgrabungen in Khujut Rabua in der Nähe von Bagdad ein seltsames Objekt entdeckt, das Ähnlichkeit mit einer heutigen Trockenzelle hatte. Später entdeckte er noch weitere ähnliche Fundstücke.[5]

In einem Artikel der Zeitschrift *Popular Electronics* vom Juli 1964 wird berichtet, dass die elektrochemischen Batterien der Antike aus folgenden Teilen bestanden: "einem Kupferzylinder, der einen Eisenstab enthielt, welcher durch chemische Vorgänge korrodiert worden war. Der Zylinder war mit einer 60/40-Bleizinnverbindung verlötet, das gleiche Lötmittel, das wir auch heute verwenden." Es gab also vor 2 000 Jahren nicht nur Elektrizität, sondern es wurde auch schon das gleiche Lötmittel verwendet wie heute!

Ein anderer Artikel über diese erstaunliche antike Technologie mit dem Titel "Electric Batteries of 2 000 Years Ago", der von Harry M. Schwab verfasst wurde, erschien in der April-Ausgabe des *Science Digest*. Hierin heißt es: "In Kleopatras Zeiten wurden von Silberschmieden aus Bagdad Juwelen vergoldet -- und hierbei verwendeten sie elektrische Batterien. Das ist keine Legende; der junge Wissenschaftler Willard F.M. Gray, der im Hochspannungslabor von *General Electric* in Pittsfield in Massachusetts arbeitet, hat dies bewiesen. Er baute eine Nachbildung einer 2000 alten Nasszelle und verband sie mit einem Galvanometer. Als er den Schalter schloss, floss Strom!

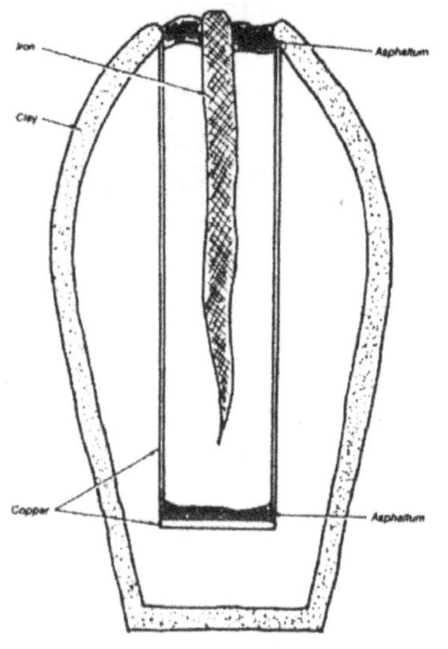

Schematische Darstellung einer 2000 Jahre alten Batterie

Diese vorschristlichen Batterien, welche von den Parthen hergestellt wurden, welche zwischen 250 v. Chr. und 224 n. Chr. das Gebiet um Bagdad kontrollierten, waren ganz einfach aufgebaut. In einen Zylinder, der nicht länger als 10 cm war und einen Durchmesser von ca. 2 cm hatte, wurde ein dünnes Kupferblech gelötet. Bei Lötmittel handelte es sich um 60/40-Zinn-Bleiverbindung, eine der besten, welche es heute gibt.

Am Boden des Zylinders war eine Kupferscheibe eingesetzt, die durch eine Schicht aus Bitumen isoliert wurde. Die Oberseite war mit einem Bitumenverschluss verschlossen, durch welchen ein Eisenstab hindurchging. Damit sie aufrecht stand, wurde sie in eine kleine Vase einzementiert.

Welchen Elektrolyten die Parthen verwendeten, ist ein Rätsel, aber Grays Modell arbeitet sehr gut mit Kupfersulfat. Essig- oder Zitronensäure, welche die antiken Chemiker im Überfluss besaßen, sollte noch besser funktionieren."

Wir haben hier den schlüssigen Beweis, dass die Babylonier tatsächlich Elektrizität verwendeten. Da ähnliche Fässer auch in der Hütte eines Zauberers gefunden wurden, darf angenommen werden, dass sowohl Priester, als auch Handwerker, ihr Wissen geheim hielten. Es sollte angemerkt werden, dass das Galvanisieren, und die elektrische Beschichtung von Platten, erst in der ersten Hälfte des 19. Jahrhunderts eingeführt wurde.[24]

Andrew Tomas war ein australischer Buchautor, der weite Reisen unternahm. Er erwähnt, dass ihm während seines Aufenthalts in Indien über ein altes Dokument erzählt wurde, welches von der indischen Princes-Bibliothek in Ujjain aufbewahrt wird. Es ist unter dem Stichwort *Agastya Samhita* gelistet und enthält Anweisungen für die Herstellung elektrischer Batterien:

"Man bringt eine gut gereinigte Kupferplatte in ein Keramikgefäß. Dann bedeckt man es zuerst mit Kupfersulfat und danach mit feuchtem Sägemehl. Danach legt man ein quecksilberbeschichtetes Zinkblech darauf, um eine Polarisation zu verhindern. Durch den Kontakt wird eine Energie erzeugt, welche als Mitra-Varuna bekannt ist. Das Wasser wird durch diesen Strom in Pranavayu und Udanavayu gespalten. Durch eine Verbindung von hundert Fässern ergibt sich eine sehr starke und wirkungsvolle Kraft."

Tomas schreibt hierzu Folgendes: "The Mitra-Varuna wird heute als Katode-Anode bezeichnet, und bei Pranavayu und Udanavayu handelt es sich um Sauerstoff und Wasserstoff. Dieses Dokument zeigt wiederum deutlich, dass es schon vor sehr langer Zeit im Osten Elektrizität gegeben hat."[24]

ELEKTRIZITÄT UND RELIGION

Das Wissen über elektrische Geräte beschränkte sich jedoch nicht nur auf Batterien zur Beschichtung von Platten. Der Autor Jerry Ziegler behauptet in seinen Büchern *YHWH*[22] und *Indra Girt by Maruts*[89], dass verschiedene Arten von Geräten in Tempeln verwendet, und oft als Orakel von Furcht erregenden Manifestationen von Göttern eingesetzt wurden. Ziegler zitiert eine große Menge antiker Quellen, in denen von Lichtern, heiligen Feuern und Orakeln die Rede ist. Er argumentiert, dass es sich sowohl bei der Bundeslade, als auch bei den heiligen Flammen der mithräischen und zoroastrischen Orakel, um elektrische Geräte gehandelt hat, welche dazu verwendet wurden, um die Anwesenden zu beeindrucken.[23] Die berühmte Bundeslade wird oft als elektrisches Gerät angesehen, und in einigen Abschnitten des Alten Testaments wird beschrieben, wie einige Unglückliche, welche die Reliquie berührt haben, anscheinend elektrokutiert wurden. In antiken, hebräischen Legenden wird von einem glühenden Juwel erzählt, den Noah in die Lade hängte, um eine ständige Beleuchtungsquelle zu liefern, und von einem ähnlichen Objekt im Palast von König Salomon, der 1 000 v. Chr. regierte.[9]

Ähnliche Geräte wurden offensichtlich auch von den amerikanischen Indianern benutzt, und zwar bei speziellen Zeremonien, welche in unterirdischen Kammern durchgeführt wurden, die als "Kiwas" bekannt waren. David Chandler erwähnt z.B. in seinem Buch *100 Tons of Gold*[91], dass die Hopi-Indianer im nördlichen Arizona einen faszinierenden Generator besaßen, um mit Hilfe eines leuchtenden Quarzes Licht zu erzeugen. Er bestand aus einem rechteckigen, rein weißem Quarz, welcher eine Vertiefung besaß, und einem kissenförmigen Oberteil aus dem gleichen Material. Duch schnelles Reiben wurde in der Dunkelheit ein starkes Glühen erzeugt, mit dem die heiligen Kiwas beleuchtet wurden.

Chandler sagt: "Die Maschine funktionierte immer noch perfekt, als sie in den Pecos-Ruinen von dem Archäologen Alfred Kidder entdeckt wurde, wie er im Jahr 1932 berichtete. Der Archäologe S.H. Ball bemerkte hierzu, dass wir hier eine funktionierende Maschine haben, welche vielleicht 700 Jahre alt ist; die Indianer müssen das Leuchten von Quarz jedoch schon Jahrhunderte früher entdeckt haben."[91]

Chandler sagt weiter, dass auch ähnliche "Beleuchtungsmaschinen" oder "Glühsteine" an verschiedenen Orten in Nord- und Zentralmexiko gefunden worden sind. Chandler zitiert aus Stuart A. Northrops Buch *Minerals of New Mexico*, welcher von der Existenz von Quarzlichtmaschinen spricht, welche die früheren Indianer verwendet hätten. Diese Maschinen werden vielleicht auch noch heute von den Hopi-Indianern oder anderen Stämmen benutzt, um in ihren Kiwas bei geheimen Zeremonien Licht zu erzeugen.

Elektrische Geräte wurden in vielen Fällen offensichtlich nur von bestimmten Priestern verwendet und nicht von den Massen. In Zieglers *Indra Girt by Maruts*[89] wird behauptet, dass auch in vielen der alten Veden elektrische Geräte beschrieben werden, und dass diese typischerweise bei religiösen Zeremonien eingesetzt wurden.

Ein ähnliches Buch, wie dasjenige von Ziegler, trägt den Titel *Ka: A Handbook of Mythology, Sacred Practices, Electrical Phenomena, and their Linguistic Connections in the Ancient*

World und stammt von Hugh Crosthwaite.[90] In diesem faszinierenden Buch aus dem Jahr 1992 wird behauptet, dass die antiken Menschen einfache und kompliziertere, elektrische Geräte bauten, welche bei religiösen Zeremonien eingesetzt wurden. Diese heiligen "Feuer" reichten von Bernsteinscheiben, die Funken erzeugten wenn man sie aneinander rieb, bis hin zu elektrischen Kondensatoren, wie der berühmten Bundeslade. Das Wichtigste an Crosthwaites Buch ist jedoch, dass er zeigt, wie sehr die frühe Religion auf elektrische Phänomene setzte. Die vielen berühmten Tempel hatten vielleicht als Hauptanziehungspunkt irgendeine Art elektrischen Lichts, durch welches die Pilger in Erstaunen versetzt wurden.

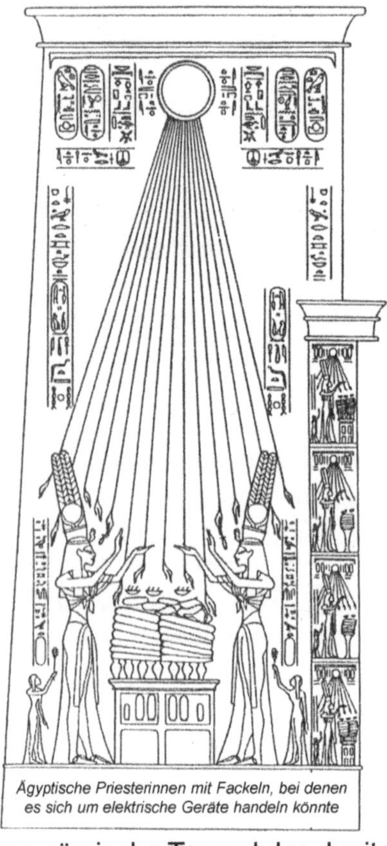
Ägyptische Priesterinnen mit Fackeln, bei denen es sich um elektrische Geräte handeln könnte

Tomas erwähnt, dass Lucian (120-180 n. Chr.), der griechische Satiriker, detaillierte Berichte seiner Reisen verfasste. In Hierapolis in Syrien sah er z.B. einen leuchtenden Juwel auf der Stirn der Göttin Hera, durch welchen in der Nacht der ganze Tempel brillant beleuchtet wurde. Auch der nahe gelegene, römische Tempel des Jupiters in Baalbek soll angeblich durch "glühende Steine" beleuchtet worden sein."[24]

Crosthwaite sagt, dass sich das Ka der antiken Ägypter auf elektrische Phänomene bezieht, und dass ein Großteil der Lehren der sogenannten Mysterienreligionen, wie jene in Delphi in Griechenland, mit bestimmten, elektrischen Geräten in

Verbindung standen. Mit der Zeit verlor sich die Zivilisation im Dunklen Zeitalter, und die alten Religionen wurde vom Christentum und dem Islam verdrängt.

EWIGE LICHTER ELEKTRISCHER ART

Der australische Autor und Forscher Andrew Tomas, der sowohl in den klassischen Schriften des Ostens als auch des Westens bewandert war, hat in seinem Buch *We Are Not The First* ein Kapitel mit dem Titel "Electricity in the Remote Past" aufgenommen. Hierin wird eine lange Liste klassischer Autoren aufgeführt, welche in ihren Werken Bemerkungen gemacht haben, durch welche die Realität von immerwährend leuchtenden Lampen in der Antike bezeugt werden kann. Für einige dieser ewigen Lichter können auch verschiedene elektrische Geräte zum Einsatz gekommen sein.

Eine wunderschöne, goldene Lampe im Tempel der Minerva, die ein Jahr lang durchgebrannt haben soll, wurde durch den Historiker Pausanias im 2. Jahrhundert beschrieben. Der Heilige Augustinus (354-430 n. Chr.) schrieb von einer ständig leuchtenden Lampe, die weder durch Wind noch Regen ausgelöscht werden konnte. Tomas schreibt, dass, als die Grabstätte des Pallas, des Sohnes des Evander, in der Nähe von Rom im Jahr 1401 geöffnet wurde, man entdeckte, dass das Grab von einer ständig brennenden Laterne beleuchtet wurde, die offensichtlich schon seit Hunderten von Jahren brannte.

Weiterhin berichtet Tomas auch, das Numa Pompilius, der zweite König von Rom, ein Licht in der Kuppel seines Tempels hatte, welches dauernd brannte. Plutarch schrieb von einer Lampe, welche am Eingang des Jupiter-Ammon-Tempels brannte, und der Priester behauptete, dass sie schon seit Jahrhunderten ständig leuchten würde.

Auch in Antioch soll während der Regierungszeit von Justinian von Byzanz (6. Jahrhundert n. Chr.) eine ständig leuchtende Lampe gefunden worden sein. Eine Inschrift wies darauf hin, dass sie mehr als 500 Jahre gebrannt haben muss. Im frühen Mittelalter wurde in England ein ewiges Licht aus dem 3. Jahrhundert gefunden, das ebenso schon mehrere Jahrhunderte gebrannt hatte.

Tomas erwähnt auch einen Sarkophag, welcher den Körper einer jungen Patrizierfrau enthielt, welche im April 1485 in einem Mausoleum in der Via Appia in der Nähe von Rom gefunden wurde. Als das verschlossene Mausoleum, welches den Sarkophag enthielt, geöffnet wurde, waren die Männer sehr erstaunt, als sie eine leuchtende Lampe fanden. Sie muss 1 500 Jahre gebrannt haben! Nachdem die dunkle Salbe, welche den Körper vor der Auflösung bewahrt hatte, entfernt worden war, sah das Mädchen mit ihren roten Lippen, dunklen Haaren und ihrer hübschen Figur fast noch lebendig aus. Sie wurde in Rom ausgestellt und von über 20 000 Leuten gesehen.

Sehen wir uns noch ein weiteres Beispiel aus Tomas′ Werk an: "Im Tempel von Trevandrum in Travancore fand Reverend S. Mateer von der protestantischen Mission in London in einem tiefen Brunnen innerhalb des Tempels eine große, goldene Lampe, welche vor mehr als 120 Jahren angemacht worden war.

Die Entdeckung von ständig leuchtenden Lampen in den Tempeln von Indien und die uralte Tradition der magischen Lampen der Nagas -- den Schlangengöttern und -göttinen, welche in ihren unterirdischen Wohnsitzen im Himalaya leben -- lassen es möglich erscheinen, dass in einer fernen Zeit schon elektrisches Licht verwendet worden ist. Ausgehend vom Agastya-Samhita-Text, in dem eine genaue Beschreibung für die Konstruktion einer elektrischen Batterie aufgeführt wird, ist diese Spekulation nicht so weit hergeholt.

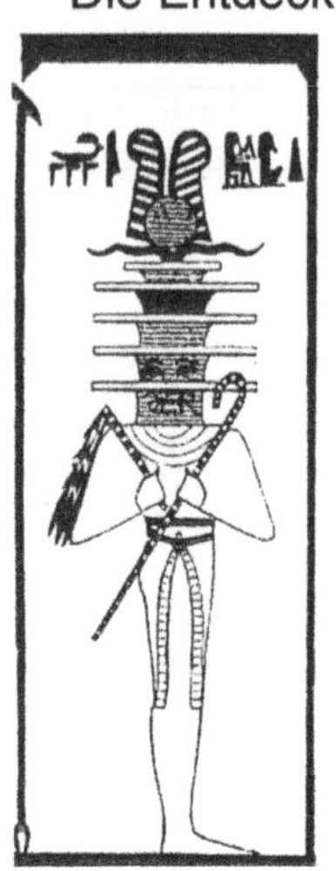

In Australien erfuhr der Autor von einem Dorf im Dschungel in der Nähe des Berges Wilhelmina im Westen von Neu-Guinea. Obwohl dieses Dorf vom Rest der Welt abgeschnitten ist, besitzt es ein System der elektrischen Beleuchtung, welches denjenigen, die im 20. Jahrhundert verwendet werden, gleichkommt oder diese sogar übertrifft, wie C.S. Downey auf einer Konferenz über Straßenbeleuchtung im Jahr 1963 in Pretoria in Südafrika feststellte. Händler, welche durch diese kleine Ansiedlung inmitten von Bergen kamen, waren erschrocken von den vielen Monden, welche in der Luft aufgehängt waren und mit großer Helligkeit die ganze Nacht schienen. Bei diesen künstlichen Monden handelte es sich um sehr große Steinkugeln, welche auf Pfosten angebracht waren. Nach Sonnenuntergang begannen sie ein seltsames, neonartiges Licht auszustrahlen, das die Straßen beleuchtete.

Ion Idriess ist ein bekannter australischer Autor, welcher unter den Bewohnern der Torres-Strait-Inseln gewohnt hat. In seinem Buch *Drums of Mer* erzählt er eine Geschichte von den "Booyas", welche er von den Aboriginals erhalten hatte. Ein Booya ist ein runder Stein, welche in einem großen Bambusrohr angebracht ist. Es gab nur drei dieser Steinszepter auf der Insel. Wenn ein Häuptling den runden Stein in den Himmel richtete, entstand ein Blitz mit einer grünlich-blauen Farbe. Dieses "kalte Licht" war so brillant, dass es schien, als ob die Zuschauer darin eingehüllt wären. Da diese Inseln vor Neu-Guinea liegen, gibt es wahrscheinlich eine Verbindung zwischen diesen Booyas und den "Monden" auf dem Berg Wilhelmina."[24]

Weitere geheimnisvolle Lichter und "glühende Steine" sind auch in anderen untergegangenen Städten auf der ganzen Welt gefunden worden. Es wird z.B. behauptet, dass es in Tibet solche glühenden Steine und Laternen geben soll, welche in Türmen auf Säulen angebracht sind. Tomas berichtet, dass Vater Evariste-Regis Huc (1813-1860), der im 19. Jahrhundert ausgiebige Reisen in Asien unternommen hatte, eine Beschreibung einer ständig leuchtenden Lampe, die er gesehen hatte, hinterließ, und Nicholas Roerich, der Russland und Zentralasien erforschte, berichtete von der legendären, buddhistischen Stadt Shambala, welche durch einen glühenden Juwel, der sich in einem Turm befand, erleuchtet wurde.

Atlantis und die ewigen Lichter waren auch Dinge, an welche der berühmte, britische Forscher Oberst Percy Fawcett glaubte, der im brasilianischen Dschungel verschwand, als er nach untergegangenen Städten suchte, von denen er glaubte, dass sie von glühenden Steinen auf Säulen erleuchtet worden waren. Tomas zitiert einen Brief von Fawcett an Lewis Spence, einem Briten, der eine Autorität in bezug auf Atlantis ist, in dem von untergegangenen Städten im Dschungel und von dem, was die Eingeborenen ihm über die glühenden Steine erzählt hatten, die Rede ist. "Diese Leute besitzen eine Lichtquelle, welche uns fremd ist -- tatsächlich handelt es sich bei ihnen um die Überbleibsel einer alten Zivilisation, welche das alte Wissen erhalten hat."[24,57] Fawcett verschwand im Jahr 1925 mit seinem ältesten Sohn im Dschungel, aber sein jüngster Sohn veröffentlichte im Jahr 1953 ein Buch über die Unterlagen seines Vaters, welches den Titel *Expedition Fawcett*[88] trägt.

Fawcett hat nie geschrieben, dass er seine Stadt gefunden hätte, aber Tomas berichtet, dass der spanische Autor Barco Centenera einen ähnlich klingenden Ort entdeckt hätte. Centenera schrieb von der Entdeckung der untergegangenen Stadt Gran Moxo, welche in der Nähe der Quelle des Paragay-Flusses in Mato Grosso liegt. Er sagt, dass im Zentrum der Stadt "auf einer sechs Meter hohen Säule ein großer Mond vorhanden war, welcher den gesamten See beleuchtete."[22]

Tomas meint hierzu: "Die Geschichte zeigt, dass die Priester der Inder, der Sumerer, der Babylonier und Ägypter, genauso wie ihre Kollegen auf der anderen Seite des Atlantiks -- in Mexiko und Peru -- in der Wissenschaft bewandert waren. Es scheint wahrscheinlich, dass die gelehrten Männer in einer fernen Zeit gezwungen waren, sich in ein unzugängliches Gebiet der Erde zurückzuziehen, um ihr angesammeltes Wissen vor den Wirren des

Krieges oder geologischen Katastrophen zu retten. Wir wissen immer noch nicht genau, was mit Kreta, Angkor oder Yucatan geschehen ist, und weshalb diese fortschrittlichen Zivilisationen so plötzlich untergingen. Falls ihre Priester hellseherisch begabt waren, dann müssen sie diese Dinge vorhergesehen haben. In diesem Fall hätten sie ihr Erbe in geheime Zentren der Erde gebracht, so wie der russische Dichter Valery Briusow in einem Gedicht schreibt:

Die Dichter und Weisen,
die Hüter des Heiligen Glaubens
versteckten ihre Lampen in der Wüste,
in Katakomben und Höhlen.[24]

ELEKTRISCHE BELEUCHTUNG IM ALTEN ÄGYPTEN?

Tomas sagt, dass der Jesuit Kircher in seinem Werk *Oedipus Aegyptiacus* (Rom, 1652) von einer brennenden Lampe erzählt, welche in unterirdischen Gängen von Memphis gefunden worden war. Wir haben hier wiederum einen Hinweis auf elektrische Lampen in Ägypten, wobei diese unglaublicherweise seit Tausenden von Jahren funktionieren.

Einer der ersten Vertreter der Theorie, dass es im alten Ägypten schon Elektrizität gegeben hat, war Denis Saurat. In seinem Buch *Atlantis & the Giants*[81] stellt er die Vermutung auf, dass die Blitze, welche in den Augen der Isis in den Tempeln in ganz Ägypten beobachtet wurden, mittels elektrischer Geräte erzeugt worden waren. Wie viele andere Autoren war auch Saurat der Meinung, dass Atlantis mit der antiken Welt und deren Wissenschaft verbunden war.

Auch auf den ägyptischen Hieroglyphentafeln werden High-Tech-Geräte abgebildet. Vor kurzem wurde eine solche im Tempel von Abydos im südlichen Ägypten gefunden. Diese war im Jahr 1987 von Dr. Ruth McKinley-Hover aus Sedona in Arizona entdeckt worden. Es handelte sich um einen Fenstersturz mit

Relief im Tempel von Hathor in Dendera in Ägypten, welches Priester zeigt, die mit riesigen elektrischen Glühlampen arbeiten

Hieroglyphen und Symbolen, die in Granitgestein gemeisselt waren und Dinge zeigten, welche wie ein Hubschrauber, eine Rakete, eine Fliegende Untertasse und ein Düsenflugzeug aussahen. Diese ungewöhnlichen Bilder können auch anders interpretiert werden, aber sie sind echt und kein Schwindel. Die orthodoxen Ägyptologen haben sich bisher noch nicht zu diesen Hieroglyphen geäußert.

Im Hathor-Tempel in Dendera in der Nähe von Abydos ist eine ungewöhnliche Abbildung eines ägyptischen, elektrischen Geräts zu finden. Genauso wie der Tempel des Osiris handelt es sich bei Dendera um ein schönes und massives Gebäude mit riesigen Säulen. Der Tempel wurde erst im 1. Jahrhundert v. Chr. gebaut, aber er schließt frühere Tempel ein. In einer Inschrift in einer der unterirdischen Gänge heißt es, dass der Tempel entsprechend dem Plan konstruiert wurde, der in einer alten Schrift zu finden ist, die auf Gemsenhautrollen geschrieben war und aus der Zeit des Horus und seiner Gefährten stammt. Hierbei handelt es sich um eine seltsame Inschrift, in der im wesentlichen gesagt wird, dass die griechischen Architekten des 1. Jahrhunderts v. Chr. behaupteten, dass der tatsächliche Plan für die Konstruktion des Tempels auf die legendäre, prähistorische Ära zurückgeht, als die Gefährten des Horus Ägypten regierten. Diese lange Ära dauerte viele Tausend Jahre und führt uns im gewissen Sinn wieder zurück zu der legendären Osiris-Zivilisation.

Der Tempel ist mit einer großen Zahl von Inschriften und Hieroglyphen versehen. Am interessantesten dürfte ein eingemeisseltes Bild sein, das im Raum, der die Nummer XVII erhalten hat, zu finden ist und anscheinend irgendwelche elektrischen Geräte darstellt. Der bekannte britische Wissenschaftler Ivan T. Sanderson schreibt hierüber in seinem Buch *Investigating the Unexplained.*[8] In der Abbildung halten Angestellte zwei elektrische Lampen, welche von "Djed-Pfosten" gehalten werden und mit Kabeln mit einem Behälter verbunden sind. Djed-Pfosten sind von Interesse, da sie gewöhnlich mit Osiris in Zusammenhang gebracht werden. Es wird behauptet, dass sie die Säulen darstellen sollen, in denen er bei Byblos im Libanon von Isis gefunden wurde. Die Djed-Pfosten werden als Isolatoren angesehen, obwohl es sich vielleicht selbst um elektrische Generatoren handelt, und zwar aufgrund der seltsamen "Kondensatorkonstruktion" auf der oberen Seite der Pfosten. Der Elektroingenieur Alfred Bielek erklärte Sanderson, dass die Abbildungen irgendeine Art von Projektor darstellen, wobei es

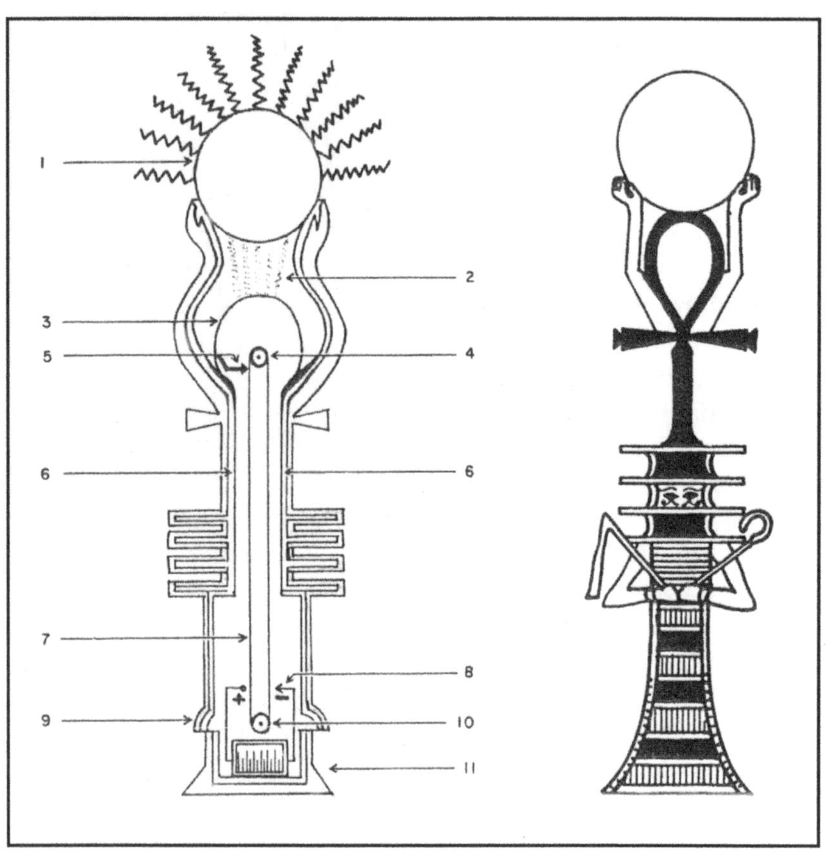

Rechts: "Djed-Säule" mit einem Ankh und einer Kugel
Links: Schematische Darstellung eines elektrostatischen Generators

sich bei den Kabeln eher um Multifunktionsleiter als um ein einzelnes Hochspannungskabel handelt.

Eine andere Beschreibung auf einer Papyrusrolle aus der 18. Dynastie zeigt "Heilige Paviane" und Priester und eine Djed-Säule mit einem Anch und mit Händen, welche eine Kugel hochhalten. Sanderson vergleicht das Objekt mit statischen Generatoren, wie z.B. dem Van de Graaff-Generator oder der Wimhurst-

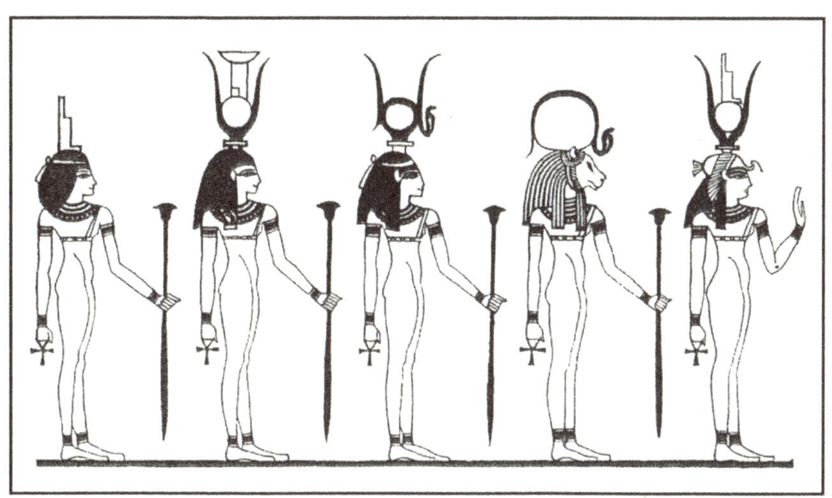

Oben und rechts unten: Darstellung verschiedener Prinzessinnen aus ägyptischen Tempeln, welche unterschiedliche Kugeln auf ihren Köpfen tragen. Handelt es sich hierbei vielleicht eher um elektrische Lampen oder Kristalllinsen als Darstellungen der Sonne?
Links unten: Eine geflügelte Isis mit einer Kugel auf dem Kopf.

Maschine. Sanderson ließ von Michael R. Freedman, einem Elektroingenieur, einige schematische Darstellungen für seine Version einer Djed-Säule oder eines elektrostatischen Generators anfertigen. Sie sahen einem modernen Van de Graaff-Generator, wie er an vielen Hochschullaboratorien gefunden werden kann, tatsächlich sehr ähnlich.

Bei einem solchen Gerät baut sich in der Kugel statische Elektrizität auf und Freedman fragt: "Kann es für einen ägyptischen Priester ein schöneres Spielzeug geben? ... Ein solches Instrument konnte verwendet werden, um sowohl die Pharaonen als auch die Bauern unter Kontrolle zu halten, und zwar einfach dadurch, dass man ihnen die Macht der Götter vor Augen führte; von denen natürlich nur die Priester die wahren Geheimnisse kannten. Wenn bloß ein Metallstab in die Nähe der Kugel gebracht wurde, konnten die besagten Priester ein äußerst wundersames Schauspiel erzeugen, das aus elektrischen Bogenentladungen und lautem Krachen bestand. Ein Priester brauchte z.B. bloß mit einem Ring auf das "Lebenssymbol" zeigen, konnte von einem großen Blitz getroffen werden und trotzdem am Leben bleiben, und auf diese Weise die Allmacht der Götter -- ganz abgesehen von sich selbst -- zeigen."[8]

Obwohl das Gerät ein exotischer, aber einfacher elektrostatischer Generator gewesen sein mag, kann es sich auch um einen selbsterzeugenden, elektrischen Generator mit einer Birne gehandelt haben. Eine glühende, elektrische Kugel in der Mitte eines Tempels wäre ein sehr beeindruckender Anblick gewesen. Benutzten die Ägypter also elektrisches Licht? Es sieht tatsächlich so aus!

Einer der Gründe, dass die Ägypter schon Elektrizität verwendet haben, ist das Geheimnis, weshalb Höhlen und unterirdische Gänge sehr stark bemalt und dekoriert sind, und trotzdem kein Ruß oder irgendwelche Hinweise für Fackeln an den Wänden vorhanden sind! Es wird allgemein angenommen, dass die Künstler und Arbeiter bei Fackellicht gearbeitet haben, genauso wie dies die ersten Ägyptologen im 19. Jahrhundert getan haben. Allerdings ist in den Gräbern kein Ruß zu finden. Eine außergewöhnliche Theorie besagt, dass die Gänge und Kammern mittels einer Reihe von Spiegeln, welche das Sonnenlicht reflektierten, beleuchtet wurden. Allerdings sind die meisten Gräber viel zu verwinkelt, um diese Methode einzusetzen.

DIE BUNDESLADE -- EIN ELEKTRISCHES GERÄT?

Ich glaube, dass es sich bei der berühmten, biblischen Bundeslade teilweise um ein elektrisches Gerät gehandelt hat, welches ägyptischen Ursprungs war. Es ist möglich, dass sie aus der Großen Pyramide von Giseh oder den Tunneln stammt, welche kürzlich unter dem Giseh-Plateau entdeckt worden sind. Graham Hancock sagt in seinem Bestseller aus dem Jahr 1992 mit dem Titel *The Sign and the Seal*[162], dass es sich bei den Sarkophagen des jungen Pharaonen Tutankhamen offensichtlich um ähnliche Behälter gehandelt hat wie jener, der als Bundeslade beschrieben wird. Laut Hancock war diese spezielle Konstruktionsart für einen Behälter im antiken Ägypten ziemlich üblich. Er glaubt ebenfalls, dass die Ägypter elektrische Geräte und ein spezielles Wissen besaßen, das sie von früheren Zivilisationen übernommen hatten.

Um was handelte es sich bei der Bundeslade überhaupt? Die Bundeslade taucht zum ersten Mal in der Geschichte des Exodus und auch sonst noch ungefähr 200-mal im Alten Testament auf. Moses soll angeblich symbolisch eine Kopie der Zehn Gebote in die Bundeslade gelegt haben, bei der es sich um drei ineinander verschachtelte Behälter handelte. Die Beschreibungen der Bundeslade in der Bibel sind sehr kurz und knapp, aber es scheint so, dass der Behälter oder die "Lade" ungefähr 1,5 m lang und sowohl 60 bis 90 cm breit als auch hoch war. Die drei Gehäuse bestanden aus Gold, einem leitenden Metall und aus Holz. Der Umgang mit der Bundeslade war gefährlich, und im allgemeinen wurde diese Arbeit von den Leviten durchgeführt, die Schutzkleidung trugen.

Die Bibel berichtet von einer Tragödie, als die Bundeslade einmal nicht richtig gehandhabt worden war. Im 2. Buch Samuel, Kapitel 6 wird die Bundeslade mit einem Ochsenwagen transportiert. Offensichtlich wurde hierdurch die Lade durcheinandergechüttelt. Als ein Mann namens Uzzah seine Hand darauflegte, um dies zu verhindern, verstarb er noch an Ort und Stelle.

Uzzah war also durch die Wirkung der Bundeslade zu Tode gekommen. Dieser Vorfall dürfte höchstwahrscheinlich der Wahrheit entsprechen, da durch eine solche Anordnung aus einem Nichtleiter und einem Leiter ein elektrischer Kondensator erzeugt wird. Duch einen Kondensator wie der Bundeslade würde sich statische Elektritzität ansammeln, bis sie dann nach Tagen (oder Jahren) über eine Person oder über einen geerdeten Draht entladen würde. Wenn die Bundeslade längere Zeit nicht geerdet gewesen wäre, dann hätte man durch die im Innern angesammelte Ladung einen tödlichen Schlag erhalten können, wenn man sie angefasst hätte. Nachdem die Bundeslade jedoch entladen worden war, war es völlig ungefährlich, sie anzufassen, was durch viele der Tempelpriester gezeigt worden ist.

Ein Bestandteil der Bundeslade war eine goldene Statue, deren Bedeutung oft nicht verstanden wird. In der esoterischen Literatur wird sie jedoch als der wichtigste Teil der Bundeslade angesehen. In der Bibel wird sie als das "Heiligste des Heiligen" bezeichnet. Es handelte sich um eine massive Goldstatue aus zwei

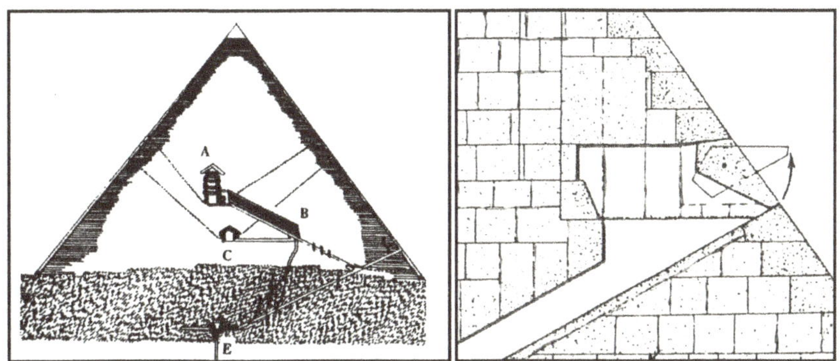

Links: Die Kammern und Gänge in der Großen Pyramide in Giseh
Rechts: Theoretischer Aufbau des Eingangs zur Pyramide

Cherubimengeln, die sich gegenüberstanden, wobei sich ihre Flügelspitzen oben berührten. Zwischen ihren ausgestreckten Armen hielten sie eine flache Scheibe. Diese war als “Gnadensitz” bekannt.

Und auf diesem Gnadensitz ruht eine esoterische Flamme, die als Hebräischer oder “Shekinah-Glanz” bezeichnet wurde. Hierbei handelt es sich angeblich um eine Art “geistiges Feuer”, das aus der Ferne aufrecht erhalten wurde, ursprünglich von Moses und später durch einen Adepten des Tempels. Falls eine Person das Heiligste des Heiligen anschaute und den Shekinah-Glanz sehen konnte, dann wies dies auf eine hellseherische Fähigkeit hin, da nur Personen mit einer solchen diesen sehen konnten.

Die Statue, zusammen mit der Bundeslade, taucht plötzlich im Buch Exodus auf, und es wird allgemein angenommen, dass die Hebräer sie angefertigt hatten, als sie in der Wüste waren. Dies scheint unwahrscheinlich zu sein, vor allem was die Herstellung einer Engelsstatue aus massivem Gold angeht. Es ist eher wahrscheinlich, dass es sich bei der Bundeslade um eine Reliquie aus einer früheren Zeit handelt und von den fliehenden Israeliten aus Ägypten mitgenommen wurde. Es ist tatsächlich vollkommen möglich, dass sich die Ägypter genau aus diesem Grund entschlossen hatten, die fliehenden Israeliten zu verfolgen, selbst nachdem man ihnen erlaubt hatte fortzuziehen.

Laut des obskuren, esoterischen Ordens, der als Lemurische Gemeinschaft bekannt ist, handelte es sich beim Heiligsten des Heiligen um eine Statue, welche vor Zehntausenden von Jahren auf einem untergegangenen Kontinent im Pazifik, der allgemein als Mu oder Lemuria bekannt ist, hergestellt wurde. Die Statue war geschaffen worden, um die hellseherischen Fähigkeiten einer Person zu testen, was sich dadurch zeigte, ob sie den Shekinah-Glanz oder den Gnadensitz sehen konnte. Personen mit einer ausreichenden hellseherischen Fähigkeit hatten dann die Möglichkeit, ein Training zu machen.

Laut der Lemurischen Gemeinschaft wurden nach dem Untergang der Pazifischen Zivilisation das Heiligste des Heiligen und die Pläne für die Konstruktion des Tabernakels nach Atlantis gebracht, wo sie in einem riesigen, pyramidenförmigen Gebäude, das "Incalathon", untergebracht wurden, bei dem es sich um eine Art von Regierungsgebäude und gleichzeitig Museum handelte. Kurz vor der angeblichen Zerstörung von Atlantis ca. 10 000 v. Chr. wurde das Heiligste des Heiligen nach Ägypten gebracht, welches zu dieser Zeit Teil des Osirischen Reiches war.[2] Laut der Zeitschrift *The Ultimate Frontier*[12] wurde diese Reliquie zuerst im Tempel der Isis aufbewahrt und danach in die große Steingruft in der Königskammer der Großen Pyramide von Giseh gebracht. 3 400 Jahre bis zur Geburt von Moses blieb sie dort.

Der Behälter oder die Lade innerhalb deren das Heiligste des Heiligen aufbewahrt war, wurde wahrscheinlich in Ägypten konstruiert. Die Ägypter verwendeten Elektrizität, wie aus den elektrochemisch beschichteten Goldgegenständen, der elektrischen Beleuchtung der Tempel und der Verwendung der Djed-Säule als elektrischer Generator ersichtlich ist. Weil immer noch viele Leute die Bedeutung der Goldstatue kannten, war es wichtig,

dass das Heiligste des Heiligen und die Bundeslade von den bösartigen Amon-Priestern fern gehalten wurde, welche die Mumifizierung in Ägypten unterstützen und das Land Tausende von Jahren unter ihrer Kontrolle hatten. Aus diesem Grund gab es in Ägypten Geheimschulen, welche die alten Traditionen von Atlantis und Mu am Leben erhielten. Das Heiligste des Heiligen, und wahrscheinlich auch die Bundeslade, wurden in die sogenannte Königskammer in der Großen Pyramide eingeschlossen, und die Lage des Eingangs wurde geheim gehalten und war nur ein paar Auserwählten bekannt.

Ist es vielleicht möglich, dass die biblische Bundeslade zeitweise auch im Isis-Tempel von Hathor untergebracht war, und kann in der unterirdischen Gruft ein Teil des elektrischen Systems abgebildet sein, welches in den antiken Tempeln der Ägypter verwendet wurde?

KRISTALLLINSEN, SOLARSPIEGEL UND LEUCHTENDE SCHEIBEN

Obwohl die konservativeren Archäologen bezweifeln, dass frühere Zivilisationen schon Elektrizität verwendeten, so stimmen doch alle darin überein, dass diese eine relativ hoch entwickelte Glastechnologie und Kristalllinsen besaßen. Wie wir noch sehen werden, verliert sich die Technik des Glasschmelzens und der Metallurgie im Nebel einer fernen Vergangenheit.

Der britische Forscher Harold T. Wilkins erwähnt in seinem Buch *Secret Cities of Old South America*[19] aus dem Jahr 1952 leuchtende Scheiben. Er schreibt: "Im Qu-ran oder Koran heißt es, dass Noah einen Ebenholzbaum pflanzte und für seine Arche Planken daraus herausschnitt, was nicht so unwahrscheinlich ist. Es heißt auch weiter, dass Noah *zwei leuchtende Scheiben* an die Wände der Arche anbrachte, um Tag und Nacht anzuzeigen."

Ein faszinierendes Buch über die Verwendung von antiken Vergrößerungslinsen aus dem Jahr 1953 trägt den Titel *The Ancient Secret: Fire from the Sun*[21] und wurde von Flavia Anderson verfasst. Dies ist eines meiner Lieblingsbücher über antike Technologien und Mrs. Anderson muss für dieses wundervolle Buch Lob gezollt werden. Sie sagt, dass die Gralslegenden auf die Existenz antiker Linsen basieren, welche aus geschliffenen Steinkristallen hergestellt waren, und in alten Zeremonien in den großen Tempeln von Ägypten und des östlichen Mittelmeerraums eingesetzt wurden. Die Linsen waren in einem kunstvollen Ständer aus wertvollen Metallen, und es waren im allgemeinen auch noch andere wertvolle Edelsteine um die Zentrallinse herum angeordnet. Bei dieser Linse handelte es sich um eine wichtige, heilige Reliquie, und trotzdem war es nichts anderes als ein übliches Vergrößerungsglas, wie es heute verwendet wird. Diese Linsen waren in einer Halterung aufgehängt, welche als sog. Monstranz bezeichnet wurde. In einer solchen wurden Schrauben verwendet, um die Steinkristalle oder Glaslinsen innerhalb des Ständers aus Gold, Silber oder Kupfer zu befestigen. Anderson nimmt an, dass mit diesen Linsen Kerzen entzündet und in religiösen Zeremonien verwendet wurden. Später wurden sie dazu eingesetzt, um Teleskope zu entwickeln, etwas, das die Ägypter und andere schon früher gekannt hatten.

Anderson zeigt, dass Kristalllinsen in dieser Art und Weise auch von den Babyloniern in deren sogenannten "Gralsbäumen" befestigt wurden. Bei einem Gralsbaum scheint es sich um eine Linse zu handeln, die in der Mitte eines metallischen Halters befestigt ist, welche wie die Kombination eines Baumes und der Sonne aussieht. Weiterhin handelt es sich laut ihrer Beschreibung bei einem Gralsbaum um einen "Solarhelden, der mit einem adlerköpfigen Monster kämpft." Sie zeigt auch, dass das Thummin oder Urim aus der Bibel eine in eine Metallhalterung eingesetzte Kristallanordnung war. In dieser Halterung wurden Worte wie "Tetragrammaton" und "Elohim" eingraviert, entweder in lateinischen oder hebräischen Buchstaben.

Anderson sagt, dass diese Kristalllinsen extrem wertvoll waren

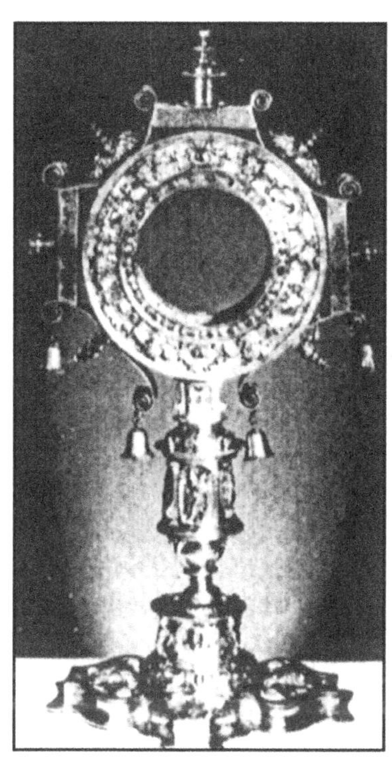

Links: Bei einem "Thummim oder "Urim" handelte es sich um eine Kristalllinse. Rechts: Eine spanische Monstranz aus dem 16. Jhd.

und oft als Symbol für Vornehmheit oder Autorität angesehen wurden. Sie nennt mehrere Beispiele von Kristalllinsen, welche mit wundervollen Juwelen verziert waren. Charlemagne besaß z.B. einen speziellen Kristalltalisman. Anderson schreibt: "In Dendera in Ägypten ist ein Steinbild zu finden, auf dem der Pharao eine wundervolle Halskette an die Göttin Hathor überreicht. Die geheimnisvolle Königin in der Parzival-Erzählung, deren Hände auf ihre Halskette und ihren "Sternenanhänger" zeigen, von welchem behauptet wird, dass er mit dem Geheimnis des Grals zu tun hat, könnte aus diesem Grund auf einen Kristalltalisman zeigen, wie z.B. jenen von Charlemagne. ... Dass sich die Kultur von

Ägypten und des Nahen Ostens in einer unbekannten Art und Weise nach Mexiko und Peru verbreitet hat, ist schon lange vermutet worden. Die Spanier berichteten bei ihrer Ankunft in Peru, dass die Heidenpriester damit vertraut waren, ihre heiligen Feuer mittels eines konkaven Kelchs, der in einer Halskette aus Metall angebracht war, durch die Sonnenstrahlen anzuzünden."[23]

Anderson sagt, dass die Legende in bezug auf den Vogel Phönix, welcher aus der Asche hervorsteigt, vielleicht auf bestimmte Rituale, bei denen ein Brennglas verwendet wurde, basiert. Die Linse wurde dazu verwendet, um die Sonnenstrahlen auf trockenes Stroh oder irgendein Pulver zu fokussieren, und ein abgerichteter Vogel spielte dann im Feuer. Anderson demonstriert in ihrem Buch, dass ein abgerichteter Vogel, eine Saatkrähe in diesem Fall, mit dem Feuer in dieser Art und Weise spielen kann, ohne dass er sich in irgendeiner Weise verletzt.

Wohingegen Kristall- und Glaslinsen offensichtlich in der Antike verwendet wurden, um mittels der fokussierten Sonnenstrahlen Feuer zu entzünden (oft bei religiösen Zeremonien), so handelt es sich hier möglicherweise nur um eine zweitrangige Technologie im Vergleich zur elektrischen Beleuchtung und anderen elektrischen Geräten wie dem Van de Graaff-Generator.

Es gibt verschiedene bekannte Geschichten in der antiken Literatur, in welchen von riesigen Linsen die Rede ist, welche in kriegerischen Auseinandersetzungen verwendet wurden. Die interessanteste dieser Geschichten ist jende von einem fürchterlichen "solaren Spiegel", den Archimedes in den Jahren 212 bis 215 v. Chr. in Syrakus entwickelt hatte, um die römische Flotte damit in Brand zu stecken. Er soll den riesigen Sonnenspiegel auf die Schiffe der römischen Flotte gerichtet und sie dadurch tatsächlich entzündet haben! Um die Vorgänge in Syrakus nachzuahmen, richtete der Athener Ingenieur Tonnis Sakkas 70 kupferbeschichtete

Spiegel, ein jeder 90x150 cm, auf die Sonne aus und konnte dadurch ein Kanu im Hafen von Skaramanga aus einer Entfernung von 60 m in Brand stecken.[40]

Robin Collins schreibt in seinem Buch mit dem Titel *Beams from Star Cities*, dass in den alten Legenden aus China die Rede von fürchterlichen Yin-Yang-Spiegeln ist, welche von sich bekämpfenden Supermännern eingesetzt wurden, um damit den Feind zu verbrennen.

Bei anderen Kriegsinstrumenten, welche möglicherweise von den antiken Menschen verwendet wurden, handelte es sich um gewaltige Elektromagnete. Collins erwähnt, dass in den Geschichten aus Tausend und einer Nacht von einem riesigen Elektromagneten die Rede ist, durch welchen die Nägel aus den Schiffen gezogen wurden, um damit den Feind auszuschalten.[40]

Perseus besaß einen Zauberhelm, welcher ihn sofort unsichtbar machte, wenn er ihn auf seinen Kopf setzte. Robin Collins fragt sich Folgendes: "Handelte es sich bei dem "Helm" um ein elektronisches Gerät, um Lichtstrahlen zu beugen oder abzulenken? Vielleicht stand auch der "magische Schleier", welcher von den Druiden erzeugt wurde, um sich selbst unsichtbar zu machen, mit Geräten zur Beugung des Lichts in Verbindung."[40]

Bei vielen der antiken Erzählungen über Zauberspiegel und "Feuern aus dem Himmel" mag es sich um Geschichten über eine außergewöhnlich fortschrittliche Technolgie handeln. Z.B. können Kristalle mit phosphoreszierenden und lumineszierenden Stoffen gezüchtet werden, wodurch es möglich ist, dass sie die Sonnenenergie während des Tages absorbieren und in der Nacht zu einem glühenden Stein werden. Vielleicht wird in dem abgelegenen Dschungel-Dorf in Neu-Guinea die gleiche Technik angewendet!

5. KAPITEL

FLUGZEUGE UND LUFTKRIEGE IN DER ANTIKE

Der Mensch wurde frei geboren,
und trotzdem liegt er überall in Ketten.
Jacques Rousseau.

Kein Experiment ist jemals ein völliger Fehlschlag,
es kann immer als schlechtes Vorbild verwendet werden.
Johnny Carson.

RAKETEN UND FLUGZEUGE DER ANTIKE

In der gesamten Geschichte gibt es immer wieder Hinweise auf fliegende Objekte -- von fliegenden Teppichen bis hin zu Ezekiels fürchterlichen Rädern innerhalb von Rädern. In den Mythen und Legenden der antiken Geschichte sind zahllose Erzählungen fliegender Menschen, fliegender Streitwägen, fliegender Teppiche und anderer Dinge vorhanden, welche als Dichtung und Legenden abgetan werden.

Robert Silverburg sagt in seinem Buch *Wonders of Ancient Chinese Science*[135], dass in den chinesischen Mythen von legendären Menschen, den Chi-Kung, die Rede ist, welche in "fliegenden Kutschen" reisten. In der antiken, chinesischen *Chronik Records of the Scholars* wird berichtet, dass der große Astronom und Ingenieur der Han-Dynastie Chang Heng einen "hölzernen

Die legendären Chi-Kung-Leute sollen, laut chinesischer Schriften, Flugmaschinen besessen haben

Vogel" gebaut hat, welcher einen Mechanismus im Rumpf hatte, der es ihm erlaubte, ungefähr einen Kilometer zu fliegen. In einem Buch, das ungefähr 320 n. Chr. von Ko Hung, einem Alchimisten und Mystiker, verfasst wurde, wird anscheinend ein Flugzeug mit Propellern beschrieben: "Einige haben fliegende Wägen aus den inneren Teilen des Brustbeerenbaums hergestellt, indem sie Ochsenlederschnüre an die rotierenden Flügel angebracht haben, um die Maschine in Bewegung zu versetzen."[135]

Die Entwicklung der modernen Raumfahrt basiert auf der Verwendung von Schießpulver in China, eingeschlossen Experimente mit bemannten Raketen. Holzkohle und Schwefel sind schon lange als Bestandteile für Explosionsstoffe bekannt. Schon im Jahr 1044 n. Chr. wussten die Chinesen, dass Salpeter, der solch einer Mischung zugesetzt wurde, die Wirkung noch erheblich verstärkte. Wir wissen nicht, wer als Erster herausfand, dass, wenn man Holzkohle, Schwefel und Salpeter sehr fein mahlt, sie dann im Verhältnis von 1:1:3,5 oder 1:1:4 gründlich mischt und die Mischung in einen geschlossenen Behälter bringt, dieser dann mit einem wunderbaren Knall explodiert, wenn er entzündet wird. Man hat angenommen, dass irgendwelche Experimentatoren, die glaubten, dass Salz ein Feuer heisser machen würde, weil es dieses heller machte, aus diesem Grund verschiedene Salze ausprobierten, bis sie zufällig auf Kaliumnitrat oder eben Salpeter stießen.

Die Rakete entwickelte sich möglicherweise in einer einfachen Art und Weise aus einem brennenden Pfeil. Falls irgendjemand wollte, dass ein Pfeil für einige Sekunden heftig brannte, wenn das neue Pulver verwendet wurde, dann musste man dieses in ein langes, dünnes Röhrchen füllen. Es war außerdem notwendig, dass der Rauch und das Feuer aus einem Ende des Röhrchens entweichen konnten. Falls das Röhrchen jedoch am vorderen Ende offen gewesen wäre, dann wäre die Entladung entgegen der Flugrichtung erfolgt. Wenn das Röhrchen allerdings am unteren Ende offen gewesen wäre, dann wäre der Pfeil in Flugrichtung beschleunigt worden.

Kanonier, der eine Kanone abfeuert

Der chinesische Erfinder Wan Hoo und sein Raketenfahrzeug

Robert Goddard, einer der ersten Pioniere der Raketentechnik, mit seinem Raketenmodell

Es wurde schon früh entdeckt, dass durch eine Entladung am hinteren Ende der Pfeil nicht einmal mittels eines Bogens abgeschossen werden musste. Durch den nach vorne gerichteten Druck der Explosion innerhalb des Röhrchens wurde das Gerät ausreichend schnell beschleunigt.

Die Chinesen stellten alle möglichen Arten von raketenartigen Pfeilen, Granaten und sogar Eisenbomben her, welchen den heutigen sehr ähnlich waren. Die erste zweistufige Rakete wurde von den Chinesen im 11. Jahrhundert entwickelt und als "Feuerdrachen" bezeichnet. Wenn dieser auf sein Ziel zusteuerte, wurden Feuerpfeile entzündet, die aus dem Mund des Drachens abgeschossen wurden. Hierbei handelte es sich um ein frühes Modell eines Splitterbombengeschosses.

Als die mongolische Armee im Jahr 1232 Kaifeng angriff -- einst die Hauptstadt der Sung-Dynastie, jedoch nun der Gin-Dynastie -- hielt die Gin-Armee die unbesiegbaren Mongolen eine Zeitlang in Schach, indem sie ihre Geheimwaffen einsetzten. Bei einer, die als "himmelerschütternder Donner" bezeichnet wurde, handelte es sich um eine Eisenbombe, welche an einer Kette von der Stadtmauer heruntergelassen wurde, um inmitten der Feinde zu explodieren. Eine andere Geheimwaffe, welche "fliegender Feuerpfeil" genannt wurde, erzeugte in den mongolischen Reihen einen großen Lärm und eine Menge Rauch und schreckte ihre Pferde auf.[27]

Beim Scheumachen von Pferden, oder noch viel schlimmer von Kriegselefanten, handelte es sich um einen der hauptsächlichsten Verwendungszwecke für die ersten militärischen Raketen. Es ist bekannt, dass solche nicht nur im alten China, sondern auch in Indien und Südostasien verwendet wurden. In diesen Ländern wurde traditionell mit schwer bewaffneten Kriegselefanten gekämpft. Durch ein paar explodierende Raketen, inmitten einer Truppe von berittenen Soldaten, konnte eine ganze Armee in einen chaotischen Zustand versetzt werden.

Über einen außergewöhnlichen Zwischenfall in dieser Hinsicht wird von Frank Edwards in seinem Buch *Stranger Than Science*[19] berichtet. Er schreibt, dass die Invasion Indiens durch Alexander den Großen durch einen seltsamen Zwischenfall am Indus gestoppt wurde: "Fliegene Schilde", oder scheibenförmige Luftfahrzeuge, schreckten die Kriegselefanten, welche ein Teil von Alexanders Invasionsarmee waren, auf, und danach weigerten sich seine Generäle, die Eroberung des indischen Subkontinents fortzusetzen. Alexander ging nach Kleinasien zurück und wurde bald danach in Bagdad vergiftet.

Schießpulver wurde währenddessen für die Herstellung von Raketen, Leuchtkugeln und sogar bemannten Fahrzeugen verwendet.

Russel Freedman erzählt in seinem Buch *2000 Years of Space Travel*[42] die Geschichte von einem wagemutigen, chinesischen Erfinder namens Wan Hoo, welcher das erste raketenbetriebene Fahrzeug gestartet haben soll. Ungefähr im Jahr 1500 baute er einen starren Holzrahmen um einen Stuhl herum. An den Rahmen brachte er 47 Raketen und an die Oberseite zwei große Drachen an. Dann band er sich an den Stuhl fest. Als er seine Hand hob, kamen Diener mit brennenden Fackeln herbei und zündeten die Raketen an. Kurz danach gab es einen mächtigen Knall, der von einer gewaltigen Rauchwolke gefolgt wurde. Wan Hoo löste sich ebenfalls in Rauch auf und hinterließ nur eine Legende.

Es gibt Hinweise, dass Bomben und Schießpulver schon vor Christi Geburt oder noch früher eingesetzt wurden. Genau gesagt handelte es sich noch nicht um wirkliches "Schießpulver", weil es zu dieser Zeit noch keine Kanonen gab. Laut L. Sprague de Camp schrieb z.B. ein ansonsten unbekannter Mann namens Markus oder Markus der Grieche ein Buch mit dem Titel *Liber ignitum*, also *Das Buch über das Feuer*. Markus berichtet darin, wie man Schießpulver mittels einer Mischung aus einem Pfund Schwefel, zwei Pfund Holzkohle und

sechs Pfund Salpeter herstellt. Hierdurch ließ sich eine schwache Explosion erzeugen. Im 13. Jahrhundert empfahl Albertus Magnus die gleiche Formel wie Markus, während sein Zeitgenosse Roger Bacon von sieben Teilen Salpeter, fünf Teilen Haselnussholz und fünf Teilen Schwefel sprach. Hierdurch ließ sich schon eine stärkere Explosion erzeugen.[27]

Ungefähr im Jahr 1280 n. Chr. schrieb der Syrer Al-Hasan ar-Rammah das Buch mit dem Titel *The Book of Fighting on Horseback and with War Engines.* Ar-Rammah betonte die Bedeutung von Salpeter und führte genaue Beschreibungen für dessen Reinigung an. Er sprach auch von Raketen, welche als "chinesische Pfeile" bezeichnet wurden. Die Chinesen stellten auch die ersten Leuchtkugeln, Flammenwerfer und Mörser her. Bei den ersten Leuchtkugeln waren abwechselnd Schichten aus losem und verdichtetem Pulver vorhanden, zusammen mit ein paar Nägeln und Steinen, so dass diese nach außen geschleudert wurden und im Flug brannten.[27]

Auch die Chinesen kamen der Erfindung der Kanone sehr nahe. Bei der Erfindung der wirklichen Kanone handelt es sich um ein obskures und heiss diskutiertes Ereignis, von dem allgemein geglaubt wird, dass es sich in Deutschland zugetragen hat. In der Chronik der Stadt Gent aus dem Jahr 1313 ist zu lesen, dass in diesem Jahr von einem deutschen Mönch zum ersten Mal Kanonen entwickelt wurden. In Walter de Milemetes Manuskript *De officiis regun*, welches im Jahr 1326 veröffentlicht wurde, wird eine primitive Kanone beschrieben, die als *vasa* oder Vase bezeichnet wurde. Hierbei handelte es sich um ein flaschenförmiges Gerät, aus dem Pfeile abgeschossen wurden. Auch in einem italienischen Manuskript aus dem selben Jahr werden Kanonen erwähnt. In den Vierziger Jahren des 14. Jahrhunderts bezahlten sowohl König Edward III. von England, als auch die Städte Aachen und Cambrai,, Rechnungen für Kanonen und Pulver.[27]

Einige frühe Konstruktionen für Ballone und Luftschiffe, mit denen man hoffte, die Luft zu erobern

Bei einigen der ersten Kanonen handelte es sich um Holzfässer, welche durch Ringe aus Eisen, Leder oder Kupfer verstärkt waren. Kanonen entwickelten sich bald zu Gewehren und Handfeuerwaffen. Eine zeitlang wurden Eisen- oder Bleikugeln in Handfeuerwaffen und Steinkugeln in Kanonen eingesetzt. Bald wurden diese jedoch durch Eisenkugeln ersetzt, welche bei gleicher Größe eine größere kinetische Energie besaßen, wodurch der Rohrdurchmesser verkleinert werden konnte. Granaten wurden im Mittleren Osten schon während der Kreuzzüge eingesetzt, und die Tempelritter und andere Kreuzfahrer sollen diese Technik angeblich nach Europa zurückgebracht haben.

In der Zwischenzeit wurden die Handfeuerwaffen soweit entwickelt, dass sie die Kanonen in den Schatten stellten. Musketen wurden so billig, dass sie bald jeder Bürger kaufen konnte und so einfach, dass sie jeder benutzen konnte, und auch so tödlich, um professionellen Soldaten gegenübertreten zu können. Und so war die Bühne für den Untergang der Könige und den Aufstieg der Republiken frei. Der Normalbürger brauchte aufgrund dieser Technologie keine Angst mehr vor Dieben und Betrügern, betrunkenen Soldaten oder anderen zu haben, welche ihn und seine Familie bedrohen konnten, weil sie größer waren und ein langes und schweres Schwert trugen. Die Pistole machte alle gleich, sie war eine tödliche Waffe, die auch von Frauen eingesetzt werden konnte. Oder wie man zur Jahrhundertwende sagte: “Gott hat die Menschen erzeugt, aber der Colt machte alle Menschen gleich.”

PRÄHISTORISCHE LUFTFAHRZEUGE: VON FLUGZEUGMODELLEN BIS HIN ZU FLIEGENDEN KAMPFWÄGEN

Der Entwicklung moderner Waffen folgte sofort die Entwicklung von Luftfahrzeugen. Hierbei war man von Anfang an ziemlich erfolgreich. Mitte des 19. Jhds. waren Ballone ein üblicher Anblick in den Hauptstädten der Welt. Bald danach folgten motorgetriebene Luftfahrzeuge, deren Form Vögeln nachgebildet war.

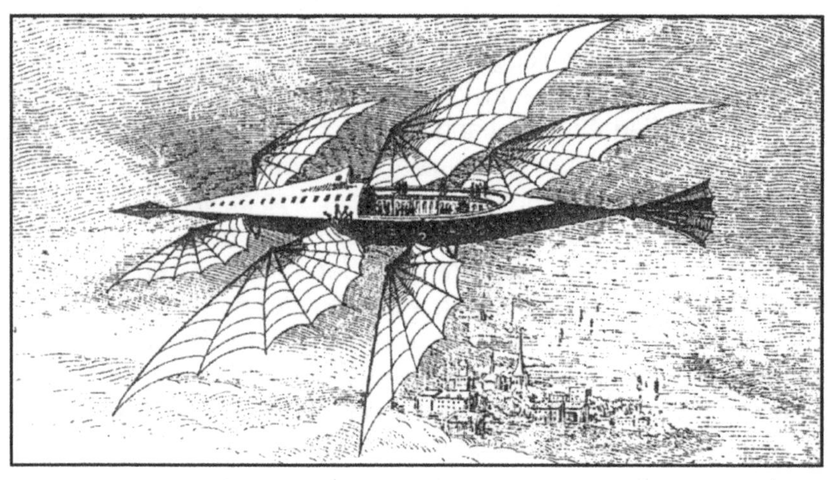

Plan für ein Luftschiff aus dem 19. Jahrhundert, das einem indischen Vimana ziemlich ähnlich sieht

Aber wie sieht es mit der Luftfahrt in der Antike aus? Waren die Wright-Brüder wirklich die Ersten, welche auf einem motorgetriebenen Flugzeug durch die Luft flogen? Wie es aussieht, war dem nicht so, denn sowohl in Gräbern in Kolumbien als auch Ägypten wurden Modelle von Geräten gefunden, welche wie Düsenflugzeuge aussehen. Im staatlichen kolumbischen Goldmuseum sind verschiedene Goldmodelle von "Jets" mit Deltaflügeln zu finden. Man nimmt an, dass diese kleinen Modelle mindestens 1 000 Jahre alt sind, wenn nicht mehr. Es wird allgemein behauptet, dass als Vorlage Bienen, fliegende Fische oder andere Tiere gedient haben, aber im Gegensatz zu allen bekannten Tieren besitzen sie vertikale und horizontale Schwanzflossen.

Als neun dieser zoomorphischen Objekte in V-Formation fotografiert wurden, sahen sie einem Schwadron von Deltaflügeljets erstaunlich ähnlich! Ivan T. Sanderson schreibt in seinem Buch *Investigating the Unexplained*[8], dass ein ähnliches Modell auch im Museum für Naturgeschichte in Chicago ausgestellt worden war. Auf dem darunter angebrachten Schild war zu lesen, dass es

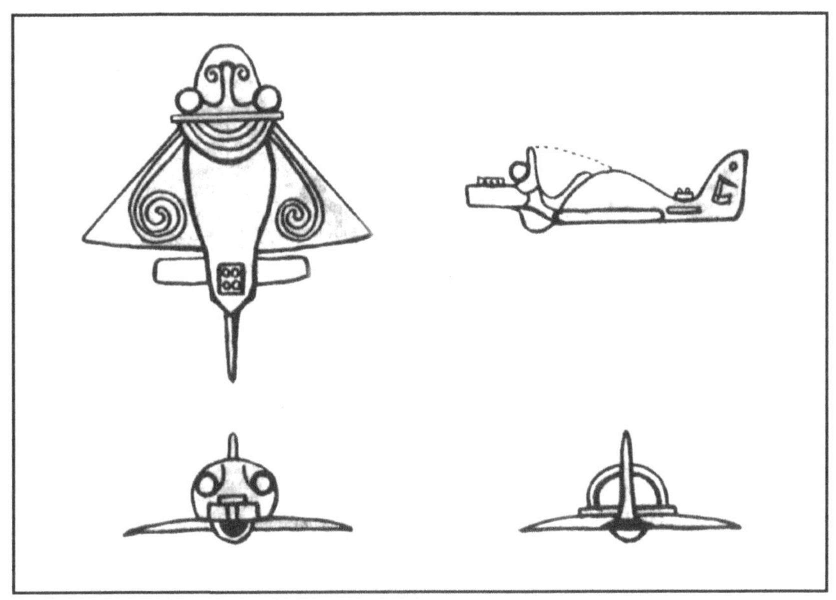

Oben: Modell eines Jets aus dem kolumbischen Goldmuseum, der modernen Flugzeugen sehr ähnlich sieht. Unten: Der "fliegende Fisch", der im Museum von Chicago ausgestellt war und ebenfalls die typische Form heutiger Düsenflugzeuge besitzt

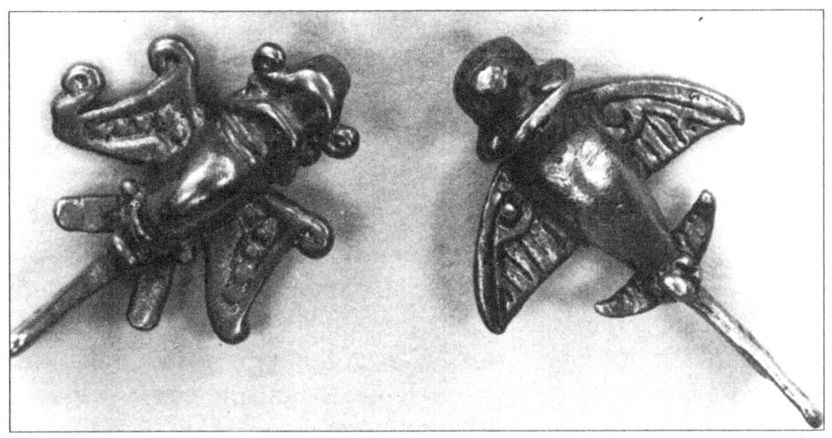

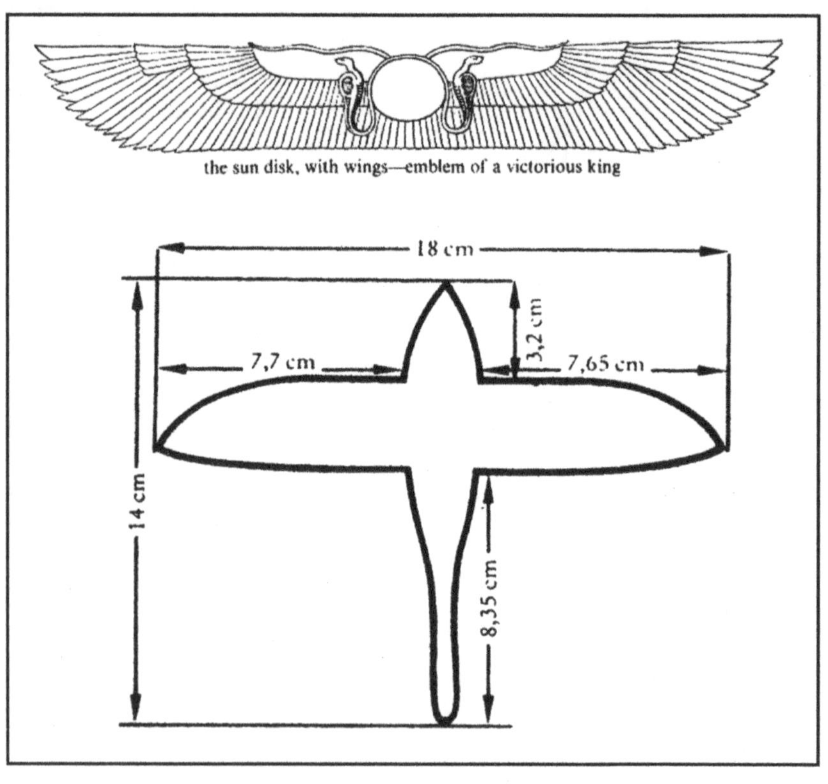

Holzmodell eines Gleitfugzeugs, welches in einem ägyptischen Grab in der Nähe von Sakhara gefunden wurde

sich hierbei wahrscheinlich um einen fliegenden Fisch gehandelt hat.

Genauso wie die Schaufelbagger in Panama wurden diese goldenen, zoomorphischen Modelle auf den Zeitraum zwischen 800 und 1 000 n. Chr. datiert. Gold ist allerdings unzerstörbar, und das ganze Gold und die ganzen Münzen aus früheren Zeiten sind auch heute in der einen oder anderen Form noch vorhanden. In vielen Fällen ist es z.B. zu Goldbarren geschmolzen worden. Andere Metalle oxidieren jedoch mit der Zeit.

Steinrelief aus dem Tempel von Abydos in Ägypten, auf dem ein Objekt zu sehen ist, das einem modernen Kampfjet ähnelt

Im Jahr 1898 wurde in einem ägyptischen Grab in der Nähe von Sakhara ein ähnliches Modell gefunden. Es wurde unter der Nr. 6347 als "Vogel" im ägyptischen Museum in Kairo katalogisiert. Im Jahr 1969 war Dr. Khalil Messiha allerdings sehr erstaunt, als er feststellen musste, dass der Vogel nicht nur gerade Flügel, sondern auch eine aufrechte Schwanzflosse besaß. Dr. Messiha hielt das Objekt für das Modell eines Flugzeugs.

Das Modell ist aus Holz gemacht, wiegt 39,12 Gramm und befindet sich in gutem Zustand. Die Flügelspannweite beträgt 18 cm, die Nase ist 3,2 cm lang, und die Gesamtlänge beträgt 14 cm. Das Flugzeug ist aerodynamisch geformt. Abgesehen von einem symbolischen Auge und zwei kurzen Linien unter den Flügeln, ist weder eine Verzierung vorhanden, noch irgendwelche Füße für die Landung. Experten haben das Modell untersucht und herausgefunden, dass es flugfähig ist.

Nach dieser sensationellen Entdeckung beauftragte der ägyptische Kulturminister Gamal El Din Moukhtar eine technische Forschungsgruppe damit, auch andere "Vögel" zu untersuchen. Das Team bestand aus Dr. Henry Riad, dem Direktor des ägypti-

Ikarus

schen Altertumsmuseum, Dr. Abdul Quader Selim, dem stellvertretenden Direktor des ägyptischen Museums für Archäologische Forschungen, Dr. Hismat Nessiha, dem Direktor des Altertumsministeriums, und Kamal Naguib, dem Präsidenten der ägyptischen Luftfahrtvereinigung. Am 12. Januar 1972 wurde die erste Ausstellung über ägyptische Flugzeugmodelle in der Halle des Altertumsmuseums eröffnet. Dr. Abdul Quader Hatem, der Stellvertreter des Premierministers, und der Luftfahrtminister Ahmed Moh stellten dem Publikum vierzehn verschiedene, ägyptische "Flugzeugmodelle" vor.

Bei einer weiteren seltsamen Ausstellung im Museum in Kairo handelt es sich um eine große Zahl verschiedener Bumerangs, welche im Grab des Königs Tutanchamun gefunden worden waren. Wenn es sich bei Bumerangen auch nicht um Modelle antiker Flugzeuge handelt, so zeigen sie doch, dass die Ägypter stark an der Mechanik des Fluges interessiert waren. In einer

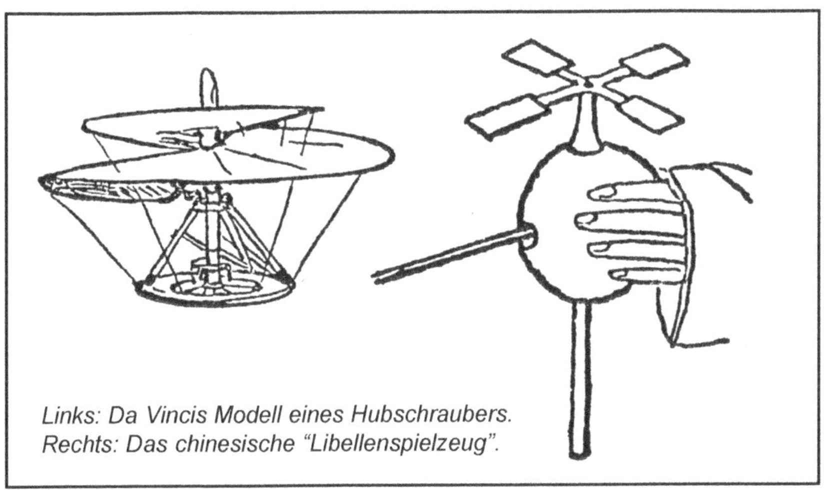
Links: Da Vincis Modell eines Hubschraubers.
Rechts: Das chinesische "Libellenspielzeug".

Reihe ägyptischer Reliefes werden Jagdszenen mit Bumerangen gezeigt. Bumerange sind allerdings auch in Florida, Polen, Texas und natürlich in Australien gefunden worden. Vielleicht sind solche Geräte durch die antiken Ägypter, oder eine frühere Kultur, auf der ganzen Welt verbreitet worden.

Tomas schreibt in seinem Buch *We Are Not the First*[24] Folgendes: "Einer der ersten Konstrukteure von Luftfahrzeugen in der Welt war Dädalus. Er konstruierte für sich und seinen Sohn Ikarus Flügel, allerdings flog sein Sohn mit dem Gleitflugzeug zu hoch und stürzte ins Meer. Die Wright-Brüder hatten 4 500 Jahre später mehr Glück, weil die Grundlagen der Flugtechnik schon von ihren Vorgängern entwickelt worden waren.

Es ist falsch zu glauben, dass Dädalus nur eine Figur der Mythologie ist. Seine Kollegen -- die Ingenieure aus Knossos -- haben schon Wasserrohre in parabolischer Form konstruiert, welche exakt dem natürlichen Wasserfluss entsprachen. Nur nach jahrhundertlangen Forschungsarbeiten konnte die natürliche Stromlinienform gefunden werden. Und die Stromlinienform ist auch ein wichtiger Bestandteil der Aerodynamik, welche vielleicht von Dädalus gemeistert worden ist.

Der Mönch Roger Bacon hinterließ einen geheimnisvollen Satz in seinen Werken: “Flugmaschinen wie diese gab es schon früher, und sie werden auch noch in unseren Tagen hergestellt.” Eine Feststellung wie diese, welche im 13. Jahrhundert gemacht wurde, ist tatsächlich rätselhaft. Bacon hat behauptet, dass es in der Vergangenheit tatsächlich Flugmaschinen gegeben hat und dass diese auch noch in seiner Zeit existiert haben. Beides scheint weit hergeholt zu sein, und trotzdem ist die Geschichte voll von Legenden und Berichten über Luftschiffe, welche in ferner Vergangenheit existierten.

In den chinesischen Annalen wird berichtet, dass der Herrscher Shun (2258 bis 2208 v. Chr.) nicht nur eine Flugmaschine, sondern sogar einen Fallschirm konstruierte, und zwar zur selben Zeit, als auch Dädalus seine Gleiter baute.[24]

Es gab auch den Herrscher Cheng Tang (1766 v. Chr.), welcher einem berühmten Erfinder namens Ki-Kung-Shi die Anordnung gab, einen fliegenden Streitwagen zu bauen. Dieser altertümliche Flugzeugkonstrukteur führte den Befehl aus und testete sein Flugzeug im Flug, wobei er in seiner Flugmaschine, bei der es sich wahrscheinlich um ein Segelflugzeug gehandelt hat, die Provinz Honan erreichte. In der Folge wurde das Fahrzeug durch ein Edikt des Herrschers zerstört, weil er Angst hatte, dass das Geheimnis des Apparats in die falschen Hände gelangen könnte.

Ungefähr 300 v. Chr. schrieb der chinesische Dichter Chu Yuan über seinen Flug in einem Jade-Streitwagen, mit dem er in großer Höhe über die Wüste Gobi in Richtung der schneebedeckten Kun-Lun-Berge im Westen flog. Tomas schreibt hierzu: “Er beschrieb in eindeutiger Weise, dass das Flugzeug von den Winden und dem Staub der Wüste nicht beeinflusst wurde und wie er eine Vermessung von der Luft aus durchführte.”[24]

Die chinesischen Volkssagen sind voll von Geschichten über fliegende Streitwägen und andere Flugapparate. Tomas erwähnt, dass auf einem Steinrelief in einem Grab in der Provinz Shantung, das auf das Jahr 147 datiert wurde, ein drachenförmiger Streitwagen dargestellt ist, der hoch in den Wolken fliegt.

Ein Holzschnitt, der die legendären chinesischen Chi-Kung-Leute mit ihrer Flugmaschine zeigt

Auch Leonardo da Vinci hat einen Hubschrauber konstruiert, der vielleicht auf einer chinesischen Konstruktion basiert. Hubschrauber benötigen im Gegensatz zu Segelflugzeugen keine lange Landebahnen, aber sie sind auch viel schwieriger zu konstruieren. Allerdings würde es sich bei einer Kombination aus einem Ballon und Propellern, welche das Fahrzeug antreiben, um eine technische Leistung handeln, welche die vordynastischen Chinesen zweifelsohne meistern konnten.

Jim Woodman und seine Kollegen experimentierten mit einer ähnlichen Technolgie, als sie in Peru einen Schilfkorb bauten, und diesen dann über der Nazca-Ebene schweben ließen, indem sie einen einfachen Heissluftballon verwendeten, welcher aus einheimischen Fasern und gewebten Stoffen hergestellt worden war. Dem Luftschiff wurde der Name Condor 1 verliehen, und Woodman veröffentlichte seine Geschichte in dem Buch *Nazca: Journey to the Sun*[129] aus dem Jahr 1977. Sie stiegen auf eine Höhe von über 360 Meter und konnten danach wieder sicher landen. Woodman glaubte, dass die Nazca-Linien, welche nur aus der Luft erkannt werden können, von antiken Priestern als Orientierungsmarkierungen verwendet wurden, wenn sie mit ihren primitiven aber effektiven Heissluftballons über diese Wüstenebene flogen.

DAS LUFTSCHIFF VON KÖNIG SALOMON

Es gibt eine Reihe historischer Persönlichkeiten, von denen in modernen, religiösen Schriften behauptet wird, dass sie Luftschiffe oder fliegene Streitwägen besessen hätten. Bei einer dieser bekannten Persönlichkeiten handelte es sich um den nordindischen Prinzen Rama von Ayodha, über welchem die *Ramayana* handelt. Hierüber möchte ich später berichten. Ein weiterer berühmter Besitzer eines Luftschiffes war der hebräische König Salomon der Weise, der Sohn von König David.

Salomon soll den berühmten Tempel von Jerusalem gebaut haben, um darin die Bundeslade aufzubewahren, bei der es sich

Cartoon, der den König Salomon in seinem Flugapparat zeigt, mit welchem er die Königin von Saba besucht haben soll

um ein elektrisches Gerät gehandelt hat, wie wir gesehen haben. Er hatte eine romantische Äffäre mit der Königin von Saba, welche ihn ungefähr im Jahr 1 000 v. Chr. besuchte. Laut der antiken, äthiopischen Tradition, von welcher im *Kebra Negast*[101] (*Der Ruhm der Könige* -- eine Art äthiopisches Altes Testament, welches für alle Äthiopier das wichtigste Dokument ist) berichtet wird, verließ die herrschende Königin Makeda Axum, zu dieser Zeit die Hauptstadt von Saba, und reiste über das Rote Meer in das heutige Jemen und danach nach Jerusalem, um den Hof von König Salomon zu besuchen. Eines der Hauptziele ihres Besuches war es, die Bundeslade zu sehen.

Nachdem sie mit Salomon einige Monate zusammengelebt hatte, musste sie in ihr eigenes Königreich zurückkehren, wo sie

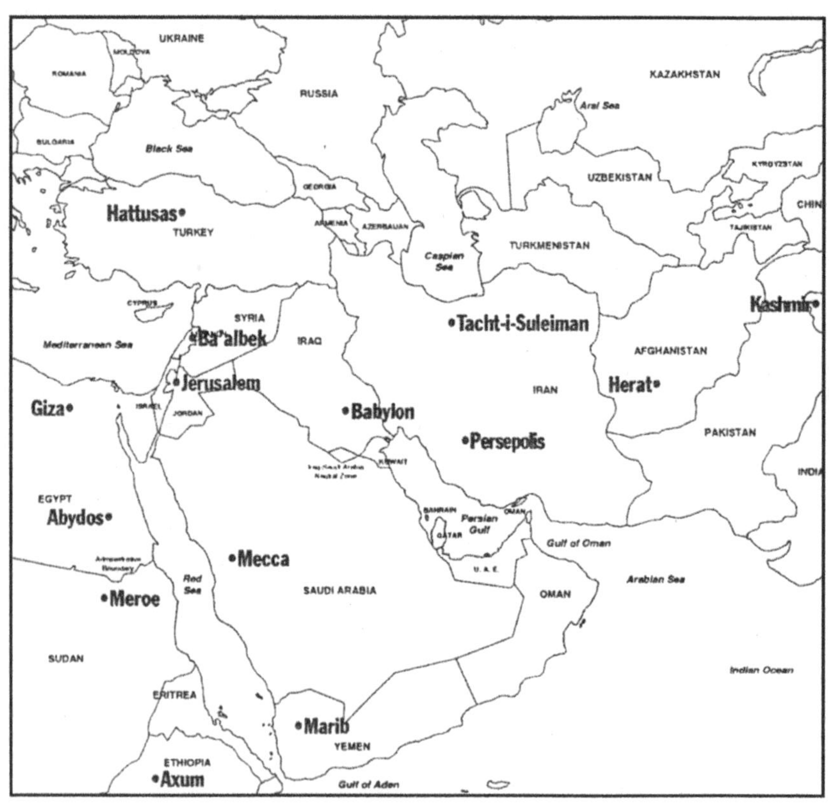

Landkarte, die einige der im Text erwähnten Orte zeigt, eingeschlossen derjenigen, die König Salomon mit seinem Luftschiff besuchte

König Salomon einen Sohn gebar. Dieser wurde später König Menelik I. genannt, und mit ihm begann die salomonische Herrscherlinie in Äthiopien. Diese Linie blieb für dreitausend Jahre erhalten, und zwar bis zum Tod von König Heile Selassie (geboren als Ras Tafari), dem 225. salomonischen Herrscher, im Jahr 1975.

Laut der *Kebra Negast* besuchte König Salomon Makeda und deren Sohn immer mit einem "Himmelswagen". "Der König und alle seine Untergebenen flogen mit dem Wagen ohne Schmerzen und Leiden und ohne zu schwitzen oder zu ermüden und legten an einem Tag eine Strecke zurück, für welche zu Fuß drei Monate notwendig waren."[101]

Im ganzen Mittleren Osten, bis nach Kaschmir, gibt es Berge, welche als "Thron des Salomon" bekannt sind, eingeschlossen einer im nordwestlichen Iran, welcher als Takht-i-Suleiman (Thron des Salomon) bezeichnet wird. Von manchen wurde behauptet, dass es sich hierbei um Landeplätze für Salomons Luftschiffe gehandelt hat.

Auch Nicholas Roerich schreibt, dass in ganz Zentralasien geglaubt wird, dass Salomon mit einem Luftschiff umherflog. "Laut des Glaubens der Leute fliegt König Salomon auch heute noch mit seinem wunderbaren Flugapparat über die weiten Gebiete Asiens. In den Bergen in Asien gibt es viele Steinruinen, in welchen der Abdruck seines Fußes oder seines Knies zu finden ist. Hierbei handelt es sich um die sog. Throne von Salomon."[102]

Besaß König Salomon irgendein Fluggerät, mit dem er nach Persien, Indien und Tibet flog? Mit wem traf er sich dort? Wenn man die vielen Geschichten von fliegenden Fahrzeugen aus dem alten Indien in Betracht zieht, erscheint dies gar nicht so ungewöhnlich. Es gibt tatsächlich auf der ganzen Erde Berge, auf deren Gipfel sich Ruinen befinden. Eine erstaunliche Stadt in dieser Hinsicht ist Machu Picchu in Peru. Handelte es sich bei den großen Grasflächen in diesen Städten um Landemarkierungen für Flugzeuge, welche den Zeppelinen ähnlich waren? Wir leben in einer seltsamen Welt, welche voll von seltsamen Geschichten und antiken Geheimnissen ist. Manchmal ist die Wahrheit wirklich unglaublicher als die Dichtung.

DAS ERSTE RAUMFAHRTPROGRAMM

In einigen antiken Schriften wird nicht nur von Luftfahrzeugen berichtet, wie z.B. in Ezekiels biblischer Vision, sondern von tatsächlichen Weltraumflügen. Das 4 700 Jahre alte Werk *Die Erzählung von Etana* enthält ein Gedicht über den Flug von Etana:

“Ich werde dich zum Thron von Anu bringen”, sagte der Adler. Sie waren eine Stunde lang hoch gestiegen, und dann sagte der Adler: “Schau nach unten, was ist aus der Erde geworden?” Etana schaute nach unten und sah, dass die Erde zu einem Berg und das Meer zu einem See geworden war. Und so flogen sie eine weitere Stunde, und wiederum schaute Etana nach unten: Die Erde sah nun wie ein Schleifstein und das Meer wie ein Topf aus. Nach der dritten Stunde war die Erde nur noch ein Staubkorn, und das Meer war nicht mehr zu sehen.”

Anu, der Zeus des babylonischen Olymps, war der Gott der himmlischen Weiten -- welche nun als Weltraum bezeichnet werden. In dieser Beschreibung eines Weltraumausflugs wird genau geschildert, was passiert, wenn der Mensch die Erde verlässt. Es ist von Bedeutung, dass wir hier das Konzept einer runden Erde vor uns haben, die immer kleiner wird, weil die Entfernung zunimmt, was auf einen tatsächlichen Augenzeugenbericht hindeutet.

Das Buch Enoch, welches ein Teil der Apokryphen ist, enthält einen Abschnitt, in welchem anscheinend auch ein Weltraumflug beschrieben wird:

Und sie erhoben mich in den Himmel ...
Und es war heiß wie Feuer und kalt wie Eis ...
Ich sah die Orte der Leuchtenden ...
Und ich kam zu einer großen Dunkelheit ...
Und ich sah einen tiefen Abgrund ...

Klingt das nicht wie ein Bericht über einen Ausflug in den Weltraum? Es handelt sich hierbei um einen dunklen Abgrund, wo die Gegenstände auf der sonnenbeschienenen Seite heiß, und auf der sonnenabgewandten Seite eiskalt werden. Und es handelt sich um den Aufenthaltsort der Sonne, des Mondes, der Planeten und der Sterne, wie Enoch sagte.

Im 2. Jahrhundert n. Chr. schrieb der griechische Autor Lucian, welcher Kleinasien, Syrien und Ägypten bereist hatte, die Erzäh-

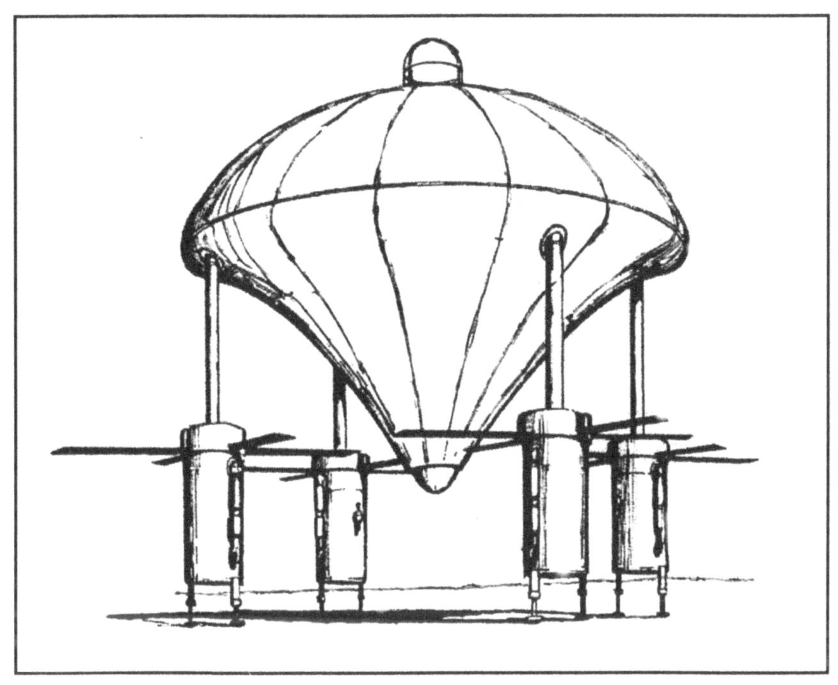

Das biblische Fahrzeug von Ezekiel, wie es nach dem NASA-Ingenieur Joseph Blumrich ausgesehen haben soll

lung *Vet-a Historia*. Er entwarf ein Bild seiner Reise zum Mond, durch welches das amerikanische Weltraumprogramm antizipiert wurde: "Nachdem wir unserem Weg durch den Himmel sieben Tage und sieben Nächte gefolgt waren, erblickten wir am achten Tag eine Art Erde in der Luft, welche einer großen, leuchtenden, runden Insel glich, die ein bemerkenswert helles Licht ausstrahlte."[43]

Der Autor Andrew Tomas erzählt die Geschichte des chinesischen Ingenieurs Hou Yih (oder Chih Chiang Tzu-Yu), welcher für den Herrscher Yao arbeitete und mit der Astronautik vertraut war. Im Jahr 2309 v. Chr. entschloss er sich auf einem himmlischen Vogel zum Mond zu reisen. Der Vogel informierte ihn über die exakten Zeiten des Sonnenauf- und -untergangs. Welche Ausrüstung muss dieses Raumschiff besessen haben, um den prähistorischen Astronauten mit diesen Informationen zu beliefern?

Hou Yih flog in den Weltraum, wo er "die Rotationsbewegung der Sonne nicht erkennen konnte." Diese Feststellung ist von herausragender Bedeutung für die Richtigkeit dieser Erzählung, weil man die tägliche Bewegung der Sonne nur im Weltraum nicht sehen kann.

Auf dem Mond sah der chinesische Astronaut einen "Horizont, der wie gefroren aussah." Auch seine Frau Chang Ngo wagte sich in den Weltraum. Laut der antiken Schriften aus China flog sie auf den Mond, wo sie "eine hell leuchtende Kugel sah, die wie Glas erschien, eine gewaltige Größe besaß und sehr kalt war; das Licht des Mondes hat seine Ursache in der Sonne," erklärte Chang Ngo.

Es ist diese Aussage über den Mond, welche die 4 300 Jahre alte Erzählung so provozierend macht. Chang Ngos Bericht über die Erforschung des Mondes war richtig. Die Astronauten von Apollo-11 fanden heraus, dass der Mond verlassen ist und eine glasähnliche Oberfläche besitzt. Im Schatten ist es kalt, kälter als

Asyrische Zylindersiegel, die geflügelte Scheiben zeigen

an den Polen der Erde. Und das Mondlicht kommt natürlich von der Sonne.

Tomas erwähnt weiterhin ein anderes altes, chinesisches Buch mit dem Titel *The Collection of Old Tales*, welches im 4. Jahrhundert n. Chr. zusammengestellt worden war. Hierin ist eine interessante Geschichte aus der Zeit des Herrschers Yao enthalten, als Hou Yih und Chang Ngo auf den Mond flogen. In der Nacht war auf dem Meer ein gewaltiges Schiff mit glänzenden Lichtern erschienen, welche am Tag ausgeschaltet waren. Dieses konnte auch auf den Mond und zu den Sternen segeln, weswegen es als "Schiff, das unter den Sternen hängt" und "das Boot zum Mond" bezeichnet wurde. Dieses riesige Schiff, welches in der Luft fliegen und auch auf dem Meer segeln konnte, wurde zwölf Jahre lang gesehen.[24]

Der Autor Tomas behauptet, dass eines der ältesten Bücher über Astronomie das hinduistische Werk *Sut-ya Siddhanta* ist. Hierin ist von Siddhas und Vidyahat-as oder von Philosophen und Wissenschaftlern die Rede, welche in der Lage waren, die Erde zu umkreisen. Tomas schreibt weiter:

"Ein anderes Buch aus Indien mit dem Titel *Samaranagana Sutradhara* enthält einen fantastischen Abschnitt, in dem die Rede von einer fernen Zeit ist, in der die Menschen in Luftschiffen durch die Luft flogen und himmlische Wesen vom Himmel kamen. Gab es in einer vergessenen Epoche schon einen Weltraumverkehr von und zur Erde?

In seiner Abhandlung über die *Rig Veda* schreibt Professor H.L. Hariyappa von der Mysore Universität, dass in einer fernen Zeit die Götter oft auf die Erde kamen und dass es das Privileg einiger Menschen war, die Unsterblichen im Himmel zu besuchen. In der indischen Tradition ist die Kommunikation mit anderen Welten während dieses Goldenen Zeitalters eine feststehende Realität.

In alten Sanskrit-Texten ist die Rede von den Nagas oder Schlangengöttern, die in unterirdischen Palästen im Himalaya leben, welche durch leuchtende Edelsteine beleuchtet werden.

Bei den Nagas handelt es sich um fliegende Wesen, welche lange Reisen am Himmel unternehmen. Der Glauben an die Nagas ist im nationalen Bewusstsein von Indien so stark verwurzelt, dass selbst in den heutigen Kinofilmen und Theateraufführungen dieses Thema zur Freude des Publikums Verwendung findet. Bei der unterirdischen Stadt der Nagas -- Bhogawati -- kann es sich vielleicht um das folkloristische Bild einer Weltraumbasis handeln, welche beleuchtet ist und Klimaanlagen besitzt. Man muss sich fragen, ob diese Kosmonauten immer noch da sind.

Beim Gott Garuda soll es sich laut der Brahmanen um eine Mischung aus Mensch und Vogel handeln, welcher durch den Weltraum reist. Man glaubt, dass er den Mond und sogar den Polarstern erreicht hat, der sich 50 Lichtjahre entfernt befindet.

Der fünfte Band der *Mahabharata* enthält einen Abschnitt, welcher besagt, dass es auch auf anderen Planeten Leben gibt: "Unendlich ist der Raum, welcher von den Perfekten und den Göttern bewohnt wird, es gibt keine Grenze für ihre herrlichen Wohnorte."[24]

Geschichten von Nachfahren der Himmelsgötter auf der Erde können überall auf der Erde gefunden werden, wie z.B. auch im Alten Testament: "Vergesst nicht gastfreundlich zu sein. Es gibt einige, welche hierdurch ohne ihr Wissen die Engel unterhalten haben." Man fragt sich, ob Engel wirklich Unterhaltung brauchen, aber Piloten und Astronauten sind immer über ein schönes und ausgiebiges Mahl froh!

Sogar in diesem Jahrhundert haben sich noch Mythen entwickelt. Der Frachtkult aus Melanesien besitzt den seltsamen Glauben, dass "Fracht" oder industriell hergestellte Artikel wie Messer, verzinnte Gefäße, Seife oder Zahnpasta in ihre Steinzeitstämme durch "große Kanus" oder "große Vögel" gebracht wurden. Als im Jahr 1943 die amerikanischen Flugzeuge für die im Dschungel vorrückenden amerikanischen und australischen Truppen Essenspakete abwarfen, hielten die Eingeborenen dies für eine Bestätigung ihres Mythos. Nach dem Krieg bauten sie weiterhin Behelfslandebahnen für die großen Vögel, welche die

"Fracht" liefern sollten. Sie bauten sogar riesige Lagerhallen für die erwarteten Güter. Nachdem sie Radioanlagen gesehen hatten, errichteten sie Masten mit Atennen und bauten "Radiogeräte" aus Bambus, mit denen sie hofften, mit den "Göttern" in Kontakt treten zu können. Ein Teil ihres Glaubens bestand darin, dass ihre toten Vorfahren dieses ganze kostenlose Essen in Form von "Fracht" sandten. Nachdem sie später vom Christentum beeinflusst worden waren, glaubten einige, dass sie mittels dieser Bambusradiosender mit Jesus oder "John Fromme" sprechen könnten. Aber in all diesem naiven Glauben war ein wahrer Kern vorhanden, denn die "großen Vögel" (Flugzeuge), die "großen Kanus" (Dampfschiffe) und die "Fracht" (industriell hergestellte Artikel) waren natürlich alle wirklich vorhanden.

In gleicher Weise könnte es sich bei den alten Legenden von Göttern, welche auf die Erde herabstiegen, und einer Epoche, in der die Menschen und Götter vermischt waren, um eine volkstümliche Erinnerung an eine Zeit handeln, als auf diesem Planeten Raumschiffe in den größeren Städten landeten. Tatsächlich gibt es in der Nähe oder in der Mitte vieler antiker Städte in Süd- und Zentralamerika große freie Plätze, auf denen größere Luftschiffe landen können.

LEGENDEN UND GESCHICHTEN ÜBER LEVITATION

Die Physiker erzählen uns, dass es verschiedene Kräfte gibt, die auf uns zu jeder Zeit wirken. Bei diesen Kräften handelt es sich um atomare, elektrische, magnetische und schließlich gravitationelle Kräfte. Die Gravitation ist die schwächste und von allen am wenigsten verstandene Kraft. Allerdings taucht die Levitation, wobei es sich um eine Art Aufhebung der Gravitationskraft handelt, vielfach auf -- zumindest in historischen Berichten! Tomas schreibt z.B. Folgendes hierüber:

"Einige der unglaublichsten Erzählungen der Antike betreffen die Levitation oder die Fähigkeit, die Gravitation zu neutralisieren. Francois Lenormant schreibt in seinem Buch mit dem Titel

Caldean Magic, dass die Priester des antiken Babylons mithilfe von Schallwellen in der Lage waren, schwere Felsblöcke in die Luft zu heben, die tausend Männer nicht anheben hätten können.

Wurde auf diese Weise auch Baalbek errichtet? Der gigantische Block, welcher von den Titanen im Steinbruch in der Nähe von Baalbek zurückgelassen wurde, ist 21 m lang und auf einer Seite 4,8 m und auf der anderen 4,2 m breit. Es wären 40 000 Männer notwendig, um einen solchen Stein zu bewegen. Die Frage stellt sich natürlich, wie man eine solch große Menge von Menschen um den Block herum anordnen kann, um diesen anzuheben. Weiterhin gibt es nicht einmal in der heutigen fortschrittlichen Epoche einen Kran, welcher diesen Block aus dem Steinbruch heben könnte!

In bestimmten arabischen Schriften sind seltsame Geschichten enthalten, in denen beschrieben wird, wie die Pyramiden errichtet worden sind. Laut einer wurden die Steine in Papyrus eingewickelt und dann von einem Priester mit einem Stock berührt. Hierdurch wurden sie vollkommen gewichtslos und bewegten sich ungefähr 50 m durch die Luft. Danach wiederholte der Priester diese Prozedur so lange, bis der Stein die Pyramide erreicht hatte und an der richtigen Stelle lag. Selbst wenn auch die Khufu-Pyramide nicht mehr das größte Bauwerk der Welt ist, ist es immer noch das größte Steinbauwerk auf der Erde.

Auf babylonischen Tafeln kann man Bestätigungen finden, dass durch Schallwellen Steine angehoben werden können. In der Bibel ist die Rede von Jericho, welches mittels Schallwellen zerstört wurde. In koptischen Schriften wird von einem Prozess berichtet, durch welchen die Steinblöcke für die Pyramiden durch rhythmischen Gesang angehoben wurden. Allerdings können wir mit unserem heutigen Wissen noch keine Verbindung zwischen Schallwellen und der Levitation feststellen."[24]

Es wird auch erwähnt, dass Lucian (2. Jahrhundert n. Chr.) die Realität von Fällen in der Antike bezeugt, bei denen die Gravitation aufgehoben wurde. Er berichtet vom Gott Apollo, der im Tempel von Hierapolis in Syrien über den Priestern dahinschwebte.

Tomas, welcher in den Sechziger Jahren ausgiebige Reisen in China und Indien durchführte, erwähnt, dass in der Biographie von Liu An mit dem Titel *Shen Hsien Chuan* (4. Jhd. n. Chr.) eine Anektode in bezug auf die Levitation zu finden ist. Nachdem Liu An sein taoistisches Elixier geschluckt hatte, begann er in der Luft zu schweben. Aber er hatte den Behälter mit dem Getränk im Hof zurückgelassen, und es dauerte nicht lange, bis die Hunde und das Geflügel das Gefäß leerten. Im historischen Bericht heißt es Folgendermaßen: “Auch sie segelten in den Himmel; und so konnten Hähne gehört werden, welche in der Luft krähten, und inmitten der Wolken hallte das Bellen von Hunden wieder.” In ähnlicher Weise wird in der buddhistischen Erzählung *Jakata* von einem Zauberstein gesprochen, durch welcher ein Mann in die Luft gehoben wurde, wenn er ihn in den Mund nahm.[24]

Es gibt eine Geschichte über Simon Magus, einem gnostischen Philosophen des ersten Jahrhunderts, der einmal in Rom vor Tausenden von Menschen eine Rede über die gnostische Philosophie hielt. Es wird gesagt, dass die “Geister der Luft” ihm halfen, hoch in der Luft zu schweben, denn Simon war ein Mann, der in den magischen Künsten gut bewandert war. Obwohl die christlichen Historiker nicht die Quelle von Simons Kräften kannten, wurde ihm trotzdem die Fähigkeit zur Levitation zugeschrieben. Von dem Zauberer wird auch behauptet, dass er Statuen durch die Luft fliegen lassen konnte. Auch von Iamblichus, einem neuplatonischen Philosophen aus dem 4. Jahrhundert ist bekannt, dass er ungefähr in einer Höhe von einem halben Meter in der Luft schweben konnte.[24]

Die katholische Kirche listet ungefähr 200 Heilige auf, welche angeblich die Gravitationskraft besiegt haben sollen. Z.B. wird von der Heiligen Christiana, einer christlichen Missionarin im 3. Jahrhundert in Spanien, ein solcher Fall berichtet. Der König und die Königin von Iberien ließen eine Kirche bauen, und es geschah, dass eine Säule zu schwer war, so dass sie nicht an die richtige Stelle gebracht werden konnte. Es wird behauptet, dass die Heilige um Mitternacht an die Baustelle kam und in einem

Gebet um göttliche Hilfe flehte. Plötzlich schwebte die Säule in der Luft und verharrte bis zum nächsten Morgen in dieser Lage. Die erstaunten Arbeiter hatten dann keine Mühe mehr, die gewichtslose Säule an die richtige Stelle zu setzen, wonach sie ihr Gewicht wieder zurückgewann.

Auf dem Berg Monte Cassino in Italien gibt es einen großen und schweren Stein, der laut der Tradition vom Heiligen Benedikt (448-548 n. Chr.) durch die Neutralisation der Schwerkraft angehoben wurde. Der Stein war für eine Mauer im Kloster vorgesehen, das zu dieser Zeit gerade gebaut wurde, aber die Steinmetze konnten ihn nicht von der Stelle bewegen. Der Heilige Benedikt machte das Zeichen des Kreuzes auf den Block, und während die sieben Männer, welche ihn nicht hochheben hatten können, erstaunt zusahen, hob ihn dieser ohne Anstrengung nach oben.

Der fliegende M nch Joseph von Copertino

Tomas erwähnt, dass König Ferdinand I. einst bei dem Heiligen Franziskus von Paula (1416-1507) in Neapel zu Gast war. Duch eine halb offene Tür sah er den Mönch in Meditation, als er in dem Raum hoch in der Luft flog. Auch die Heilige Theresa von Avila (1515-1582) schwebte des öfteren in der Luft, manchmal zu den ungelegendsten Augenblicken, wie z.B. während des Besuchs eines Abtes oder Bischofs in ihrem Kloster, als sie plötzlich an die Decke schwebte.

Der wahrscheinlichste berühmteste, fliegende Heilige war der italienische Mönch Joseph von Copertino (1603-1663). Um einigen Männern zu helfen, welche versuchten ein 11 m langes

Mann, der an einem Seil hängt, das von einem Fakir levitiert wurde

Indischer Fakir, der einen Mann in der Luft schweben lässt

Kreuz hochzuheben, flog er 60 m durch die Luft, nahm das Kreuz in seine Arme und setzte es an seinen Platz. Im Jahr 1645 erhob er sich in Anwesenheit des spanischen Botschafters am päpstlichen Hof in die Luft und schwebte in der Kirche über die Köpfe der dort Anwesenden zu einer Statue. Der Botschafter, seine Frau und die Leute in der Kirche waren sprachlos vor Staunen.

In den ersten britischen Zeitungen in Indien gab es viele Berichte von Yogis, welche mit verschränkten Armen wie Buddha in der Luft oder über dem Wasser schwebten. Fakire kletterten levitierende Seile hoch oder schwebten in der Luft, während sie einen Stab in einer Hand hielten.

Tomas schreibt von einem Fall einer Levitation aus der neueren Zeit (1951), der in Nepal von E.A. Smythies, dem Berater der

Regierung von Nepal beobachtet worden war. Sein einheimischer Diener befand sich hierbei in Trance: "Sein Kopf und sein Körper zitterten, von seinem Gesicht lief der Schweiß, und er gab die seltsamsten Laute von sich. Es schien so, dass er sich offensichtlich nicht bewusst war, was er tat und dass eine Reihe von ängstlichen Dienern und ich ihm durch die offene Tür aus einer Entfernung von drei Metern zusahen. Dies ging zehn Minuten oder eine Viertelstunde so weiter, als er sich plötzlich mit verschränkten Armen und Beinen einen halben Meter vom Boden erhob, und nach ungefähr einer Sekunde wieder hart auf den Boden schlug. Das gleiche geschah noch zweimal, mit der Ausnahme, dass nun seine Hände und Beine nicht mehr verschränkt waren."

Weiterhin schreibt Tomas, dass sich "laut der 2 000 Jahre alten Schrift *Surya Siddhanta* die Siddhas, die Adepten der hohen Wissenschaften, extrem schwer oder so leicht wie eine Feder machen konnten. Dieses antike Konzept der Gravitation, als einer veränderlichen und nicht konstanten Kraft, ist sehr bemerkenswert, denn es gab nichts in der physikalischen Erfahrung der Brahmanen, von dem wir wissen, dass es darauf hindeuten könnte, dass Objekte leichter oder schwerer werden können."[24]

Im Jahr 1939 behauptete der schwedische Flugzeugkonstrukteur Henry Kjellson, dass er tibetanische Mönche gesehen habe, welche durch das Schlagen großer Trommeln Steine levitiert hätten. Kjellson schreibt in einem Buch, das in schwedisch veröffentlicht wurde, dass 14 große und mittelgroße Trommeln, welche von einem Rahmen herabhingen, von Trompeten und ungefähr 200 Mönchen begleitet, in einem speziellen Rhythmus geschlagen wurden, bis ein großer Granitblock auf einen 250 m höher gelegenen Felsvorsprung levitiert wurde.

Kjellson soll den ganzen Vorgang angeblich auf einen 16-mm-Film aufgenommen haben, aber dieser Film ist niemals veröffentlicht worden. Die Verwendung von Hörnern und Trommeln, um irgendwelche Dinge zu levitieren, ist auch von der NASA untersucht worden, und es ist interessant, den Konus eines modernen

Stereo-Lautsprechers mit Fotos und Diagrammen von Fliegenden Untertassen zu vergleichen. Sie sehen sich sehr ähnlich! Hörner wurden auch im biblischen Kampf von Jericho eingesetzt, um die Stadtmauern zum Einsturz zu bringen. Zerstörungswaffen, die mit Ultraschall arbeiten sind heute Wirklichkeit. Gab es sie auch schon in antiker Zeit?[127]

Die berühmte französische Forscherin Madame Alexandra David-Neel, die 1969 im Alter von 101 Jahren starb, schrieb in ihrem Werk *With Mystics and Magicians in Tibet* über ihre seltsamen Erfahrungen in diesem Land, in welchem sie 14 Jahre gelebt hatte, Folgendes: "Ohne Übertreibung bin ich ausgehend von meiner begrenzten Erfahrung und von dem, was ich von vertrauenswürdigen Lamas gehört habe, davon überzeugt, dass jemand einen Zustand erreichen kann, in dem er das Gewicht seines Körpers nicht mehr verspürt."[104]

Madame David-Neel hatte das Glück, einen schlafwandelnden Lama oder *Lung-gom-pa* zu sehen. Diese Lamas werden fast gewichtslos und können nach einem langen Training in der Luft fliegen. Die Lamas, welche sie auf ihrer Reise in Nordtibet sah, prallten mit der Elastizität eines Balles vom Boden ab, wenn sie durch die Luft sprangen.

Die Tibetaner warnten Madame David-Neel davor, die Lamas aufzuhalten oder anzusprechen, da dies zu deren Tod durch Schock führen könnte. Als ein Lama an ihr mit erstaunlicher Geschwindigkeit vorbeizog, entschloss sie sich, ihm mit ihrem Pferd zu folgen. Trotz ihres überlegenen Transportmittels gelang es ihr nicht, den Lama einzuholen! In diesem tranceähnlichen Zustand soll sich ein Lama dem Terrain und vorhandenen Hindernissen vollkommen bewusst sein.

Madame David-Neel erhielt einige sehr bedeutende Informationen über diese Art von Levitation. Der Morgen, der Abend und die Nacht sollen für diese schlafwandlerischen Märsche vorteilhafter sein als der Nachmittag. Aus diesem Grund ist vielleicht eine Beziehung zwischen der Position der Sonne und der Gravitation vorhanden.

Diese Fähigkeit soll durch ein tiefes, rhythmisches Atmen und geistige Konzentration entwickelt werden können. Nach jahrelangen Übungen berühren die Füße der Lamas nicht mehr den Boden und sie schweben mit großer Schnelligkeit durch die Luft, schreibt David-Neel. Sie fügte hinzu, dass Lamas schwere Ketten tragen, um nicht in den Weltraum zu schweben!

Wenn auch eine Levitation für manche sehr angenehm sein mag und sicherlich sehr interessant ist, weil hierdurch die bekannten physikalischen Gesetze verletzt werden, so wollen wir uns doch im Folgenden mit handfesten Flugapparaten befassen.

DAS RAMA-REICH IN INDIEN

Im archäologischen Sinn ist die Ansicht, dass die Zivilisation mit den Sumerern begann, erst in neuerer Zeit entstanden, und zwar beginnend mit den britischen und deutschen Ausgrabungen in der Mitte des 19. Jahrhunderts. Zu dieser Zeit wurde die Behauptung aufgestellt, dass die Sumerer die älteste Zivilisation auf der Erde darstellen. Im Grunde ist die Wissenschaft der Ansicht, dass die Menschen Hundertausende von Jahren in einem unorganisierten Chaos lebten, bis ca. im Jahr 9 000 v. Chr. die sumerische Kultur entstand. Heute glaubt man allerdings, dass die Sumerer nicht mehr die älteste Zivilisation sind, sondern die Kulturen im antiken Indien und Südostasien älter sind.

In den indischen Aufzeichnungen seiner Geschichte wird behauptet, dass es dort schon seit Zehntausenden von Jahren Kultur gegeben hat. Und trotzdem stimmten alle "Experten" bis zum Jahr 1920 darin überein, dass der Beginn der indischen Zivilisation ungefähr ein paar Jahrhunderte vor den Eroberungszügen Alexander des Großen im Jahr 327 v. Chr. angesetzt werden sollte. Zu dieser Zeit waren jedoch die Städte Harappa und Mohendscho Daro, welche im heutigen Pakistan liegen, noch nicht entdeckt worden. Später wurden noch andere Städte, die nach dem gleichen Plan angelegt worden waren, gefunden, eingeschlossen Kot Diji in der Nähe von Mohendscho Daro, Kali-

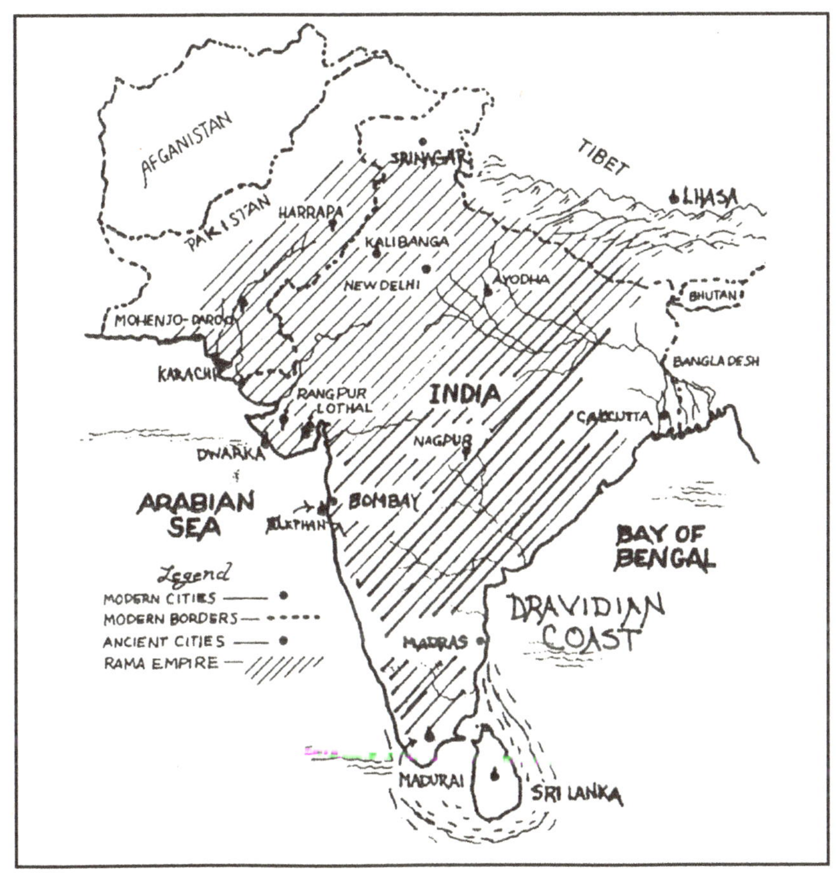

Landkarte, welche das antike Rama-Reich in Indien zeigt

bangan und Lothal, einer früheren Hafenstadt, die sich nun mehrere Kilometer vom Meer entfernt befindet.

Die Entdeckung dieser Städte zwang die Archäologen, den Ursprung der indischen Zivilisation mehrere tausend Jahre zurück zu verlegen. Zum Erstaunen der heutigen Forscher waren diese Städte hoch entwickelt. Die Art, wie die Städte angelegt sind, mit Straßen, die sich im rechten Winkel kreuzen, und Stadtteilen, veranlasste die Archäologen zu glauben, dass diese Städte schon als Ganzes geplant worden waren, bevor sie gebaut wurden, wobei es sich um ein bemerkenswert frühes Beispiel für eine Stadtplanung handelt. Noch bemerkenswerter ist, dass das Abwassersystem, welches überall in den großen Städten vorhanden war, so fortschrittlich ist, dass es sogar den heute in den pakistanischen (und auch anderen) Städten verwendeten Systemen überlegen ist. Die Abwasserkanäle waren geschlossen, und die meisten Häuser besaßen Toiletten und fließendes Wasser. Weiterhin waren auch die Wasser- und Abwassersysteme strikt getrennt.

Diese fortschrittliche Kultur besaß ihre eigene Schrift, welche nie entschlüsselt werden konnte, und verwendete personalisierte Lehmsiegel, um Dokumente und Briefe amtlich zu bestätigen, genauso wie es die Chinesen heute noch machen. Einige dieser Siegel zeigen Tiere, welche uns heute nicht mehr bekannt sind!

Im Gegensatz zu anderen antiken Nationen, wie Ägypten, China, die Bretagne oder Peru, wurde von den antiken Hindus deren Geschichtsbücher nicht zerstört, und aus diesem Grund haben wir eines der wenigen, wirklichen Verbindungsglieder zu einer äußerst alten und wissenschaftlich fortschrittlichen Zivilisation zur Verfügung. Die modernen Forscher schätzen die antiken Hindu-Schriften, da es sich bei ihnen um einige der letzten greifbaren Verbindungen zu den antiken Bibliotheken der Vergangenheit handelt. Die Superzivilisation, welche als das Rama-Reich bekannt ist, wird in der *Ramayana* beschrieben, und bei dieser Schrift handelt es sich um ein Schlüsselwerk in bezug auf die Wahrheiten der Vergangenheit.

In der *Ramayana* werden die Abenteuer eines jungen Prinzen namens Rama beschrieben, welcher eine wunderschöne Frau namens Sita geheiratet hatte. Nachdem sie ein paar Jahre verheiratet waren, läuft Sita mit Ramas Feind Ravanna davon, oder wird von diesem entführt. Ravanna nimmt Sita in einem Vimana mit in seine Hauptstadt auf einer Insel namens Lanka. Rama nimmt daraufhin eines seiner eigenen Vimanas und eine kleine

Ein Typ eines Vimanas, wie es im antiken Indien verwendet wurde

Armee aus Freunden und fliegt nach Lanka, um seine Frau zuruckzuholen. Er bringt sie zurück in seine Heimatstadt Ayodhya, wo sie sich dadurch bestraft, dass sie sich in die Wälder zurückzieht, weil sie ihrem Ehemann treulos war. Rama kommt nach Jahren des Schmerzes schließlich wieder mit ihr zusammen, und sie leben so glücklich zusammen wie eh und je.

Bei der Stadt Ayodhya, welche in der *Ramayana* erwähnt wird, soll es sich angeblich um die kleine Stadt gleichen Namens im nördlichen Indien handeln. Jedes Jahr findet dort ein Hindu-Fest statt und Nachbildungen von Vimanas werden durch die Stadt gefahren. Vor kurzem wurde im *Motilal Banarsidass Newsletter* (Febr. 1998) berichtet, dass ein pensionierter Geographieprofessor namens S.N. Pande die Meinung vertreten hat, dass Ramas Ayodhya in Wirklichkeit in Afghanistan gelegen hat. Dr. Pande sagte, dass das heutige Ayodhya erst 800 v. Chr. gegründet wurde und dass die Ereignisse, von welchen in der *Ramayana* berichtet wird, weitaus länger zurückliegen.

Es ist verwunderlich, dass viele der Ereignisse, welche in der *Ramayana* und der *Mahabharata* erwähnt werden, sowohl in Persien und Afghanistan als auch auf dem indischen Subkontinent stattgefunden haben sollen. Wenn man allerdings die traditionellen Beziehungen zwischen dem Mittelmeerraum, Persien und Indien in Betracht zieht, ist dies nicht mehr so erstaunlich. Was wirklich erstaunlich ist, sind die Geschichten über antike Flugapparate und Luftkriege.

Rama regierte die Welt 11 000 Jahre.
Er veranstaltete ein einjähriges Festival
genau in diesem Maimisha-Wald.
Dieses ganze Land war damals sein Königreich;
vor einem Zeitalter der Welt
und lange vor der heutigen Zeit
in einer fernen Vergangenheit.
Rama war der König vom Zentrum der Welt
bis zu den Ufern der vier Ozeane.
Aus dem Anfangskapitel der *Ramayana* von Valmiki.

DIE INDISCHEN VIMANA-FLUGAPPARATE

Fast jeder Hindu und Buddhist in der Welt, also Hunderte von Millionen von Menschen, haben von den antiken Flugmaschinen gehört, welche in der *Ramayana* und anderen Schriften als Vimanas bezeichnet werden. Vimanas werden selbst heute noch in der indischen Literatur und in den Berichten der Medien erwähnt. Ein solcher Artikel mit dem Titel "Flight Path", von dem indischen Journalisten Mukul Sharma, erschien am 8. April 1999 in der *Times of India*. Hierin heißt es Folgendermaßen:

"Laut einiger Interpretationen alter Schriften scheint Indiens Zukunft in der fernen Vergangenheit zu liegen. Nehmen sie z.B. den Fall der *Yantra Sarvasva*, die von dem Weisen Maharshi

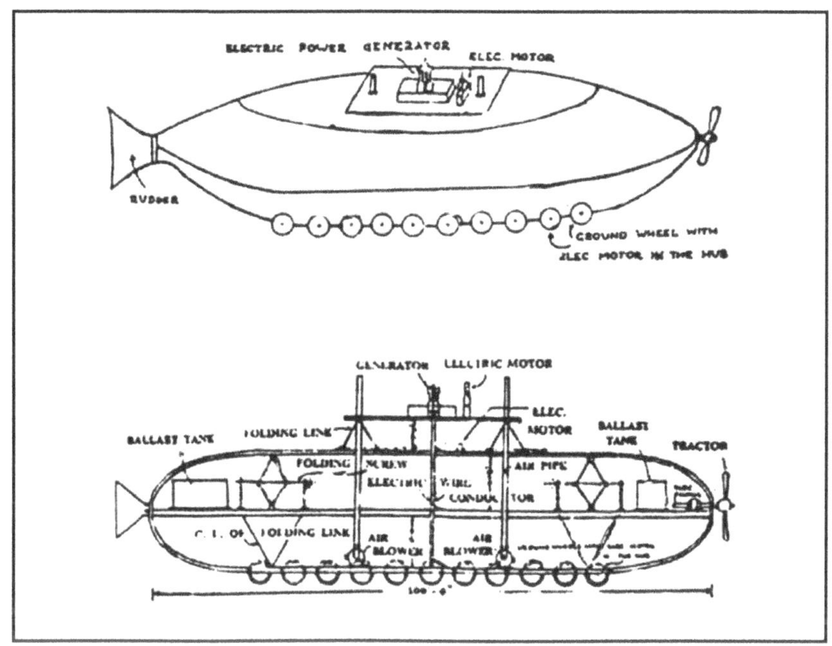

Tripura-Vimana, wie es im antiken Indien verwendet wurde

Bhardwaj verfasst worden sein soll. Diese besteht aus 40 Abschnitten, von denen einer, der *Vimanika Prakarana*, der sich mit Astronautik befasst, aus acht Kapiteln, hundert verschiedenen Themen und 500 Sutren besteht.

Hierin beschreibt der Autor Bhardwaj drei verschiedene Arten von Vimanas oder Luftfahrzeugen: erstens solche, mit denen man von Ort zu Ort reisen kann, zweitens solche, mit denen man von einem Land zum anderen fliegen kann, und drittens solche, mit denen man auf andere Planeten reisen kann. Von besonderem Interesse waren hierbei die militärischen Flugzeuge, deren Funktionsweise ziemlich detailliert beschrieben wird, was sich heute eher wie Science-Fiction anhört. Z.B. mussten die Fahrzeuge imprägnierbar und bruchsicher und durften nicht brennbar

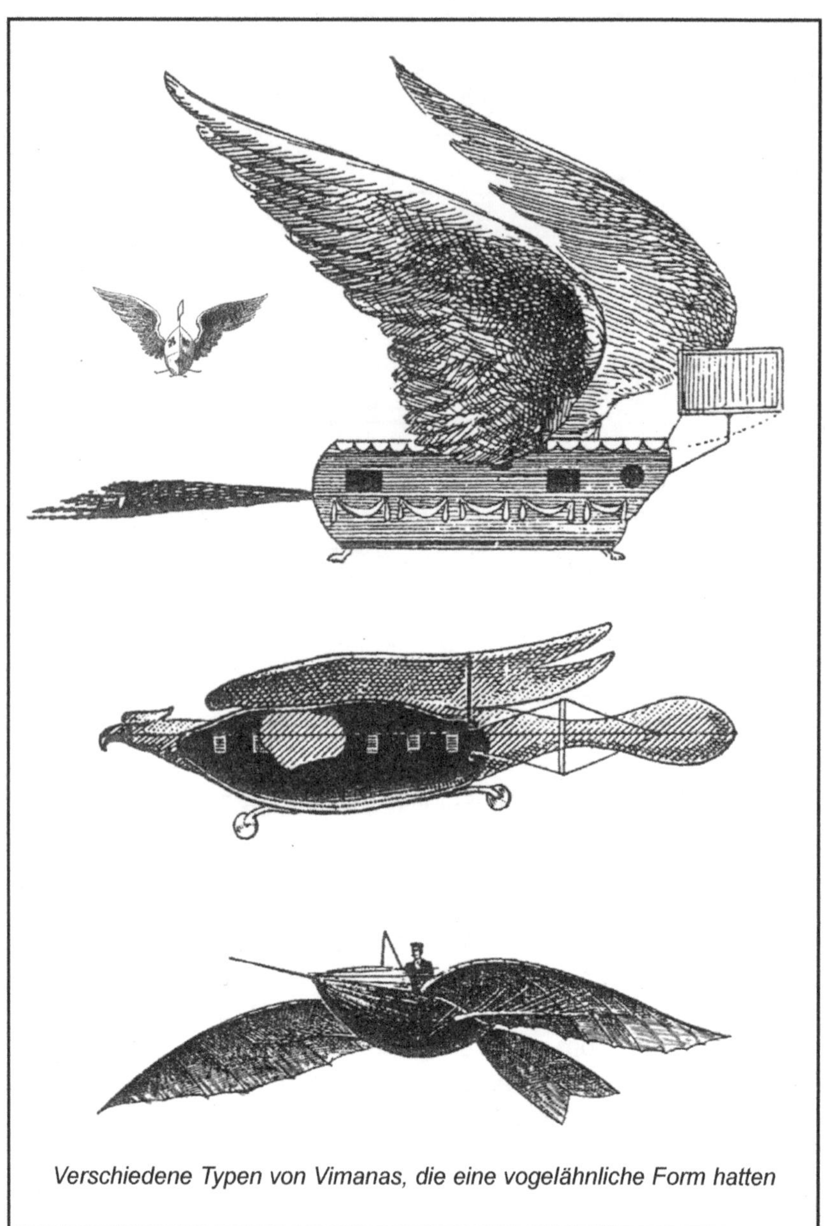

Verschiedene Typen von Vimanas, die eine vogelähnliche Form hatten

sein, sie mussten innerhalb eines Augenblicks zum Stillstand gelangen, ohne hierbei zerstört zu werden, unsichtbar für den Feind und in der Lage sein, die Unterhaltung in anderen feindlichen Flugzeugen abzuhören; sie mussten eine technische Ausrüstung besitzen, um Dinge, Personen, Zwischenfälle und Vorgänge, welche innerhalb der feindlichen Flugzeuge vorsichgehen, zu sehen und aufzuzeichnen; zu jeder Zeit die Bewegungsrichtung von Flugzeugen, die sich in der Nähe befinden, zu bestimmen; die feindliche Besatzung in einen Zustand des Scheintods, geistiger Apathie oder kompletter Bewusstlosigkeit zu versetzen und feindliche Anlagen zu zerstören; sie mussten mit Piloten und anderen Besatzungsmitgliedern bemannt sein, welche sich an das jeweilige Klima anpassen konnten; sie mussten im Innenraum eine Temperaturregelung besitzen, aus einem sehr leichten und hitzeabsorbierenden Material hergestellt und mit Mechanismen ausgestattet sein, welche Bilder vergrößern und verkleinern, und Geräusche verstärken und verringern konnten.

Abgesehen von der Tatsache, dass ein solcher Apparat eine Mischung aus einem modernen, amerikanischen Stealth Fighter und einer Fliegenden Untertasse sein musste, bedeutet dies vielleicht, dass die antiken Inder Weltraumreisen durchführten und in Indien eine Flugzeugindustrie blühte, als der Rest der Welt erst dabei war, die Grundzüge der Landwirtschaft zu erlernen?

Nicht wirklich (das Nichtvorhandensein eines Beweises ist kein Beweis für das Nichtvorhandensein eines Beweises. -- Jai Maharaj), da die Herstellungsprozesse, welche beschrieben werden, äußerst diffus und absichtlich vage sind. Aber falls solche Dinge jemals gebaut wurden, dann ginge dies über die Star-Trek-Technologie weit hinaus."

Aus dem oberen Artikel geht hervor, dass die heutigen Inder ihre eigene Vergangenheit inzwischen als etwas anderes ansehen als bloße Science-Fiction. Luftkämpfe und Verfolgungsjagden sind in der Hindu-Literatur üblich. Wenn man die alten indischen Epen liest, wird man immer wieder an Buck Rogers, Flash Gordon und Star Trek erinnert.

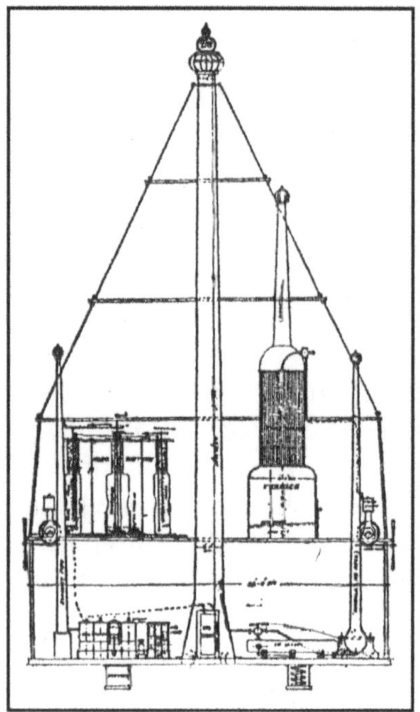

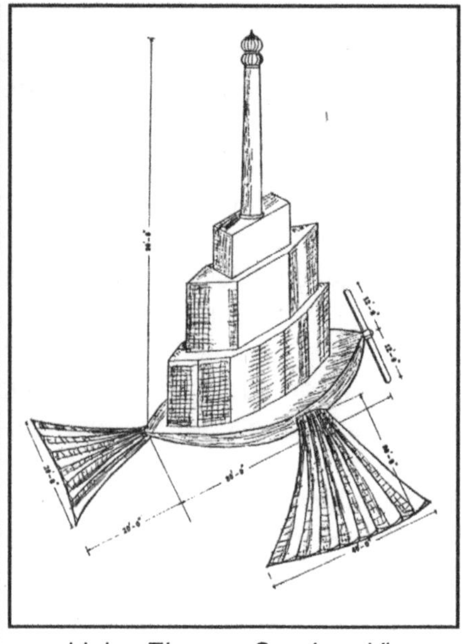

Links: Ein sog. Sundara-Vimana
Rechts: Ein Shakuna-Vimana

Wie sahen diese Luftschiffe aus? In der antiken *Mahabharata* wird von Vimanas gesprochen, welche aus Eisen bestehen und mit Flügeln versehen sind. In der *Ramayana* wird ein Vimana als ein doppelstöckiges, zylindrisches Luftfahrzeug mit Luken und einer Kuppel beschrieben. Es flog mit der "Geschwindigkeit des Windes" und gab ein melodiöses Geräusch von sich. Die antiken Texte über Vimanas sind so zahlreich, dass man zumindest ein ganzes Buch schreiben müsste, um auf alles eingehen zu können, was hierin gesagt wird. Die antiken Inder selbst schrieben ganze Flughandbücher über die Wartung und Steuerung verschiedener Typen von Vimanas. Bei der *Samara Sutradhara* handelt es sich um eine wissenschaftliche Abhandlung, welche sich mit allen möglichen Aspekten von Flugreisen in einem Vimana befasst. 230 Strophen handeln von der Konstruktion, dem Start, Reisen über Tausende von Kilometern, normalen Landungen und

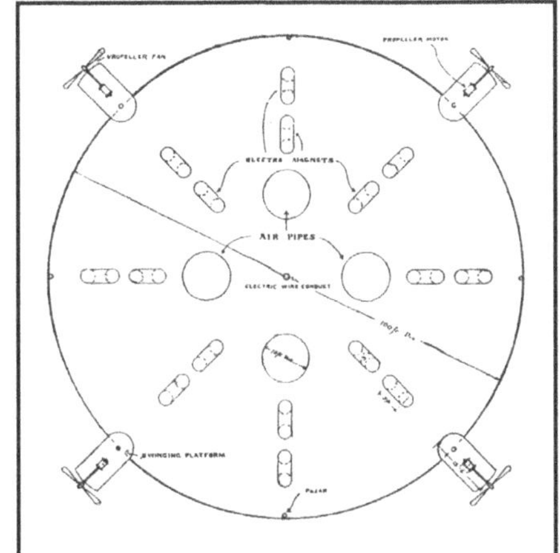

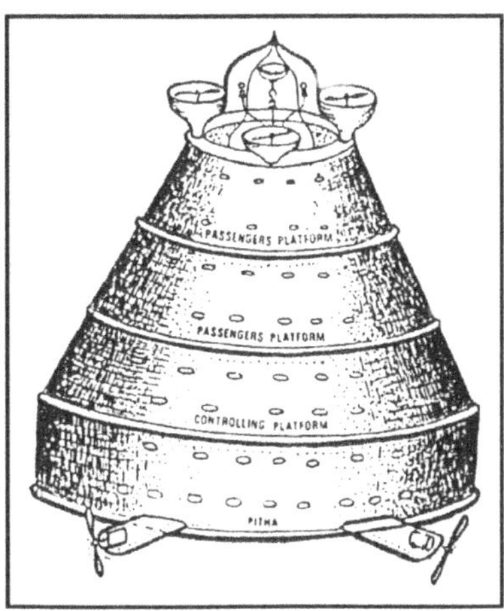

Ein Rukma-Vimana, das mit Propellerantrieb ausgestattet war

Notlandungen, und sogar von möglichen Zusammenstößen in der Luft mit Vögeln.[31,15,39]

Die Historiker und Archäologen ignorieren solche Schriften, weil sie diese für die Ausschweifungen eines Haufens durchgedrehter, antiker Autoren halten. Und überhaupt, wo sind all diese Vimanas, über die sie schreiben? Vielleicht werden sie überall auf der Welt gesehen und als UFOs bezeichnet!

Andrew Tomas schreibt hierzu: "Es gibt zwei Kategorien antiker Sanskrit-Schriften -- tatsächliche Berichte, welche als *Manusa* bekannt sind, und die mythische und religiöse Literatur, die als *Daiva* bekannt ist. Die *Samara Sutradhara*, welche zur ersten Kategorie gehört, behandelt die Luftfahrt aus allen Blickwinkeln. Falls es sich hier um Science-Fiction der Antike handelt, dann ist es die beste, die je geschrieben wurde."[24]

Im Jahr 1875 wurde die *Vimanika Shastra*, eine Schrift des Autors Maharshi Bhardwaj aus dem 4. Jahrhundert v. Chr., in einem Tempel wiederentdeckt. Das Buch (das aus älteren Texten besteht, wie der Autor sagt) befasst sich mit der Funktion der antiken Vimanas und enthält Informationen über die Steuerung, Vor-

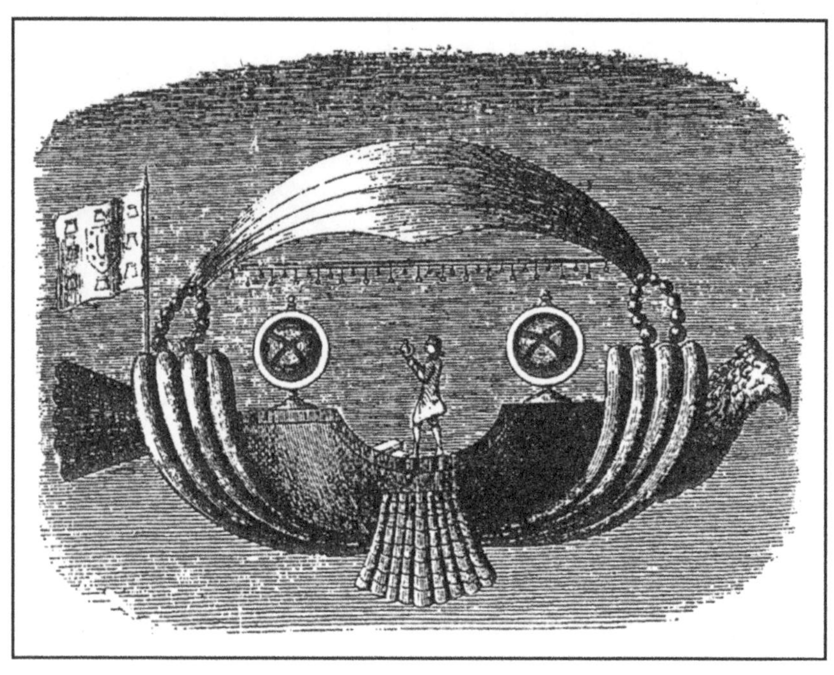

Ein Luftschiff, wie es im antiken Indien verwendet wurde

sichtsmaßen für längere Flüge, den Schutz von Luftschiffen vor Stürmen und Blitzentladungen, und wie man den Antrieb auf Sonnenenergie oder irgendeine Freie-Energie-Quelle, vielleicht eine Art Antigravitationsantrieb, umschalten kann. Vimanas sollen in der Lage gewesen sein, senkrecht zu starten und in der Luft zu schweben, ähnlich wie moderne Hubschrauber oder Luftschiffe. Bhardwaj beruft sich auf nicht weniger als 70 Autoritäten und 10 Experten der Luftfahrt in der Antike. Die Schriften dieser Männer sind jedoch bis heute verschollen.[10,33]

Die Vimanas wurden in einem *Vimana Griha,* also einem Hangar, untergebracht, mit einer gelblich-weißen Flüssigkeit angetrieben und für verschiedene Zwecke eingesetzt worden sein. Es gab demnach überall auf der Welt Luftschiffe, wenn wir diesen außergewöhnlichen Geschichten Glauben schenken dürfen und gleichzeitig die archäologischen Beweise in Betracht ziehen. Abgesehen davon, dass solche Luftfahrzeuge als Reisemittel eingesetzt worden sind, wurden sie unglücklicherweise von den Menschen des Rama-Reiches und von Atlantis auch als Kriegswaffen verwendet.

Die Ebene von Nazca in Peru ist ein bekanntes Beispiel für eine Landebahn, was allerdings nur aus der Luft erkannt werden kann. Einige Forscher haben die Theorie aufgestellt, dass es sich hierbei um eine Art Außenposten von Atlantis gehandelt hat. Es ist von Bedeutung anzumerken, dass auch das Rama-Reich seine Außenposten besaß: Die Osterinseln, welche annähernd die Antipoden von Mohendscho Daro sind, haben erstaunlicherweise eine eigene Schriftsprache besessen, welche noch auf Tafeln und Felszeichnungen gefunden werden kann. Solche Schriften können nur noch an einem anderen Ort auf der Erde gefunden werden: Mohendscho Daro und Harappa! Könnte es vielleicht möglich sein, dass das Rama-Reich und Atlantis ein Handelsnetz über den Pazifischen Ozean aufgebaut hatten?[52,31]

LUFTKRIEGE IM ANTIKEN INDIEN

In den antiken, indischen Epen werden Luftkriege, die vor ca. zehntausend Jahren stattgefunden haben, ziemlich detailliert beschrieben. Und zwar so detailliert, dass sogar ein berühmter Oxforder Professor ein Kapitel über dieses Thema in sein Buch über die antike Kriegsführung aufgenommen hat!

Bei diesem Sanskrit-Forscher handelt es sich um Ramachandra Dikshitar, der im Jahr 1944 ein Buch mit dem Titel *War in Ancient India* veröffentlichte. Er schreibt Folgendes: "Bei der derzeitigen Lage in der Welt kann keine Frage interessanter sein als diejenige bezüglich Indiens Beitrag zur Luftfahrt. In unserer Literatur sind zahllose Illustrationen vorhanden, die klar zeigen, wie gut und wunderbar die antiken Inder die Luft erobert haben. Es war bisher sowohl in der westlichen, als auch östlichen Wissenschaft gang und gäbe, alles in diesen Schriften einfach als Einbildung und Dichtung abzutun. Es wurde sogar die ursprüngliche Idee lächerlich gemacht und behauptet, dass es für die Menschen physikalisch unmöglich sei, Flugzeuge zu benutzen. Aber in der heutigen Zeit der Ballone, Flugzeuge und anderer Flugapparate ist es in bezug auf dieses Thema zu einer großen Veränderung gekommen. ...

Die fliegenden Vimanas von Rama oder Ravanna wurden als mythologische Träume angesehen, bis dann im heutigen Jahrhundert Flugzeuge und Zeppeline auftauchten. Der *Mohanastra* oder der "Pfeil der Bewusstlosigkeit" wurde bis vor kurzem nur als eine Art Legende angesehen, bis in der heutigen Zeit Bomben entwickelt wurden, welche Giftgase verstreuen."[100]

Dikshitar erwähnt, dass in der vedischen Literatur ein Schiff beschrieben wird, welches himmelwärts segelt. Bezugnehmend auf die *Vimanika Shastra* sagt er Folgendes:

"In der kürzlich veröffentlichten *Samarangana Sutradhara* ist ein ganzes Kapitel mit ungefähr 230 Strophen den Konstruktionsprinzipien gewidmet, die den verschiedenen Flugapparaten und anderen Maschinen, welche für militärische und andere Zwecke eingesetzt wurden, zugrunde liegen. Die verschiedenen Vorteile der Verwendung von Maschinen, vor allem Flugmaschinen, werden ausführlich besprochen. Vor allem wird speziell darauf eingegangen, wie mit diesen sichtbare und unsichtbare Objekte angegriffen werden können, wie man sie nach Belieben oder zum Vergnügen einsetzen kann, dass sie sich ruckfrei bewegen und eine große Festigkeit und Haltbarkeit besitzen, und kurz gesagt in der Lage sind, all das in der Luft zu tun, was man auch auf dem Boden machen kann. Nach der Aufzählung und Erklärung einer Reihe von Vorteilen zieht der Autor die Schlussfol-

gerung, dass sogar unmögliche Dinge mit diesen Maschinen erreicht werden können.

Normalerweise werden diesen Geräten drei verschiedene Bewegungen zugeschrieben: das Starten, der Flug über Tausende von Kilometern und das Landen. Es wird behauptet, dass man in einem solchen Luftfahrzeug zur *Surya-mandala* (dem Sonnenbereich) und der *Naksatra-mandala* (dem Sternenbereich) hochsteigen und auch in der irdischen Atmosphäre fliegen könne. Diese Geräte sollen sich so schnell bewegt haben, dass die Geräusche, die von ihnen ausgingen, in abgeschwächter Form noch auf dem Boden zu hören waren. Und trotzdem gibt es noch einige Autoren, welche diese Dinge bezweifelt und gefragt haben: "Ist dies wirklich die Wahrheit?" Aber die Beweise hierfür sind überwältigend.

Weiterhin wird die Herstellung von Maschinen für den Angriff und die Verteidigung beschrieben, welche am Boden und in der Luft verwendet werden können. Es werden Flugmaschinen erwähnt, die verschiedene Formen besitzen wie die von Elefanten, Pferden, Affen, verschiedenen Arten von Vögeln und Streitwägen. Solche Fahrzeuge wurden normalerweise aus Holz hergestellt. Wir wollen in dieser Hinsicht die folgenden Strophen zitieren, um dem Leser einen Eindruck von den verwendeten Materialien und der Größe zu geben:

Ein Luftfahrzeug wird aus leichtem Holz hergestellt und sieht wie ein großer Vogel mit einem haltbaren und wohl geformten Körper aus, wobei im Innern Quecksilber verwendet wird und am Boden ein Feuer vorhanden ist. Es besitzt zwei glänzende Flügel und wird durch die Luft angetrieben. Es kann im atmosphärischen Bereich große Entfernungen zurücklegen und mehrere Personen tragen. Die innere Konstruktion ähnelt dem Himmel, wie er von Brahma selbst erschaffen worden ist. Eisen, Kupfer, Blei und andere Metalle werden ebenfalls für diese Maschinen verwendet. All dies zeigt, wie weit diese Technik im antiken Indien entwickelt war. Solche ausführlichen Beschreibungen sollten die Kritik widerlegen, dass Vimanas und ähnliche Luftfahrzeuge, welche in der antiken, indischen Literatur erwähnt werden, in den Bereich der Mythen gehören."[100]

In den antiken Schriften wird auch die wichtige Unterscheidung gemacht, dass es sich bei Vimanas um wirkliche Maschinen handelt, während es sich beim Kontakt mit der Geistwelt, Engeln und Feen um eine andere Sache handelt. Dikshitar schreibt hierzu:

"Die antiken Autoren waren sicherlich in der Lage, zwischen dem Mysthischen, das sie als *Daiva* bezeichneten, und den tatsächlichen Luftkriegen, welche sie als *Manusa* bezeichneten, zu unterscheiden. Ein Beispiel für die erste Art ist das Zusammentreffen zwischen Sumbha und der Göttin Durga. Sumbha war überwältig worden und der Länge nach auf den Boden gefallen. Aber bald erholte er sich wieder und kämpfte verzweifelt weiter, bis er schließlich tot zu Boden fiel. Weiterhin wird in dem berühmten Kampf zwischen den "Himmlischen" und den Asuras aus der *Harivamsa* ausführlich beschrieben, wie Maya Steine, Felsen und Bäume aus der Luft herunterschleuderte, obwohl der Hauptkampf auf dem Boden stattfand. Der Einsatz solcher Methoden wird auch im Krieg zwischen Arjuna und dem Asura Nivatakavaca, und demjenigen zwischen Karna und Raksasa erwähnt, wo Pfeile, Speere, Steine und andere Geschoße in Massen aus der Luft abgeschossen wurden.

König Satrujit erhielt von dem Brahmanen Galava ein Pferd namens Kuvalaya geschenkt, welches die Macht besaß, sich an jeden Ort der Erde zu begeben. Falls diese Geschichte auf Tatsachen beruht, dann muss es sich um ein fliegendes Pferd gehandelt haben. Sowohl in der *Visnupurana* als auch der *Mahabharata* sind zahllose Hinweise zu finden, wo Krishna in einem Gefährt, das als *Garuda* bezeichnet wird, durch die Luft geflogen sein soll. Entweder handelt es sich bei diesen Berichten um Einbildungen, oder um eine adlerförmige Flugmaschine. Subrahmanya verwendete einen Pfau und Brahma einen Schwan als Fahrzeug. Weiterhin wird behauptet, dass der Asura namens Maya einen animierten, goldenen Wagen mit vier starken Rädern besaß, welcher die wundervolle Fähigkeit hatte, an jeden beliebigen Ort zu fliegen. Er war mit verschiedenen Waffen bestückt und sehr gut ausgestattet. ... Nach dem großen Sieg von Rama über Lanka, schenkte ihm Vibhisana einen Puspaka-Vimana, der mit Fenstern, Zimmern und ausgezeichneten Sitzen ausgestattet war. Er konnte alle Vanaras neben Rama, Sita und Laksmana aufnehmen. Rama flog damit in seine Hauptstadt Ayodhya und zeigte Sita von oben die Lager, die Stadt Kiskindha und andere Orte auf dem Weg dorthin. ...

Hier sehen wir also, dass Flugmaschinen neben ihrem Einsatz für die Kriegsführung auch als Transportmittel verwendet wurden. Auch in der *Vikramaurvasiya* wird erzählt, dass König Puraravas in einem Himmelswagen fuhr, um Urvasi vor den Danava zu retten, welche sie entführt hatten. In ähnlicher Weise wird in der *Uttararamacarita,* beim Kampf zwischen Lava und Candraketu, eine Reihe von Himmelswagen erwähnt, welche mit Passagieren besetzt sind. In der *Harsacarita* ist eine Feststellung zu finden, die besagt, dass die Yavanas mit Luftfahrzeugen vertraut sind. In dem tamilischen Werk *Jivakacintamani* wird darauf hingewiesen, dass Jivaka durch die Luft flog."[100]

QUECKSILBERANTRIEBE UND DIE VIMANA-SCHRIFTEN

Die vielleicht bedeutendste Information, die in der *Vimanika Shastra* von Bhardwaj enthalten ist, ist die Beschreibung eines Geräts, das heute als Quecksilberwirbelmotor bekannt ist. Im 5. Kapitel dieses Werkes beschreibt Bhardwaj, basierend auf alten Texten, wie ein solcher Motor hergestellt wird:

"Man nimmt ein rundes Unterteil mit einem Durchmesser von 20 cm, markiert den Mittelpunkt, und ungefähr 4 cm hiervon zieht man dann 8 Linien nach außen, wobei zwei Gelenke über jede der Linien befestigt werden. In der Mitte wird eine 15 cm dicke Welle und vier Röhren angebracht, die aus "Vishvodara-Metall" hergestellt, und mit Gelenken und Bändern aus Eisen, Kupfer, Bronze oder Blei versehen sind, die an die Stützen auf den Linien angebracht werden. Das Ganze wird dann abgedeckt.

Dann nimmt man einen vollkommen glatten Spiegel und befestigt ihn an die "Danda" oder die Welle. Unten an der Welle sollte ein elektrischer "Yantra" angebracht werden. In der Mitte des Unterteils, am Ende der Welle oder an der Seite sollten Glas- oder Kristallperlen befestigt werden. Der runde Spiegel, welcher die Sonnenstrahlen einfängt, sollte am unteren Teil der Welle angebracht werden. Seine Funktion ist Folgende:

Zuerst sollte die Welle oder der Pol gespannt werden, indem der "Keelee" oder der Schalter bedient wird. Der Beobachtungsspiegel sollte an dessen unterem Ende angebracht sein. Ein Gefäß mit Quecksilber sollte an seinem Boden befestigt werden. Darin sollte eine Kristallperle mit einem Loch plaziert werden. Durch das Loch in der chemisch gereinigten Perle sollten empfindliche Drähte geführt und mit den Endperlen in den verschiedenen Richtungen verbunden werden. In der Mitte des Pols sollte ein mit Mostrich gereinigter Spiegel befestigt werden. Am Fuß des Pols sollte ein Gefäß mit flüssigem "Ruchaka-Salz" gesetzt werden. Darin sollte ein Kristall mittels Gelenken und Drähten befestigt werden. In der Mitte des Bodens sollte ein kelchförmi-

Untertassenförmige Objekte in Borobodur in Indonesien

ger, runder Spiegel gesetzt werden, welcher die Sonnenstrahlen einfängt. Westlich davon sollte ein Reflexionsmechanismus angebracht werden. Östlich des Gefäßes mit dem flüssigen Salz sollte sich der elektrische Generator befinden, wobei dieser mit den Drähten des Kristalls verbunden wird. Die Ströme aus beiden "Yantras" sollten in den Kristall in dem Salzgefäß mit dem flüssigen "Ruchaka" geleitet werden. Acht Teile der Sonnenenergie im Sonnenreflektor und 12 Teile der elektrischen Energie sollten durch den Kristall in das Quecksilber und auf den Hauptreflektor geleitet werden. Und dieser Spiegel sollte in die Richtung fokussiert werden, welche beobachtet werden soll. Das Bild, welches in der Linse erscheint, wird dann durch den Kristall in die Salzlösung reflektiert. Das Bild, welches auf dem Spiegel erscheinen wird, ist eine genaue Abbildung des Originals und es wird dem Piloten ermöglichen, die Verhältnisse in dem entsprechenden Gebiet zu erkennen, wodurch er dann die angemessenen Abwehrmaßnahmen ergreifen, oder dem Feind Schaden zufügen kann."

Zwei Absätze weiter schreibt Bhardwaj Folgendes:

"Zwei Stifte, welche aus einem magnetischen Metall und Kupfer hergestellt sind, sollten auf die Glaskugel angebracht werden, so dass eine Reibung erzeugt wird, wenn sie sich drehen. Westlich davon sollte eine Kugel, welche aus "Vaatapaa-Glas" besteht und eine große Öffnung besitzt, befestigt werden. Danach sollte ein "Shaktipaa-Glas", das am Boden einen geringen Durchmesser besitzt, in der Mitte rund ist und einen schmalen Hals hat, dessen offener Mund fünf Ausgüsse besitzt, angebracht werden. Dann sollte ein gleichartiges Gefäß an den mittleren Stift angebracht werden. In ähnlicher Weise sollte an den Endstift ein Gefäß mit Schwefelsäure ("Braajaswad-draavada") gesetzt werden. An den Stützen an der südlichen Seite sollten drei ineinandergreifende Räder befestigt werden. Auf der nördlichen Seite sollte eine flüssige Mischung aus Magneteisenstein, Glimmer, Quecksilber und Schlangenhaut gebracht werden. Und in die entsprechenden Zentren sollten Kristalle gesetzt werden.

Maniratnaakara (hier bezieht sich Bhardwaj auf eine antike Autorität) sagt, dass das "Shaktyaakarshana Yantra" mit sechs Kristallen, welche als "Bhaaradwaaja", "Sanjanika", "Sourrya", "Pingalaka", "Shaktipanjaraka" und "Pancha-jyortirgarbha" bekannt sind, versehen ist.

Im gleichen Werk wird auch erwähnt, an welche Stelle die Kristalle angebracht werden müssen, wobei alle Kristalle mit Drähten verbunden werden, welche durch die Glasröhren gehen. Danach sollte das Dreifachrad in Drehung versetzt werden, wodurch sich die beiden Glaskugeln innerhalb des Glasgehäuses immer

Merkur, der Götterbote

schneller drehen und aneinander reiben werden, wobei sich eine "100-Grad-Energie" ergibt."[33]

Aus dem Text der *Vimanika Shastra* wird es offensichtlich, dass Quecksilber, Kupfer, Magnete, Elektrizität, Kristalle, Kreisel und Wellen plus Antennen Bestandteile zumindest einer Art von Vimana sind. Die kürzlich erfolgte Wiederentdeckung der Verwendung von Kristallen für esoterische und wissenschaftliche Zwecke ist im Zusammenhang mit diesem Werk sehr interessant. Kristalle (*mani* im Sanskrit) sind offensichtlich also genauso ein Hauptbestandteil eines Vimanas, wie der heutigen Digitaluhren. Es ist interessant hier anzumerken, dass das bekannte tibetanische Gebet *Om Mani Padme Hum* eine Anrufung an den "Kristall (oder Juwel) innerhalb des Lotus (des Geistes) darstellt.

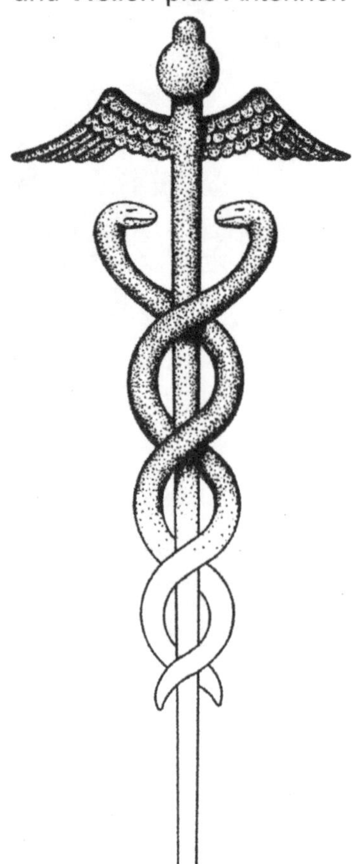

Wenn es sich bei Kristallen auch um wunderbare und wichtige technologische Hilfsmittel handelt, so soll uns hier doch in erster Linie das Quecksilber interessieren.

Quecksilber ist ein Element und ein Metall. Laut der *Concise Columbia Encyclopedia* handelt es sich um "ein metallisches Element, das schon den alten Chinesen, Hindus und Ägyptern bekannt war." Die Hauptquelle des Quecksilbers ist das Mineral Zinnober (HgS). Laut der *Van Nostrand's Scientific Encyclopedia* wurde Quecksilber schon 500 v. Chr. aus Zinnoberkristallen gewonnen. Der Name soll angeblich hinduistischen Ursprungs sein.

Quecksilber ist sicherlich schon früher als 500 v. Chr. abgebaut und verwendet worden, da wissenschaftliche Enzyklopädien in dieser Hinsicht sehr vorsichtige Schätzungen abgeben. Das Metall wurde nach dem Botschafter der Götter in der römischen Mythologie benannt, nämlich Merkur. (Quecksilber heißt im Englischen *mercury*). Es ist eine schwere, silbrig-weiße Flüssigkeit, welche das chemische Symbol Hg besitzt. Dieses ist aus dem griechischen Wort *Hydrargos* abgeleitet, welches Flüssigkeits-, Wasser- oder Silberkreisel bedeutet. Quecksilber ist bei Zimmertemperatur flüssig und besitzt bei Erhitzung oder Abkühlung eine gleichmäßige Ausdehnung.

Das flüssige Quecksilber gibt einen heissen Dampf ab, wenn es erhitzt wird, welcher tödlich ist. Quecksilber wird im allgemeinen in Glasröhrchen oder versiegelten Behältern eingeschlossen und ist deshalb für die Benutzer unschädlich. In den heutigen Quecksilberdampfmotoren werden große Mengen von Quecksilber verwendet. Quecksilber und seine Dämpfe leiten den elektrischen Strom; sein Dampf kann als Wärmequelle für die Energiegewinnung verwendet werden. Durch Quecksilber können auch Schallwellen verstärkt werden, wobei die Klangfarbe nicht verändert wird. Ultraschall kann dazu verwendet werden, um einen metallischen Katalysator wie Quecksilber in einem Reaktionsgefäß oder einem Boiler fein zu verteilen. Durch hochfrequente Schallwellen werden Blasen in flüssigem Quecksilber erzeugt. Wenn die Frequenz der Blasen mit der Frequenz der Schallwellen übereinstimmt, implodieren diese und setzen Wärme frei.

Laut William Clendenon, einem bekannten UFO-Forscher und Autor des Buches *Mercury: UFO Messenger of the Gods*[105] kann ein mit Quecksilber gefülltes Schwungrad dazu verwendet werden, um ein scheibenförmiges Luftfahrzeug anzutreiben und zu stabilisieren. Flüssigkeits-Quecksilberprotonen-Kreisel können laut Clendenon als Richtungsanzeiger verwendet werden, wenn sie auf einem rotierenden Stabilisationsschwungrad 120° versetzt angeordnet werden. Solche Kreisel haben verschiedene Vorteile, sagt Clendenon. Erstens sind die schweren Protonen, welche in den Quecksilberatomen zu finden sind, sehr stabil. Zweitens benötigen solche Kreisel keine Aufwärmzeit, wie dies bei mechanischen Kreiseln der Fall ist. Drittens wird ein Kreisel nicht von Erschütterungen und Schwingungen beeinflusst. Viertens besitzen sie keine beweglichen Teile und können ewig laufen. Und zuletzt liefern die Quecksilberatome die stabilsten Kreiselgeräte, die es in der Natur gibt, und sie haben den zusätzlichen Vorteil, dass man Platz und Gewicht spart. Dies ist vor allem bei Langstreckenflügen sehr wichtig, da hier möglichst viel an Platz und Gewicht eingespart werden muss.[105]

Auch Ivan T. Sanderson erwähnt Quecksilbermaschinen und zitiert aus Bhardwajs Schrift: “Fest und ausdauernd muss der Rumpf sein und aus leichtem Material, wie ein großer, fliegender Vogel. Im Innern muss sich ein Quecksilbermotor befinden, unter dem ein Eisenerhitzungsapparat angebracht ist. Mittels der Energie, welche im Quecksilber latent vorhanden ist und den antreibenden Wirbel in Bewegung versetzt, kann ein Mann, der im Innern sitzt, große Entfernungen am Himmel in einer wundervollen Weise zurücklegen.

Wenn man den beschriebenen Prozess verwendet, kann man in ähnlicher Weise ein Vimana bauen, das so groß wie ein Tempel ist. Zu diesem Zweck müssen vier große Quecksilberbehälter in den Schiffsrumpf eingebaut werden. Wenn diese durch ein geregeltes Feuer aus den Eisenbehältern erhitzt werden, dann entwickelt der Vimana mittels des Quecksilbers eine donnergleiche Energie. Und in einem Augenblick wird er zu einer Perle am Himmel. Falls diese Eisenmaschine zusätzlich noch mit Quecksilber gefüllt wird und das hierdurch entstehende Feuer in den oberen Teil geleitet wird, dann entwickelt sich die Energie eines brüllenden Löwen."[10]

Im weiteren erwähnt Sanderson dann das Grundprinzip eines solchen Antriebs, bei dem das Qeucksilber auf einer Platte in entgegengesetzter Richtung zu einer offenen Flamme, welche darunter rotiert wird, in Drehung versetzt wird, solange, bis sie die Rotationsgeschwindigkeit der Flamme überschreitet.

DER MERKURSTAB

Der mythische Gott Merkur (oder Hermes bei den Griechen) war der Botschafter der Götter. Er flog mit großer Geschwindigkeit durch die Luft, um wichtige Neuigkeiten oder offizielle Nachrichten von den Göttern, Königen und Herrschern zu überbringen. Es wird behauptet, dass, falls die Götter kommunizieren, Handel betreiben oder irgendwelche Sachen über große Entfernungen von einem Ort zum anderen bringen wollten, diese sich an Merkur wandten.

Merkur trug geflügelte Sandalen und einen geflügelten Hut, die ihn mit großer Geschwindigkeit über Land und Meer brachten. Er trug hierbei seinen Zauberstab oder Merkurstab bei sich. In der einen oder anderen Form ist dieses antike Symbol in der ganzen Welt zu finden, obwohl der tatsächliche Ursprung ein Geheimnis bleibt. Beim Merkurstab handelt es sich um einen Stock, welcher von zwei Schlangen umschlossen ist, an dessen Spitze sich eine geflügelte Kugel befindet. Heutzutage wird der Merkurstab vom medizinischen Berufsstand als Symbol verwendet, eine Praxis, die aus dem Mittelalter stammen soll.

Clendenon behauptet in seinem Buch *Mercury: The Messenger of the Gods*, dass es sich beim Merkurstab um ein antikes Symbol für "elektromagnetische Flugantriebe und kosmische Energie" handelt. Bei den verschlungenen Schlangen handelt es sich um die Spulen des Antriebes, beim Stab um den Quecksilbererhitzer oder die Antenne und bei den Flügeln um die symbolische Darstellung des Fluges.

Clendenon hat viele Experimente, basierend auf die Quecksilberwirbeltechnologie, wie sie in den antiken Texten beschrieben ist, durchgeführt. Sein Vimana, das auf der Basis von Adamskis "Erkundungsschiff" konstruiert wurde, besteht aus einem runden Rahmen, der teilweise als starker Elektromagnet wirkt, durch den ein schnell pulsierender Gleichstrom geleitet wird. Er wirkt im Grunde auf folgende Weise:

* Die elektromagnetische Feldspule, welche aus dem Wärmetauscher/Kondensatorspulenkreis besteht und das flüssige Quecksilber oder den heissen Dampf enthält, steht senkrecht zum Spulenkern.

* Ein Ringleiter wird um die Feldspulenwindungen (Wärmetauscher) angebracht, so dass der Kern der senkrechten Wärmetauscherspulen durch die Mitte des Ringleiters hindurchgeht.

* Wenn der Elektromagnet (Wärmetauscherspulen) energetisiert wird, dann schießt der Ringleiter im gleichen Augenblick in die Luft und nimmt das Fahrzeug als Ganzes mit sich nach oben.

* Wenn der Strom durch ein computergesteuertes Rheostat geregelt wird, dann kann der Ringleiteranker, und damit das Fahrzeug, in der Luft schweben oder in der Erdatmosphäre fliegen.

* Der Elektromagnet summt, und der Ankerring oder -torus wird ziemlich heiß. Tatsächlich wird der Ring leicht rot oder organge glühen, wenn der Strom ausreichend hoch ist.

* Da die Abstoßung zwischen dem Elektromagneten und dem Ringleiter gegenseitig wirkt, ist vorstellbar, dass das Fahrzeug auf das Abstoßungsphänomen als komplette Einheit anspricht und beeinflusst wird.

* Das Anheben oder die Abstoßung

wird erzeugt, weil sich der Feldmagnet und der Ringleiter nahe beieinander befinden.

Clendenon interpretiert die *Samaran Sutradhara* damit völlig anders als die meisten Forscher. Er glaubt auch, dass ein großer Teil der scheibenförmigen Fahrzeuge, welche seit 1947 beobachtet wurden, Vimanas sind, die entweder in der Antike oder in der heutigen Zeit hergestellt wurden. Weiter ist er auch der Ansicht, dass es sich bei dem berühmten Erkundungsschiff, welches von George Adamski (und später von anderen Zeugen) beobachtet wurde, weder um einen Schwindel noch um ein interplanetares Raumschiff handelt. Mit den darin verwendeten Quecksilberwirbelmotoren sind keine interplanetaren Flüge, sondern nur Flüge in der Erdatmosphäre möglich, wie auch mit der entsprechenden Version von Vimanas. Er meint, dass eine große Zahl von UFO-Phänomenen mittels Fahrzeugen, welche die Quecksilberwirbeltechnologie verwenden, erklärt werden kann. Er glaubt, dass einige dieser Fahrzeuge aus der Antike stammen und von geheimnisvollen Menschen geflogen werden, die schon seit Jahrhunderten leben, und dass andere aus der heutigen Zeit stammen, die v Amerikanern, Briten und Deutschen konstruiert wurden.

In bezug auf ungewöhnliche UFO-Phänomene sagt er, dass es sich bei der Lichtaura, von welcher die UFOs oft umgeben sind, um ein magneto-hydrodynamisches Plasma handelt, das aus ionisierter Luft besteht. Laut Clendenon kann dieses durch einen Computer gesteuert werden, so dass die Luft jede Farbe des Spektrums annehmen und das Fahrzeug aus dem Blickfeld verschwinden kann.

Interessanterweise tauchte im Jahr 1998 der folgende Artikel über ein geheimes Luftfahrzeug des amerikanischen Militärs namens TR-3B im Internet auf, das angeblich durch einen Queck-

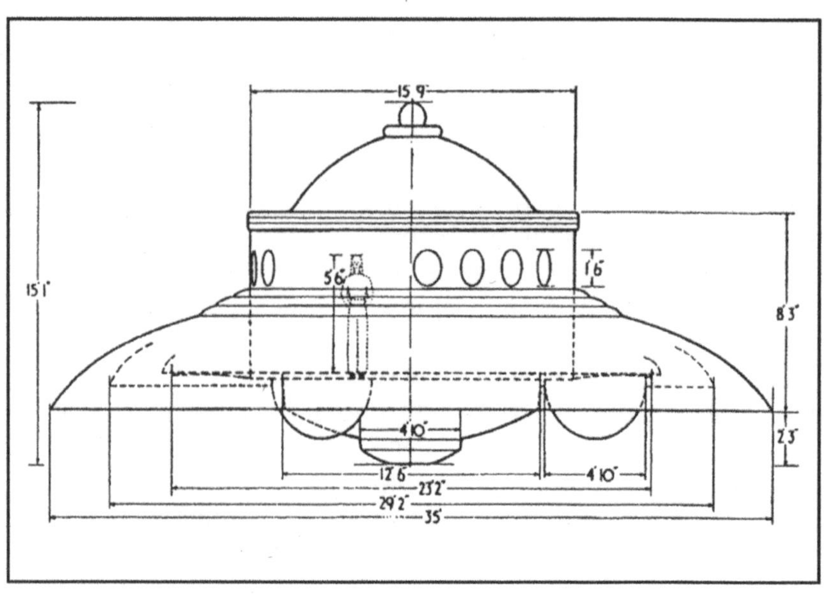

Zwei Abbildungen aus William Clendensons Buch
"Mercury": UFO Messenger of the Gods.
Oben: Das "Erkundungsschiff", welches Adamski gesehen hatte.
Unten: Untertasse mit einem Merkurwirbelmotor

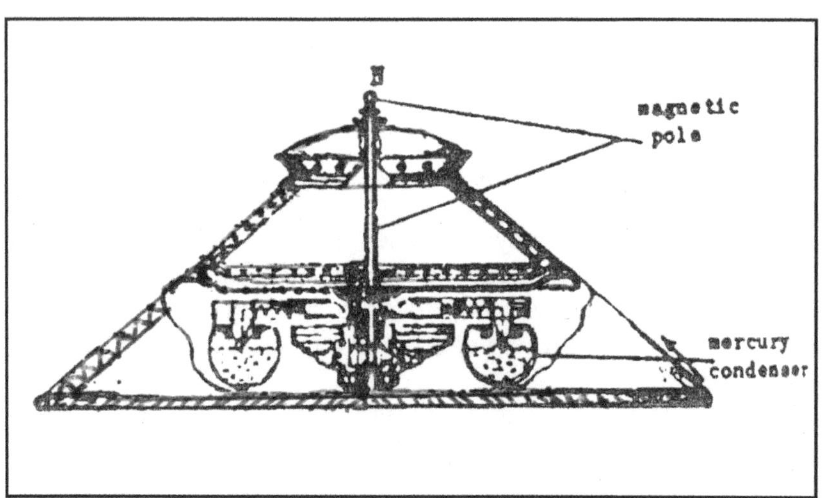

silberwirbelmotor angetrieben werden soll, wie er in der *Vimanika Shastra* beschrieben wird:

"Das TR-3B Dreiecks-Antischwerkraftflugzeug: Auf der Sommersitzung des Internationalen UFO-Kongresses des Jahres 1988 wurde von Ed Fouche ein wichtiger Vortrag gehalten, in dem er ein Antischwerkraftflugzeug mit Dreiecksform beschrieb, das eine Breite von 60 m hat und in der Area 51 in Nevada gebaut und getestet wird. Angeblich soll ein erhitzter Quecksilberwirbel Anwendung finden, um die sog. "Gravitationsmasse" zu neutralisieren."

Ist Quecksilber das Element der Götter? Handelt es sich beim Merkurstab um eine schematische Darstellung eines Quecksilberwirbelantriebs? Die antiken Inder können vielleicht tatsächlich die Technologie der Götter verwendet haben.

Das Ende jedes Lernprozesses ist die
Wiederentdeckung des verlorenen Wissens.
Mencius (282-301 v. Chr.).

AUF DIE GROẞEN TETONEN IN EINEM ATLANTISCHEN LUFTSCHIFF

Im Jahr 1899 erschien ein ungewöhnliches Buch mit dem Titel *A Dweller on Two Planets.*[20] Es wurde im Jahr 1884 einem jungen Kalifornier namens Frederick Spencer Oliver diktiert, und zwar von "Phylos, dem Tibetaner".

Das Buch enthält eine lange und komplizierte Geschichte über eine Reihe von Personen und das Karma, welches von diesen während ihrer zahlreichen Leben erzeugt wurde. Es handelt vor allem davon, wie die karmische Beziehung des "Schreibgehilfen" (Frederick Spencer Oliver und seine verschiedenen Leben als Rexdahl, Aisa und Mainin) mit den vielen Leben von Phylos als Quardl, Zo Lahm, Zailm und Walter Pierson zusammenhängen.

A Dweller on Two Planets ist seit über einem Jahrhundert ein populäres, esoterisches Buch geblieben, vor allem weil es detaillierte Beschreibungen über das Leben in Atlantis und der zu dieser Zeit verwendeten Technologie enthält, welche der Zeit, in welcher das Buch geschrieben wurde, fraglos weit voraus war. Auf dem Cover einer der Ausgaben des Buches ist Folgendes zu lesen: "Eines der größten Wunder unserer Zeit ist die unvergleichliche Art und Weise, wie in diesem Werk Erfindungen vorhergesagt werden, welche durch die moderne Technologie nach der Veröffentlichung dieses Buches verwirklicht wurden."[20]

Unter den erwähnten Erfindungen und Geräten befinden sich Klimaanlagen, luftleere, zylindrische Lampen (Kristallröhren, welche durch die "Kräfte der Nachseite" erleuchtet werden), elektrische Gewehre (Pistolen, bei denen die Elektrizität als Antrieb verwendet wird -- Schienenkanonen funktionieren ähnlich, und bei ihnen handelt es sich um eine ganz neue Erfindung); eingleisige Transportsysteme; Wassergeneratoren (Geräte für die Kondensierung von Wasser aus der Luft) und dem *Vailx* (ein Luftschiff, das durch die Kräfte der Levitation und Abstoßung gesteuert wurde).

In *A Dweller of Two Planets* besucht der Held der Geschichte Zailm (eine frühere Inkarnation von Phylos und Walter Pierson) Caiphul, die Hauptstadt von Atlantis, und sieht dort viele wunderbare, elektronische Geräte und das eingleisige Transportsystem. Später werden dann die elektromagnetischen Luftschiffe von Atlantis vorgestellt, zusammen mit Radio- und Fernsehgeräten (vergessen sie nicht, dass diese Buch im Jahr 1886 geschrieben wurde). Es wird erklärt, dass die Luftschiffe den Zeppelinen ähnlich sind, jedoch eher eine zigarrenförmige Form und einen elektromagnetischen Gravitationsantrieb besitzen. Sie bewegen sich durch die Luft, indem sie eine Art Antigravitation verwenden, und sie können sich auch wie Unterseeboote unter Wasser fortbewegen.

Das Buch enthält auch eine faszinierende Reise mit einem dieser Luftschiffe in ein Gebäude auf dem Gipfel der Tetonen. Die Hauptfigur des Buches, ein junger Mann namens Zailm, besucht mit diesem "Umaur", eine Kolonie von Atlantis oder Poseid. Bei dieser Beschreibung handelt es sich vielleicht um einen seltenen, medialen Blick auf den nordamerikanischen Kontinent vor über 11 000 Jahren:

"Aus der Stadt Tolta am Ufer von Miti stieg unser Vailx auf und flog Richtung Norden über den See Ui (dem Großen Salzsee), an dessen nordwestliches Ufer, das Hunderte von Kilometern entfernt war. An dieser fernen Küste erhoben sich drei hohe Berggipfel, die mit Schnee bedeckt waren und den Namen Pitachi Ui trugen, von dem der See zu ihren Füßen den Namen erhalten hatte. Auf dem höchsten dieser Gipfel hatte vielleicht für fünf Jahrhunderte ein Gebäude gestanden, welches aus schweren Granitblöcken erbaut worden war. Es war ursprünglich aus zwei Gründen errichtet worden: erstens, um Incal (die Sonne oder Gott) zu ehren und um astronomische Berechnungen durchzuführen, wurde jedoch in meiner Zeit als Kloster benutzt. Es gab keinen Weg zum Gipfel, und die einzige Möglichkeit dorthin zu gelangen, bestand darin, ein Vailx zu verwenden."[10,20]

Frederick Spencer Oliver unterbricht an dieser Stelle die Geschichte und stellt die Vermutung auf, dass diese massiven Granitblöcke im Jahr 1866 durch einen Professor namens Hayden entdeckt worden waren, angeblich der erste Mensch, der die Großen Tetonen erklommen hatte. Oliver schreibt Folgendes hierzu: "Vor ungefähr zwanzig Jahren (1866) drang ein furchtloser amerikanischer Forscher weit in den Westen vor und erreichte die drei Tetonen. Bei diesen drei Berggipfeln handelt es sich um den Pitachi Ui von Atlantis. Professor Hayden konnte schließlich den höchsten Gipfel erreichen, und ihm gelang damit die Erstbesteigung dieses Berges in moderner Zeit. Auf dem Gipfel fand er ein dachloses Gebäude aus Granitblöcken, in dessen Innern sich soviel Geröll angehäuft hatte, dass man annehmen konnte, dass die letzten 11 000 Jahre niemand hierher gelangt war. Er glaubte, dass diese Zeit vergangen war, seitdem die Steinwände errichtet worden waren. Nun, der Professor hatte Recht, wie ich zufällig weiß. Er untersuchte eine Gebäude, welches von den Atlantern vor langer Zeit errichtet worden war. Professor Hayden war aufgrund seines Karmas (er war als Attache der staatlichen Wissenschaftsvereinigung in Pitachi Ui stationiert gewesen) dazu gedrängt worden, an seine frühere Wirkungsstätte zurückzukehren."

Die Erzählung fährt dann mit der Reise fort: "Unser Vailx landete bei Einbruch der Dunkelheit auf der Felsbank. Es war dort sehr kalt, da das Gebiet weit nördlich lag und wir uns in großer Höhe befanden. ... Der Hauptgrund unseres Besuches war unser Wunsch gewesen, Incal unsere Ehrerbietung zu zollen, als Er am nächsten Morgen aufstieg. ... Am nächsten Morgen nach Sonnenaufgang hob unser Schiff ab und flog Richtung Osten, wo wir unsere Kupferminen im Bereich der heutigen Gegend um den See Superior besuchten. Wir wurden mit elektrischen Zügen durch die Labyrinthe und Tunnels geführt. Zum Abschied schenkte uns der staatliche Aufseher über die Minen verschiedene Sachen aus Kupfer."[20]

Die Gruppe kehrte dann nach Poseid zurück, wobei sie einen Teil der Reise unter Wasser durchführte.

Das Buch ist sehr seltsam und die Feststellungen sind ziemlich interessant. Sind auf den Großen Tetonen tatsächlich riesige Granitblöcke in Form von Mauern vorhanden? Falls dem wirklich so ist, dann sind sie jetzt bestimmt in schlechtem Zustand. Es wäre sehr interessant zu erfahren, ob auf den Großen Tetonen tatsächlich atlantische Ruinen existieren.

Die antiken Kupferminen im Gebiet des Superior Sees zumindest existieren wirklich, und sie sind eine geheimnisvolle, archäologische Tatsache. Sie sind seit Mitte des 19. Jahrhunderts bekannt und enthielten große Mengen reinen Kupfers. Es ist geschätzt worden, dass Hunderttausende von Tonnen in den letzten 5 000 Jahren aus diesen Minen abgebaut worden sind. Welche Zivilisation dieses Kupfer benötigt hat, ist weiterhin völlig unbekannt.

A Dweller on Two Planets ist wirklich ein außergewöhnliches Buch, das über die bloße Dichtung hinaus zu gehen scheint. Falls die Vimanas des antiken Rama-Reiches um den Globus geflogen

Die berühmten Fliegenden Untertassen aus der Schweiz, welche von Eduard Meier aufgenommen wurden

sind, dann haben sie sicherlich genauso wie die heutigen Flugzeuge Fracht und Passagiere befördert. Man ist ungefähr 12 000 v. Chr. in ein Vimana in Ayodhya in Indien eingestiegen und dann über den Pazifischen Ozean nach Südamerika geflogen. Der nächste Halt bei dieser Reise um die Welt war dann vielleicht die atlantische Festung auf dem Gipfel der Großen Tetonen, bevor das Schiff nach Poseid flog. Wenn wir die langen Korridore in den Flughafenterminals zu unserem nächsten Flug entlang gehen, müssen wir uns dann nicht die Frage stellen: "Gibt es wirklich nichts Neues unter der Sonne?"

6. KAPITEL

KRIEGFÜHRUNG IN DER ANTIKE

Wir lernen aus der Geschichte, dass wir absolut nichts aus der Geschichte lernen.
Mark Twain.

Der Krieg ist ein völlig untaugliches Mittel, um Unrecht zurückzuzahlen; hierdurch werden die Verluste nur vervielfacht anstatt ausgeglichen zu werden.
Thomas Jefferson.

UNGLAUBLICHE BEWEISE FÜR ATOMKRIEGE IN DER ANTIKE

Der folgende Artikel erschien am 16. Februar 1947 in der *New York Herald Tribune* (und wurde auch von Ivan T. Sanderson im Januar 1970 in seiner Zeitschrift *Pursuit* veröffentlicht):

"Als die erste Atombombe in New Mexiko explodierte, verwandelte sich der Wüstensand in geschmolzenes, grünes Glas. Diese Tatsache hat laut des Magazins *Free World* zu einem Umdenken unter den Archäologen geführt. Sie haben im Euphrat-Tal Ausgrabungen durchgeführt und sind hierbei auf eine Schicht gestoßen, die auf eine 8 000 Jahre alte landwirtschaftliche Kultur hindeutet, weiterhin wurde noch eine zweite Schicht gefunden, die viel älter ist und einer Nomandenkultur zugeschrieben wird. Eine noch ältere Schicht deutet auf eine Höhlenmenschenkultur hin. Vor kurzem sind sie auf eine andere Schicht gestoßen -- auf geschmolzenes, grünes Glas! Denken sie einmal darüber nach."

Es ist bekannt, dass durch Atomexplosionen auf oder über einer Sandwüste das Silizium im Sand schmilzt und sich die Oberfläche in eine Glasschicht verwandelt. Aber wenn solche Glasschichten in verschiedenen Teilen der Welt gefunden werden können, bedeutet dies dann vielleicht, dass auch schon in der Vergangenheit Atomkriege geführt oder zumindest Atomtests durchgeführt wurden?

Hierbei handelt es sich wirklich um eine erstaunliche Theorie, aber es gibt Beweise hierfür, da solche Glasschichten aus längst vergangenen Zeiten eine geologische Tatsache sind. Die Meteorologen geben zu, dass durch Blitzeinschläge Sand manchmal geschmolzen werden kann, aber dies geschieht immer in einem bestimmten, wurzelförmigen Muster. Aus diesem Grund scheiden Blitzeinschläge als Erklärung aus, und die Geologen glauben stattdessen, dass Meteore oder Kometen als Ursache für solche Funde in Frage kommen. Das Problem dieser Theorie ist jedoch, dass in der Nähe dieser Glasflächen normalerweise keine Krater zu finden sind.

Brad Steiger und Ron Calais berichten in ihrem Buch mit dem Titel *Mysteries of Time and Space*[16], dass Albion W. Hart, einer der ersten Ingenieure, welcher am berühmten *Massachusetts Institute of Technology* graduierte, die Leitung eines Projekts im Innern Afrikas übertragen wurde. Er und seine Männer waren unterwegs in eine fast unzugängliche Gegend und mussten hierzu eine längere Strecke in einem Wüstengebiet zurücklegen. Dort stießen sie ebenfalls auf geschmolzenen Sand:

"Er war von der riesigen Fläche aus grünlichem Glas, welches den Sand bedeckte so weit das Auge reichte, erstaunt und war absolut nicht in der Lage, dieses Phänomen zu erklären," schrieb Margarethe Casson in einem Artikel über Harts Leben im Magazin *Rocks and Minerals* (Nr. 396, 1972). Sie fährt dann Folgendermaßen fort: "Später in seinem Leben ... besuchte er das White Sands Gebiet, wo die erste Atombombe gezündet worden war,

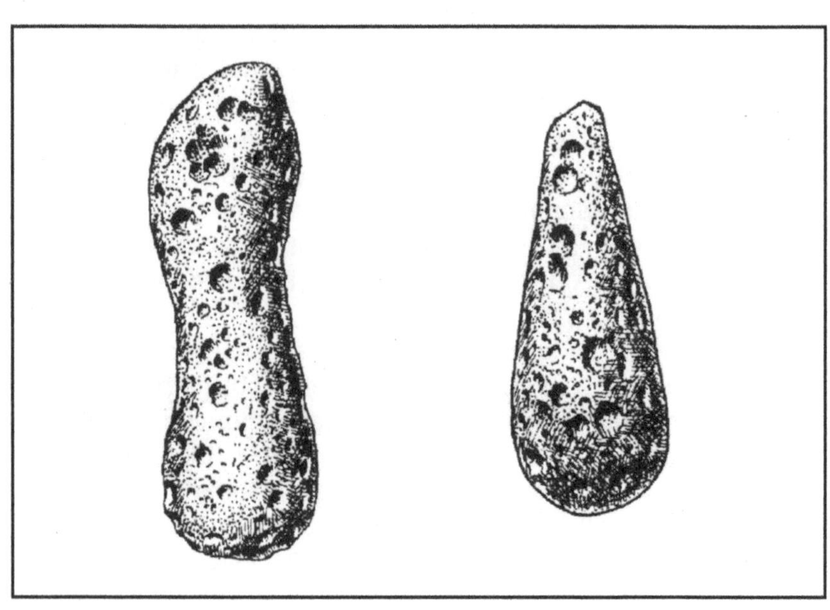

Zwei unterschiedlich geformte Tektiten aus Indonesien

und hier fand er die gleiche Art von Sand, die er auch schon 50 Jahre früher in der afrikanischen Wüste gesehen hatte."[16]

DAS GEHEIMNIS DER TEKTITEN

In der geologischen Literatur findet man manchmal Berichte über große Wüstengebiete, welche mit geheimnisvollen Glaskügelchen übersät sind, welche als Tektiten bekannt sind. Diese Klümpchen aus erhärtetem Glas (Glas ist in Wirklichkeit eine Flüssigkeit) sollen angeblich in den meisten Fällen durch Meteoriteneinschläge erzeugt worden sein, aber es ist eindeutig, dass praktisch nie ein Einschlagkrater vorhanden ist.

Eine andere Erklärung besagt, dass Tektiten eine irdische Ursache haben -- und dass hierbei Atomwaffen oder andere fortschrittliche Waffen eine Rolle gespielt haben, durch welche Sand

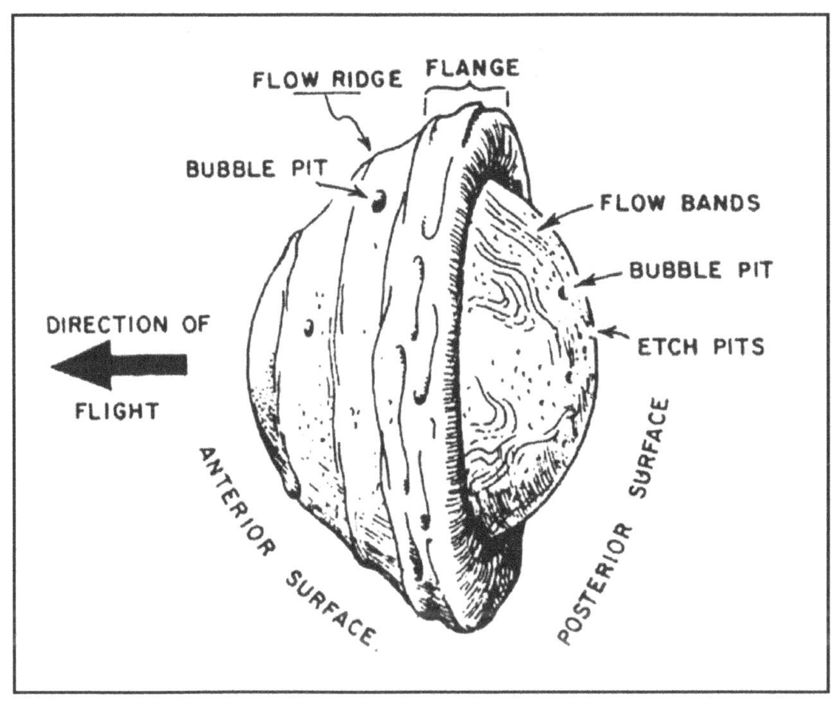

Seltsam geformter Tektit mit einer Anflanschung

zum Schmelzen gebracht werden kann. Die ganze Diskussion um die Tektiten wurde in einem Artikel mit dem Titel *The Tektite Problem* von John O´Keefe im *Scientific American* vom August 1978 zusammengefasst. O´Keefe schreibt hierin:

“Falls Tektite einen irdischen Ursprung haben, dann bedeutet dies, dass irgendein Prozess existiert, durch welchen Erde oder normales Felsgestein in einem Augenblick in homogenes, wasser- und blasenfreies Glas verwandelt und Tausende von Kilometern durch die Luft geschleudert wird. Falls Tektite vom Mond kommen, dann scheint zu folgen, dass es dort zumindest einen großen Vulkan gibt, welcher in den letzten 750 000 Jahren ausgebrochen ist. Beide Möglichkeiten kann man nur schwer akzeptieren, und trotzdem muss eine der beiden richtig sein. ... Ich glaube, dass die Mondvulkanhypothese die einzig physikalisch mögliche ist und dass wir sie akzeptieren müssen. Wenn sie zu unerwarteten, jedoch nicht zu unmöglichen Schlussfolgerungen führt, dann hat sie ihren Zweck erfüllt."[37]

MYSTERIÖSE GLASFUNDE IN DER LYBISCHEN WÜSTE

Eines der größten Rätsel des antiken Ägypten sind die großen Glasflächen, die erst im Jahr 1932 entdeckt wurden. Im Dezember dieses Jahres fuhr P. Clayton, ein Vermesser des ägyptischen Geologischen Vermessungsamtes, in den Dünen in der Nähe das Saad-Plateaus, einer Gegend in der südwestlichen Ecke von Ägypten, die praktisch unbewohnt ist, als er plötzlich merkte, dass die Reifen seines Wagens über etwas fuhren, das sich nicht wie Sand anhörte. Als er ausstieg, fand er heraus, dass es sich um ein wunderbar klares, gelb-grünes Glas handelte.

Tatsächlich war es nicht einfach gewöhnliches Glas, sondern ein ultrareines Glas mit einem Quarzgehalt von 98%. Clayton war nicht die erste Person, welche auf dieses Glasfeld gestoßen war, da auch verschiedene "prähistorische" Jäger und Nomaden schon das nun berühmte lybische Wüstenglas oder LWG gefunden hatten. Das Glas war in der Vergangenheit dazu verwendet worden, um sowohl Messer und andere scharfkantige Werkzeuge als auch andere Gegenstände herzustellen. Sogar im Grab von Tutanchamun wurde ein Mistkäfer aus LWG entdeckt, was darauf hinweist, dass das Glas manchmal für Schmuckstücke benutzt wurde.

In einem Artikel im britischen Magazin *New Scientist* (10. Juli 1999), der von Giles Wright verfasst wurde und den Titel "The Riddle of the Sands" trägt, wird behauptet, dass LWG das reinste natürlich vorkommende Quarzglas ist, das jemals gefunden wurde. Mehr als tausend Tonnen dieses Materials sind über Hunderte Kilometer im Wüstensand verstreut. Einige der Brocken wiegen 26 Kilo, aber die meisten Teile sind kleiner.

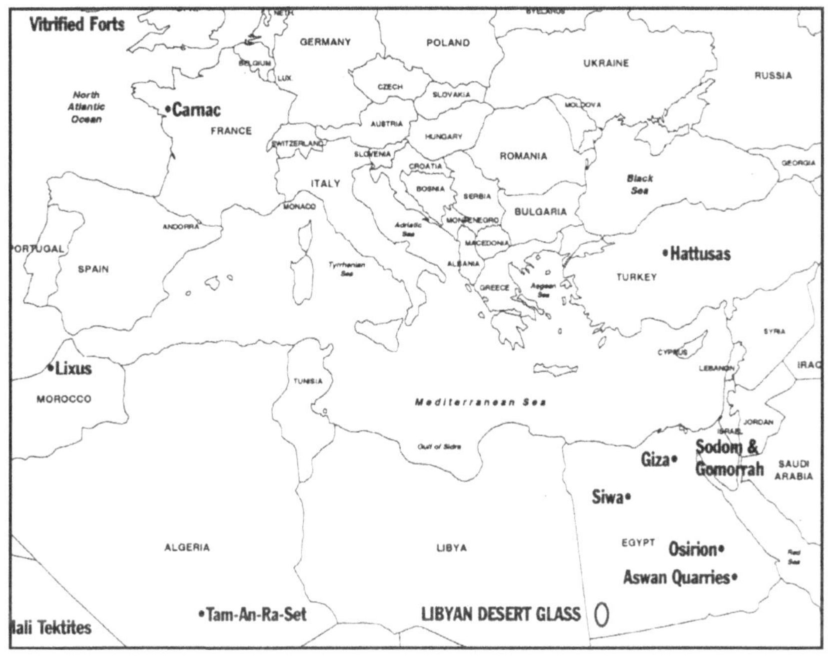

Landkarte, welche den Fundort des lybischen Wüstenglases zeigt

Laut des Artikels enthält das LWG, trotz seiner Reinheit, winzige Blasen, weiße Striche und tintenschwarze Wirbel. Die weißen Einschlüsse bestehen aus lichtbrechenden Mineralien, wie z.B. Kristobalit. Die tintenfarbenen Wirbel sind reich an Irdium, was auf einen Meteoriten oder Kometen hindeutet, jedenfalls laut der üblichen Ansichten. Im allgemeinen geht man von der Theorie aus, dass der Sand durch ein Geschoß aus dem Weltraum geschmolzen wurde.

Allerdings gibt es ernstliche Probleme mit dieser Theorie, sagt Wright. Das Hauptproblem ist dieses: Woher kamen die riesigen Mengen der weit verstreuten Glasscherben? Es gibt keine Hinweise auf einen Einschlagkrater irgendeiner Art, weder auf der Oberfläche noch darunter, wie Radaraufnahmen von Satelliten gezeigt haben. Weiterhin scheint das LWG zu rein zu sein, um aus einem kosmischen Zusammenstoß stammen zu können. Wright erwähnt, dass bekannte Einschlagkrater, wie z.B. jener in Wabar in Saudi-Arabien, mit Eisenstücken und anderen meteoritischen Überresten übersät sind. Dies ist bei der Fundstätte des LWG nicht der Fall. Außerdem ist das Glas auf zwei Gebiete verteilt, wobei eines ovalförmig und das andere ringförmig mit einer Breite von 6 km und einer Länge von 21 km ist, wobei sich im Innern des Ringes gar kein Glas befindet.

Eine Theorie lautet, dass es einen "weichen" Einschlag gegeben hat, was bedeutet, dass ein Meteorit mit einem Durchmesser von vielleicht 30 m in einer Höhe von 10 km explodiert ist. Durch die heisse Luft ist dann der Sand darunter zum Schmelzen gebracht worden. Ein solcher kraterloser Einschlag soll auch in der Tunguska-Ebene in Sibirien die Bäume umgemäht haben, jedenfalls wenn man der orthodoxen Wissenschaft Glauben schenken darf. Allerdings ist das Rätsel um dieses Ereignis bisher genausowenig gelöst worden, wie dasjenige um das reine Glas aus der lybischen Wüste.

Ist es nicht eher möglich, dass der zu Glas geschmolzene Wüstensand das Ergebnis eines Atomkrieges in der fernen Vergangenheit ist. Es kommt auch eine Tesla-Strahlenwaffe in Frage, durch welche der Sand vielleicht bei einem Test geschmolzen wurde.

Im britischen Journal *Nature* erschien im Jahr 1952 ein Artikel von Kenneth Oakley über das geheimnisvolle Wüstenglas, der den Titel "Dating the Lybian Desert Silica-Glass" trug. Hierin schreibt Oakley Folgendes:

In der lybischen Wüste sind Brocken aus natürlichem Quarzglas, die bis zu 15 Pfund wiegen, in einem ovalen Gebiet, das sich über 130 km in Nordsüdrichtung und 53 km in Ostwestrichtung erstreckt, mehr oder minder spärlich verteilt. Dieses bemerkenswerte Material, das zu 97% aus Quarz besteht, relativ leicht ist und eine klare, gelblich-grüne Farbe besitzt, hat die Qualität von Edelsteinen. Es wurde im Jahr 1932 von einer ägyptischen Vermessungsexpedition unter P.A. Clayton entdeckt und von Dr. L.J. Spencer, welcher sich dieser Expedition im Jahr 1934 anschloss, gründlich untersucht.

Die Stücke können in sandfreien Korridoren zwischen 100 m hohen Dünen gefunden werden, welche sich von Norden nach Süden ziehen und einen Abstand zwischen zwei und fünf Kilometern besitzen. Diese Korridore oder "Straßen" besitzen eine schotterähnliche Oberfläche, welche sich aus grobem Kies und roten, lehmigen, verwitterten Überbleibseln zusammensetzt und den nubischen Sandstein überdeckt. Die Glasstücke liegen auf dieser Oberfläche oder sind teilweise darin eingebettet. Nur ein paar kleine Bruchstücke wurden unter der Oberfläche gefunden, und keines tiefer als einen Meter. Alle Glasstücke auf der Oberfläche sind durch den Wüstensand glatt geschliffen worden. Die Verteilung des Glases ist ungleichmäßig. ... Wenn das lybische Quarzglas auch zweifelsohne natürlicher Art ist, so ist doch seine Herkunft unsicher. In seiner Zusammensetzung ähnelt es den Tektiten, welche angeblich einen kosmischen Ursprung haben, aber diese sind viel kleiner. Tektiten sind normalerweise schwarz, obwohl in Böhmen und Mähren eine Abart gefunden wurde, die eine klare, tiefgrüne Farbe besitzen. Das lybische Quarzglas ist auch mit dem Glas verglichen worden, welches entsteht, wenn der Sand durch Hitze, die ein großer Meteorit erzeugt, geschmolzen wird. Dr. Spencer sagt in seinem Expeditionsbericht, dass er nicht in der Lage war, die Herkunft des lybischen Glases zu bestimmen; es wurden keine Bruchstücke von Meteoriten oder Hinweise auf Einschlagkrater gefunden. Er schreibt: "Es scheint einfacher anzunehmen, dass das Glas einfach vom Himmel gefallen ist."

Es wäre von erheblicher Bedeutung, durch geologische oder archäologische Methoden zu bestimmen, wann das Quarzglas entstanden ist. Dass es nur an der Oberfläche oder in den oberen Schichten zu finden ist, deutet darauf hin, dass es in geologischer Hinsicht noch nicht recht alt sein kann. Auf der anderen Seite ist es eindeutig schon seit prähistorischen Zeiten dort vorhanden. Einige der Splitter wurden an Ägyptologen in Kairo geschickt, welche glaubten, dass sie aus der Jungsteinzeit oder der vordynastischen Periode stammen. Trotz einer gründlichen Suche von Dr. Spencer und dem verstorbenen A. Lucas konnte in Tutanchamuns Grab, oder in irgendeinem anderen Grab aus der dynastischen Zeit, irgendein Gegenstand aus Quarzglas gefunden werden."[37]

Oakley liegt offensichtlich falsch, wenn er behauptet, dass kein Gegenstand aus Quarzglas in Tutanchamuns Grab gefunden wurde. Wie dem auch immer sei, es scheint so, dass die Entstehung des Wüstenglases immer noch einer Erklärung harrt. Handelt es sich bei den glasigen Bereichen in Nordafrika um Hinweise auf einen Krieg in der Antike, einem Krieg, welcher Nordafrika und die arabische Halbinsel in die Wüsten verwandelt hat, die sie heute sind?

DIE GLASIERTEN FESTUNGEN IN SCHOTTLAND

Eines der größten Rätsel der klassischen Archäologie ist das Vorhandensein glasierter Festungen in Schottland. Handelt es sich auch bei ihnen um Hinweise auf einen Atomkrieg in der Antike? Vielleicht, vielleicht aber auch nicht.

Es soll angeblich wenigstens 60 solcher Festungen in ganz Schottland geben. Die bekanntesten sind Tap O´Noth, Dunnideer, Craig Phadrig (in der Nähe von Inverness), Abernathy (in der Nähe von Perth), Dun Lagaidh, Cromarty, Arka-Unskel, Eilean na Goar und Bute-Dunagoil. Ein weitere bekannte, glasierte Festung ist die Cauadale-Hügelfestung in Argyll im westlichen Schottland.

Eines der besten Beispiele für eine glasierte Festung ist Tap O´Noth, welche in der Nähe des Dorfes Rhynie im nordöstlichen Schottland liegt. Diese große Festung aus prähistorischen Zeiten liegt auf dem Gipfel eines Berges gleichen Namens, der 560 m hoch ist, und von dem man einen eindrucksvollen Blick auf die Landschaft von Aberdeenshire hat.

Auf den ersten Blick scheint es so, dass die Mauern aus Bruchsteinen bestehen, aber bei näherem Hinsehen wird offensichtlich, dass sie nicht aus normalen, sondern aus geschmolzenen Steinen errichtet wurden! Was einst einzelne Steine waren, hat sich nun in eine Masse aus schwarzen und verkohlten Steinen verwandelt, die durch irgendeine Hitzeeinwirkung miteinander verschmolzen sind, wobei die Hitze so groß war, dass sogar Bäche aus geschmolzenem Gestein die Mauern heruntergeflossen sind!

Berichte über glasierte Festungen gehen bis auf das Jahr 1880 zurück, als Edward Hamilton einen Artikel mit dem Titel "Vitrified Forts on the West Coast of Scotland" im *Archaeological Journal* (Nr. 37, 1880, Seite 227-243) veröffentlichte. Hierin beschreibt der Autor detailliert einige Fundstätten, eingeschlossen Arka-Unskel:

"Bei dem Felsgestein, auf welchem diese Festung erbaut wurde, handelt es sich um metamorphischen Gneis, der mit Gras und Farnen bedeckt ist, und die Felsen erheben sich auf drei Seiten fast 30 Meter vom Meeresspiegel senkrecht nach oben. Die ebene Fläche auf dem Gipfel wird durch eine leichte Vertiefung in zwei Teile unterteilt. Auf dem größeren Teil, der steil nach unten aufs Meer abfällt, befindet sich das Hauptgebäude der Festung, welches den gesamten flachen Bereich einnimmt. Sie besitzt irgendwie eine ovale Form. Der Umfang beträgt ungefähr 60 m, und die glasierten Mauern sind auf der gesamten Länge zu finden."[5]

Hamilton beschreibt auch noch ein andere glasierte Festung, die viel größer ist und sich auf einer Insel im Loch Ailort befindet. "Diese Insel, die Eilean na Goar genannt wird, ist die östlichst gelegene und wird auf allen Seiten von steilen Felsen aus Gneis umgeben; sie ist die Brutstätte zahlreicher Seevögel. Die flache Oberfläche auf dem Gipfel liegt 36 m über dem Spiegel des Sees, und die Überbleibsel der glasierten Festung befinden sich darauf; sie besitzt eine längliche Form, und der durchgehende Wall aus glasierten Mauern weist eine Dicke von 1,5 m und einen Umfang von 120 m bei einer Breite von 21 m auf. Am östlichen Ende sind zahlreiche Wände vorhanden, die auf beiden Seiten glasiert sind. In der Mitte des umschlossenen Raumes ist eine große Vertiefung vorhanden, in der große Mengen glasierter Steine verstreut sind, die sich offensichtlich zuvor an einer anderen Stelle befanden."[5]

Hamilton stellt sich natürlich ein paar offensichtliche Fragen in bezug auf die Festungen: Wurden diese Gebäude zu Verteidigungszwecken gebaut? War die Glasierung Absicht oder ist sie zufällig entstanden? Wie wurde die Glasierung erzeugt?

Beim Glasierungsprozess werden große Blöcke mit kleineren Steinen verschmolzen, wobei sich eine harte, glasige Masse bildet. Es gibt nur wenige Erklärungen für den Glasierungsprozess, und keine von ihnen wird allgemein anerkannt. Eine frühe Theorie lautete, dass sich diese Festungen auf alten Vulkanen befanden und dass die Leute die geschmolzenen Steine, welche bei den Eruptionen herausgeschleudert wurden, für den Bau ihrer Siedlungen verwendet haben.

Diese Ansicht wurde durch die Theorie ersetzt, dass die Erbauer dieser Mauern diese Festungen in einer solchen Art konstruiert haben, weil sie durch die Glasierung die Wände verstärken wollten. Laut dieser Theorie wurden Feuer angezündet und entflammbares Material hinzugefügt, um Wälle zu erzeugen, welche der Feuchtigkeit des lokalen Klimas oder irgendwelchen Eindringlingen widerstehen konnten.

Dies ist eine interessante Theorie, aber eine, die verschiedene Fragen aufwirft. Erstens gibt es überhaupt keine Hinweise, dass durch eine solche Glasierung die Mauern einer Festung tatsächlich verstärkt werden; es scheint sogar eher so zu sein, dass sie hierdurch geschwächt werden. In vielen Fällen scheinen die Mauern der Festungen aufgrund der Feuer zusammengebrochen zu sein. Da außerdem die Mauern vieler schottischer Festungen nur teilweise

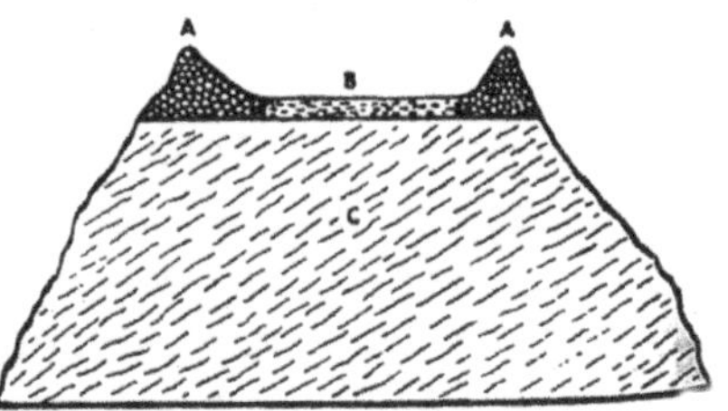

glasiert sind, kann es sich hierbei kaum um eine wirkungsvolle Baumethode handeln.

Julius Cäsar beschreibt in seinem Bericht über die gallischen Kriege einen Typ Festung aus Holz und Stein, bei welchem "gallische Mauern" verwendet werden. Dies war für diejenigen von Interesse, welche auf der Suche nach der Lösung des Rätsels der glasierten Festungen waren, weil diese Festungen aus Steinwänden erbaut wurden, in deren Innern sich kleinere Steine und Holzstützen befanden. Es scheint daher logisch anzunehmen, dass vielleicht durch das Verbrennen einer solchen holzgefüllten Mauer das Phänomen der Glasierung erzeugt worden war.

Einige Forscher sind sich sicher, dass die Erbauer der Festungen die Glasierung absichtlich erzeugt haben. Arthur C. Clarke zitiert ein Team aus Chemikern vom Naturhistorischen Museum in London, welche die Festungen untersucht hatten: "Wenn man die hohen Temperaturen in Betracht zieht, die erzeugt werden mussten, und die Tatsache, dass ungefähr 60 glasierte Festungen auf einem eng begrenzten Raum in Schottland vorhanden sind, dann können wir nicht glauben, dass diese Art von Struktur das Ergebnis von zufälligen Feuern ist."[41]

Die schottische Archäologin Helen Nisbet glaubt jedoch, dass die Glasierung von den Erbauern nicht absichtlich erzeugt wurde. Nach einer gründlichen Untersuchung der verwendeten Felsarten, gelangte sie zu dem Ergebnis, dass die meisten dieser Festungen aus Felsgestein errichtet wurden, welche am gewählten Ort leicht erhältlich waren und nicht aus dem Grund ausgewählt wurden, weil sie sich für die Glasierung besonders gut eigneten.[64]

Außerdem ist der Glasierungsprozess an sich schon ein Rätsel, selbst wenn er absichtlich eingesetzt worden wäre. Ein Team aus Chemikern hat laut Arthur C. Clarke Felsproben aus elf Festungen einer gründlichen chemischen Untersuchung unterzogen, wobei herausgefunden wurde, dass die Temperaturen, um die Glasierung zu erreichen so hoch waren -- bis zu 1 100° C --, dass diese durch einfaches Verbrennen eines Gemisches aus Holz und Steinen nicht erreicht werden können.[41]

Ein Problem, dass alle Theorien gemeinsam haben, ist, dass sie davon ausgehen, dass sich das antike Schottland zu dieser Zeit in einem primitiven Kulturzustand befand. Dies ist erstaunlich, wenn man sich vorstellt, wie groß und gut organisiert die Bevölkerung oder die Armee gewesen sein muss, welche diese antiken Bauwerke gebaut und bewohnt haben. Janet und Colin Bord schreiben in ihrem Buch *Mysterious Britain*[65] über Maiden Castle: "Die Festung nimmt eine Fläche von fast 500 000 m² ein und besitzt eine durchschnittliche Breite von 450 m und eine Länge von 900 m. Der innere Umfang beträgt ungefähr 2 km, und es ist geschätzt worden, dass ungefähr 250 000 Männer notwendig gewesen wären, um sie zu verteidigen! Es ist deshalb schwer vorstellbar, dass diese Anlage als Verteidigungseinrichtung vorgesehen war.

Ein großes Rätsel waren schon immer die labyrinthartigen Eingänge im Osten und Westen gewesen. Sie sind vielleicht ursprünglich von den Menschen der Jungsteinzeit dafür gebaut worden, um die Leute nacheinander eintreten lassen zu können. Als dann später die Krieger der Steinzeit diesen Ort als Festung benutzten, fanden sie diese wahrscheinlich sehr nützlich, um irgendwelche Angreifer zu verwirren, welche einzudringen versuchten. Die Tatsache, dass so viele dieser Bergfestungen zwei Eingänge haben, lässt außerdem auf eine Art Sonnenzeremonie schließen." Wenn 250 000 Mann eine Festung verteidigen, dann sprechen wir von einer großen Armee in einer gut organisierten Gesellschaft! Hierbei handelt es sich nicht um einen Haufen felltragender Krieger mit Speeren, welche eine Festung gegen eine Bande marodie-

render Jäger und Sammler verteidigen.

Und trotzdem bleibt die Frage offen, was für eine Armee diese Steilküstenfestungen am Meer oder an Seen in Besitz genommen hatte. Und gegen welche Seemacht haben sich diese Leute erfolglos verteidigt?

Die Festungen an der Westküste von Schottland ähneln den Überbleibseln der geheimnisvollen Steilwandfestungen auf den Aran-Inseln an der Westküste von Irland. Hier haben wir tatsächlich Hinweise vor uns, welche als Bestätigung für die Geschichte dienen können, dass die Atlanter mit einer großen Schiffsflotte ihre Nachbarn angegriffen und in einem schrecklichen Krieg besiegt haben. Es ist die Theorie aufgestellt worden, dass die heftigen Kämpfe, welche in der Atlantissage beschrieben werden, in Wales, Schottland, Irland und England stattgefunden haben -- im Fall der schottischen, glasierten Festungen sieht es so aus, als ob sie die Verlierer dieses Krieges gewesen seien. Und Zeichen der Niederlage sind im ganzen Land zu finden: die Schützengräben in Sussex, die glasierten Festungen in Schottland und der völlige Zusammenbruch und das Verschwinden der Zivilisation, durch welche diese Dinge erbaut worden sind. Durch welches Armageddon wurde Schottland vor langer Zeit zerstört?

In der antiken Zeit gab es eine Substanz, welche als "Griechisches Feuer" bekannt war. Hierbei handelte es sich um eine Art antiker Nampalmbomben, welche mit Katapulten abgeschossen und nicht gelöscht werden konnten. Einige Arten des Griechischen Feuers sollen sogar unter Wasser gebrannt haben und wurden deshalb von Kriegsschiffen eingesetzt. Die tatsächliche Zusammensetzung des Griechischen Feuers ist unbekannt, aber es müssen Chemikalien wie Phosphor, Pech, Schwefel und andere entflammbare Stoffe enthalten gewesen sein.

War vielleicht eine Art des Griechischen Feuers für die Glasierung verantwortlich? Wenn auch Anhänger der Theorie antiker

Astronauten glauben mögen, dass irgendwelche Außerirdische mit ihren Atomwaffen diese Mauern glasiert haben, so scheint es doch wahrscheinlicher, dass sie das Resultat einer von Menschen erzeugten Apokalypse chemischer Natur sind. Hat vielleicht eine große Flotte mit Belagerungsmaschinen, Kriegsschiffen und Griechischen Feuern diese riesigen Festungen gestürmt und sie schließlich durch ein höllisches Feuer niedergebrannt?

Die Beweise für die glasierten Festungen sind eindeutig: In prähistorischer Zeit lebte eine sehr erfolgreiche und gut organisierte Zivilisation in Schottland, England und Wales, vielleicht 1000 v. Chr., welche riesige Gebäude, einschließlich Festungen errichten konnten. Hierbei handelte es sich offensichtlich um ein Seevolk, das auf den Seekampf und andere Angriffsformen spezialisiert war.

WEITERE GLASIERTE RUINEN

Andere glasierte Ruinen können in Frankreich, der Türkei und anderen Gebieten des Mittleren Ostens gefunden werden. Glasierte Festungen werden in einem Artikel im *American Journal of Science* (Band 3, Nr. 22, 1881, Seite 150-151) mit dem Titel "On the Substances Obtained from Some Forts Vitrifies in France", der von N. Daubree verfasst wurde, diskutiert.

Der Autor erwähnt mehrere Festungen in der Bretagne und im nördlichen Frankreich, deren Mauern glasiert wurden. Er zählt z.B. die teilweise geschmolzenen Granitblöcke der Festung von Chateau-vieux und von Puy de Gaudy (Creuse) auf. Daubree konnte verständlicherweise nicht so leicht eine Erklärung für die Glasierung finden.[17]

Auch die Ruinen von Hattusas in der Zentraltürkei, einer antiken Hethiterstadt, sind teilweise glasiert. Es wird behauptet, dass die Hethiter die Erfinder des Streitwagens waren, und Pferde waren von großer Bedeutung für sie. Auf einer hethitischen Stele ist zum ersten Mal die Abbildung eines Streitwagens zu finden. Allerdings scheint es sehr unwahrscheinlich zu sein, dass die

Die Ruinen eines Zikkurats in Irak, die aus einer Masse glasierter Ziegelsteine bestehen, die miteinander verschmolzen sind

Reitkunst und Streitwägen zuerst von den Hethitern erfunden wurden. Höchstwahrscheinlich waren Streitwägen zur gleichen Zeit auch schon im antiken China in Verwendung.

Die Hethiter verwendeten das unübliche Motiv des doppelköpfigen Adlers, ein Symbol, das noch heute in Deutschland verwendet wird. Die Hethiter stehen auch mit der erstaunlichen Welt des antiken Indien in Verbindung. Protoindische Schriften wurden in Hattusas gefunden, und die Forscher geben nun zu, dass die Zivilisation in Indien viele Tausend Jahre zurückreicht, genauso wie in der *Ramayana*, einer antiken indischen Schrift, behauptet wird.

In dem Buch *Und die Bibel hat doch Recht*[29] zählt der deutsche Historiker Werner Keller einige der Rätsel in bezug auf die Hethiter auf. Laut Keller werden die Hethiter zum ersten Mal in der Bibel in Zusammenhang mit dem biblischen Patriarchen Abraham erwähnt, der von den Hethitern in Hebron eine Grabstätte für seine Frau Sarah erwirbt. Als konservativer, klassischer Gelehrter ist Keller über diese Tatsache erstaunt, weil allgemein angenommen wird, dass Abraham zwischen 2 000 und 1 800 v. Chr. gelebt hat, wohingegen üblicherweise davon ausgegangen wird, dass die Hethiter erst im 16. Jahrhundert v. Chr. aufgetaucht sind.

Die biblische Behauptung, dass die Hethiter die Gründer von Jerusalem sind, findet Keller sogar noch verwirrender. Hierbei handelt es sich um eine faszinierende Feststellung, da dies bedeuten würde, dass die Hethiter auch Baalbek bewohnt haben, das zwischen ihrem Reich und Jerusalem liegt. Wie wir schon gesehen haben, ist der Tempelberg in Jerusalem, genauso wie Baalbek, auf riesigen Quadersteinen errichtet worden. Die Hethiter haben mit Sicherheit eine Konstruktionsweise verwendet, die als zyklopisch bezeichnet wird, wobei riesige polygonale Steinblöcke in perfekter Weise zusammengefügt werden. Die gewaltigen Mauern und Tore von Hattusas sind jenen in den Anden, oder anderen megalithischen Stätten auf der Welt, erstaunlich ähnlich. Der Unterschied bei Hattusas ist nur, dass ein Teil der Stadt glasiert ist und die Mauern aus Felsgestein teilweise geschmolzen sind.

Falls die Hethiter die Erbauer von Jersusalem waren, dann würde dies bedeuten, dass das antike, hethitische Reich Tausende von Jahren an der Grenze zu Ägypten existiert hat. Tatsächlich sind die hethitischen Hieroglyphen den ägyptischen zweifelsohne sehr ähnlich.

Genauso wie das ägyptische Reich viele Tausend Jahre v. Chr. zurückreicht und letztendlich mit Atlantis verbunden ist, ist dies auch beim hethitischen Reich der Fall. Genauso wie die Ägypter bauten auch die Hethiter riesige Sphinxe aus Granitgestein und beteten die Sonne an. Die Hethiter verwendeten auch, wie die Ägypter, eine geflügelte Scheibe als Symbol für ihren Sonnengott. Die Hethiter waren in der antiken Welt allgemein bekannt, weil sie die Hauptproduzenten von Eisen- und Bronzegütern waren. Die Hethiter waren Metallurgisten und Seefahrer. Ihre geflügelten Scheiben können vielleicht in Wirklichkeit Darstellungen von Vimanas sein, also indischer Luftfahrzeuge.

Einige der antiken Zikkurate im Iran und Irak enthalten ebenfalls glasierte Materialien, von denen die Archäologen manchmal glauben, dass es durch "Griechische Feuer" erzeugt wurde. Die glasierten Überreste des Zikkurats von Birs Nimrod (Borsippa) südlich von Hillah, wurden einst mit dem Turm von Babel verwechselt. Die Ruinen sind von einem glasierten Mauerwerk gekrönt, bei dem es sich um Tonziegel handelt, welche durch starke Hitze miteinander verschmolzen sind. Dies kann vielleicht seinen Grund in den schrecklichen, antiken Kriegen haben, welche in der *Ramayana* und der *Mahabharata* beschrieben werden, obwohl die ersten Archäologen dieses Phänomen Blitzeinschlägen zugeschrieben haben.

Zerstörung folgt; und sie werden
Frieden suchen, und es wird keinen Frieden geben.
Ezekiel 7:25.

GRIECHISCHES FEUER, PLASMAKANONEN UND ATOMKRIEGE

Wenn man dem großen indischen Epos *Mahabharata* Glauben schenken darf, dann wurden in der Vergangenheit fantastische Kriege mit Luftschiffen, Teilchenstrahlwaffen, chemischen Waffen und angeblich sogar Atomwaffen geführt. Genauso wie in diesem Jahrhundert Schlachten mit unglaublich zerstörerischen Waffen gefochten wurden, kann es ebenso gut möglich sein, dass die Schlachten in den letzten Tagen von Atlantis mit sehr fortschrittlichen High-Tech-Waffen geführt wurden.

Beim geheimnisvollen Griechischen Feuer handelte es sich um einen "chemischen Feuerball." Brandbomben gehen mindestens auf das 5. Jahrhundert v. Chr. zurück, als Aineias ein Buch mit dem Titel *On the Defense of Fortified Positions* schrieb. Hierin schreibt er: "Und Feuer, das stark und völlig unlöschbar ist, ist auf folgende Weise herzustellen: Man muss Pech, Schwefel, granulierten Weihrauch und Kiefernsägemehl in Säcken entzünden, wenn man die feindlichen Werke in Brand setzen möchte."[27]

L. Sprague de Camp erwähnt in seinem Buch *The Ancient Engineers*[27], dass irgendwann herausgefunden wurde, dass Erdöl, welches im Irak und anderswo aus dem Boden hervorströmt, eine ideale Grundlage für Brandbomben bildet, weil es in den zu dieser Zeit verwendeten Geräten eingesetzt werden konnte. Es wurden auch noch andere Substanzen hinzugefügt wie Schwefel, Olivenöl, Harz, Teer, Salz und Ätzkalk.

Einige dieser Zusätze mögen vielleicht hilfreich gewesen sein, aber andere nicht, obwohl man glaubte, dass dies der Fall sei. Salz z.B. ist wahrscheinlich zugesetzt worden, weil das Natrium der Flamme eine helle, orange Farbe verlieh. Die Menschen in der Antike glaubten, dass eine hellere Flamme auch gleichbedeutend mit einer heisseren Flamme sei, weil sie fälschlicherweise annahmen, dass das Salz die Flamme stärker brennen ließ. Solche Mischungen wurden in dünnwandige Körbe gebracht und dann von Katapulten auf feindliche Schiffe und Verteidigungsanlagen geschleudert.

Laut de Camp floh im Jahr 673 n. Chr. der Architekt Kallinikos vor den arabischen Eroberern aus Helipolis-Baalbek nach Konstantinopel. Dort verriet er dem Herrscher Konstantin IV. eine verbesserte Formel für eine Flüssigbrandbombe. Diese konnte nicht nur auf den Feind geschleudert werden, sondern auch sehr vorteilhaft auf dem Meer eingesetzt werden, weil sie Feuer fing, wenn sie das Wasser berührte und brennend auf den Wellen dahintrieb.

De Camp sagt, dass die byzantinischen Galeeren im Bug mit einem Flammenwerfer ausgestattet waren, welcher aus einem Tank mit dieser Mischung, einer Pumpe und einer Düse bestand. Mit Hilfe dieser Verbindung konnten die Byzantiner den arabischen Belagerungsring in den Jahren 674-76 und 715-18 n. Chr. durchbrechen und auch die russischen Angriffe des Jahres 941 und 1043 n. Chr. zurückschlagen. Die brennbare Flüssigkeit richtete immensen Schaden an; von den 800 arabischen Schiffen, welche Konstantinopel im Jahr 716 n. Chr. angriffen, kehrten nur eine Handvoll zurück.

Die Formel für die Nassversion des Griechischen Feuers ist niemals entdeckt worden. De Camp schreibt hierzu: "Durch strenge Sicherheitsmaßnahmen gelang es den byzantinischen Herrschern die Zusammensetzung dieser Substanz, die als "nasses Feuer" oder "wütendes Feuer" bezeichnet wurde, geheim zu halten. Wenn sie nach deren Geheimnis gefragt wurden, antworteten sie einfach, dass ein Engel dem ersten byzantischen Herrscher die Formel offenbart hatte.

Wir können deshalb nur Vermutungen über die Zusammensetzung der Mischung anstellen. Laut einer Theorie soll es sich um Erdöl mit einem Zusatz von Kalziumphosphid gehandelt haben, das aus Lehm, Knochen und Urin hergestellt werden kann. Vielleicht ist Kallinikos in Zuge seiner alchimistischen Experimente auf diese Substanz gestoßen."[27]

Die Glasierung von Ziegelsteinen, Felsgesteinen und Sand kann durch verschiedene fortschrittliche Waffentechniken verursacht worden sein. Der neuseeländische Autor Robin Collyns nimmt in seinem Buch *Ancient Astronauts: A Time Reversal?*[26] an, dass es fünf Methoden gibt, mit denen die "antiken Astronauten" Krieg gegen die verschiedenen Kulturen auf dem Planeten Erde geführt haben könnten. Er beschreibt auch, wie diese Methoden in der heutigen Zeit wieder im Aufwind sind.

Bei den fünf Methoden handelt es sich um Plasmakanonen, Fusionsbrenner, Erzeugung von Löchern in der Ozonschicht, Manipulation des Wetters und das Freisetzen gewaltiger Energiemengen, wie z.B. durch Atomexplosionen. Da Collyns Buch schon 1976 in Großbritannien veröffentlich wurde, scheint die Erwähnung von Ozonlöchern und Wetterkriegen merkwürdig prophetisch.

Über Plasmakanonen schreibt Collyns Folgendes: "Plasmakanonen wurden schon für friedliche Zwecke entwickelt: Ukrainische Wissenschaftler vom geotechnisch-mechanischen Institut haben Versuche unternommen, um Tunnels in Eisenerzminen zu bohren, indem sie ein Plasmatron, also einen Plasmagasstrahl mit einer Temperatur von 6 000° C verwendet haben."[26]

Bei diesem Plasma handelt es sich in diesem Fall um ein elektrisch geladenens Gas. Ein solches wird auch in einem Buch aus dem antiken Indien über Vimanas mit dem Titel *Vimanika Shastra* erwähnt, in dem in kryptischer Weise von der Verwendung flüssigen Quecksilbers als Treibstoff gesprochen wird, welches - elektrisch aufgeladen - zu einem Plasma wird.

Als nächstes geht Collyns auf Fusionsbrenner ein: "Hierbei handelt es sich um eine weitere mögliche Methode der Kriegsführung, wie sie von den Außerirdischen oder einer fortschrittlichen Zivilisation auf der Erde eingesetzt worden sein kann. Vielleicht waren die Solarspiegel der Antike in Wirklichkeit Fusionsbrenner?

In bezug auf Ozonlöcher und Wettermanipulation sagt Collyns Folgendes: "Sowjetische Wissenschaftler haben bei der UNO vorgeschlagen, dass neue Methoden der Kriegführung verboten werden sollten, wie z.B. das Erzeugen von Löchern oder "Fenstern" in der Ozonschicht, um bestimmte Gebiete der Erde mit einer stärkeren, ultravioletten Strahlung zu bombardieren, durch welche alle Lebensformen getötet und das Land in eine Wüste verwandelt würde.

Andere Themen, welche bei diesem Treffen besprochen wurden, bezogen sich auf die Verwendung von Infraschall, um Schiffe zu zerstören, indem akustische Wellen erzeugt, oder durch Atomexplosionen riesige Felsbrocken in das Meer geschleudert werden. Durch die hierdurch entstehende Flutwelle könnten die Küstengebiete eines Landes zerstört werden. Flutwellen könnten auch durch die Zündung von Nuklearsprengsätzen an den Polen erzeugt werden. Wirbelstürme, Erdbeben und Trockenheiten, die in einem bestimmten Zielgebiet erzeugt werden, sind eine weitere Möglichkeit.

Und schließlich werden heute Waffen entwickelt, durch welche "chemische Feuerbälle" erzeugt werden, welche eine thermische Energie abstrahlen, die mit einer Atombombe verglichen werden kann."[26]

SIND IM DEATH VALLEY IN KALIFORNIEN HINWEISE AUF EINEN ATOMKRIEG VORHANDEN, DER VOR LANGER ZEIT STATTGEFUNDEN HAT?

In seinem Buch *The Secret of the Lost Races*[32] diskutiert Rene Noorbergen Hinweise auf einen Krieg in der fernen Vergangenheit, bei dem Luftschiffe und Waffen verwendet und Steingebäude glasiert wurden. "Die meisten glasierten Steinstädte in der Neuen Welt befinden sich im Westen der USA. Im Jahr 1850 sah der amerikanische Forscher Ives William Walker als Erster einige dieser Ruinen, welche im Death Valley gelegen sind. Er entdeckte eine Stadt, die eine Länge von 1,5 km hatte, wobei die Straßenzüge und die Lage der Gebäude immer noch sichtbar waren. In der Mitte fand er einen riesigen Felsblock, der zwischen sechs und neun Meter hoch war, wobei sich die Überreste eines riesigen Gebäudes auf der Oberseite befanden. Sowohl die südliche Seite des Felsens, als auch des Gebäudes, war geschmolzen und glasiert. Walker nahm an, dass ein Vulkan für dieses Phänomen verantwortlich war, aber es befindet sich kein Vulkan in diesem Gebiet. Auch durch eine tektonische Hitzeentwicklung

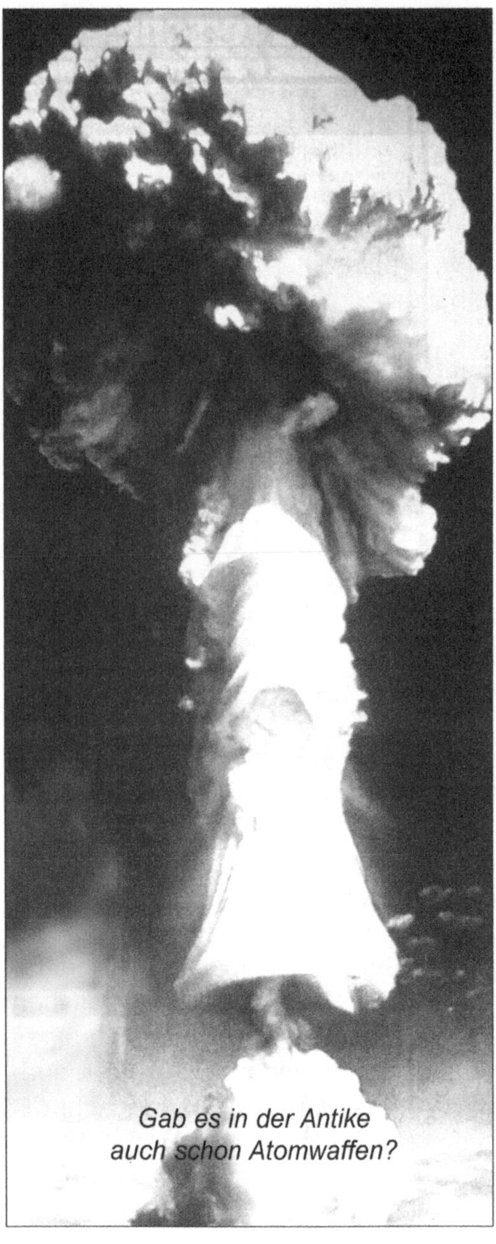
Gab es in der Antike auch schon Atomwaffen?

kann keine solche Verflüssigung der Oberfläche eines Felsens erzeugt werden.
Ein Bekannter von Walker, welcher dessen Forschungen weiterführte, schrieb Folgendes: “Das ganze Gebiet zwischen dem Fluss Gila und San Juan ist mit Überresten übersät. Die Ruinen der Städte, die sehr ausgedehnt gewesen sein mussten, sind verbrannt und teilweise glasiert, voll von geschmolzenen Steinen und Kratern, die durch Feuer erzeugt wurden, welche heiß genug waren, um Gestein und Metall zu verflüssigen.”[32]
Die Berichte über diese glasierten Ruinen im Death Valley klingen fantastisch -- aber sind sie das auch wirklich?
Es gibt eindeutige Hinweise auf eine antike Zivilisation in diesem Gebiet. Im Titus-Canyon sind z.B. Felszeichnungen und Inschriften auf

Steinwänden gefunden worden, welche einen unbekannten, prähistorischen Ursprung besitzen. Manche Leute glauben, dass diese von Menschen stammen, welche lange vor den Indianern gelebt haben, von denen wir wissen, dass diese keine Reliefes kannten und in der Tat eine abergläubische Furcht vor solchen Dingen hatten.

In seinem Werk *Weird America*[34] schreibt Jim Brandon Folgendes: "Piute-Legenden erzählen von einer Stadt unter dem Death Valley, welche sie als *Shin-au-av* bezeichnen. Tom Wilson, ein indianischer Führer, behauptete in den Zwanziger Jahren, dass sein Großvater diesen Ort wiederentdeckt hatte, als er in einem kilometerlangen Labyrinth aus Höhlen unter der Oberfläche des Tales umherwanderte.

Schließlich kamen die Indianer in eine unterirdische Stadt, wo die Leute eine unverständliche Sprache sprachen und Kleidung aus Leder trugen. Laut Wilson war ein Aufseher namens White durch den Boden in einer verlassenen Mine am Wingate Pass in einen unbekannten Tunnel gefallen. White war diesem in eine Reihe von Räumen gefolgt, wo er Hunderte von lederbekleideten, menschlichen Mumien fand. Goldbarren waren wie Ziegelsteine aufgestapelt und in Behältern untergebracht.

White behauptete, dass er die Höhlen bei drei Gelegenheiten erforscht hatte. Einmal begleitete ihn auch seine Frau und sein Kollege Fred Thomason. Allerdings war keiner von ihnen in der Lage, den Zugang zu dieser Höhle wiederzufinden, als sie später eine Gruppe von Archäologen an diesen Ort führen wollten."

Es scheint, dass zumindest ein Ortsansässiger wusste, wie man den Eingang finden konnte. Brandon bezieht sich hierbei auf "Death-Valley-Scottie", einem Exzentriker, der Millionen ausgegeben hatte, um ein Schloss in dieser Gegend zu bauen, und sich auf die Suche nach Gold machte, als ihm das Geld ausgegangen war. Dieser Mann machte sich auf den Weg in das nahe gelegene Grapevine-Gebirge und brachte nach ein paar Tagen ein verdächtig veredelt aussehendes Gold mit, von dem er vorgab, dass er es gefunden hatte. Viele glaubten allerdings, dass das Gold in Wirklichkeit aus dem Tunnelsystem unterhalb des Death Valley stammte.[34]

Hinweise auf eine untergegangene Zivilisation im Death Valley sind auch in einem außergewöhnlichen Artikel über Höhlen und Mumien vom 5. August 1947 in der Zeitschrift *Hot Citizen* zu finden. Hierin heißt es Folgendermaßen:

"Eine Gruppe aus Amateur-Archäologen hat heute bekannt gegeben, dass sie eine untergegangene Zivilisation von 2,70 m großen Menschen in einer kalifornischen Höhle entdeckt haben. Howard E. Hill, der Sprecher der Expedition, sagte, dass es sich bei dieser Zivilisation um das legendäre Atlantis gehandelt habe.

Die Höhlen enthalten Mumien von Menschen und Tieren und Werkzeuge einer Kultur, die 80 000 Jahre alt ist, "aber in mancher Hinsicht der unseren überlegen war," meinte Hill. Er sagte, dass die 32 Höhlen eine Fläche von 350 km² im Bereich des Death Valleys und dem südlichen Nevadas einnehmen.

"Diese Entdeckung ist vielleicht bedeutender als diejenige von Tutanchamuns Grab," meinte er.

Professionelle Archäologen waren in bezug auf Hills Geschichte skeptisch. Wissenschaftler des Museums von Los Angeles wiesen darauf hin, dass Dinosaurier und Säbelzahntiger, welche laut Hill Seite an Seite in den Höhlen lagen, erdgeschichtlich gesehen durch einen Zeitraum von zehn bis dreizehn Millionen Jahre getrennt waren.

Hill sagte, dass die Höhlen im Jahr 1931 durch Dr. F. Bruce Russel, einem Arzt aus Beverly Hills, entdeckt worden waren, der bei einer Probebohrung eingebrochen war. "Er hatte jahrelang versucht, die Leute dafür zu interessieren," sagte Hill, "aber niemand glaubte ihm."

Russel und einige andere Hobbyforscher taten sich nach dem Krieg zusammen und begannen zu graben. "Mehrere Gräber enthielten mumifizierte Überreste von Menschen, welche 2,40 bis 2,70 m groß waren," sagte Hill, "sie trugen prähistorische Fellkleidung, Jacken und knielange Hosen." In einer anderen Höhle befand sich ein Raum für ihre Rituale und Geräte und Zeichen, welche denen der Freimaurer ähnlich waren. Durch einen langen Gang aus diesem Tempel gelangte die Gruppe dann in einen Raum, wo die gut präservierten Überreste von Dinosauriern, Säbelzahntigern, Mammuten und anderen ausgestorbenen Bestien ausgestellt waren.

"Offensichtlich waren diese Menschen durch irgendeine Katastrophe in diese Höhlen getrieben worden. "Alle Werkzeuge ihrer Zivilisation wurden gefunden," sagte Hill, "eingeschlossen Haushaltsgeräte und Öfen, die offensichtlich mit Mikrowellen arbeiteten. Ich weiß, dass sie mir nicht glauben."

Wenn die Authenzität dieser Geschichte auch bezweifelt werden kann, handelt es sich trotzdem um einen interessanten Bericht, um es gelinde zu sagen. Vor allem wenn man bedenkt, dass hier von Mikrowellenöfen die Rede ist, die nicht einmal im Jahr 1947 bekannt waren, und trotzdem wurden sie in einem Zehntausende Jahre alten Grab gefunden.

SODOM UND GOMORRA TREFFEN AUF HIROSHIMA UND NAGASAKI

Die wahrscheinlich bekannteste aller antiken Geschichten über Kernwaffen ist jene von Sodom und Gomorra. In der Bibel heißt es hierzu Folgendermaßen:

"Und der Herr sprach: Es ist ein großes Geschrei über Sodom und Gomorra, dass ihre Sünden sehr schwer sind. ... Da ließ der Herr Schwefel und Feuer regnen vom Himmel herab auf Sodom und Gomorra ... und vernichtete die Städte und die ganze Gegend und alle Einwohner der Städte und was auf dem Lande gewachsen war. Und Lots Weib sah hinter sich und ward zur Salzsäule ... und siehe, da ging ein Rauch auf vom Lande wie der Rauch von einem Ofen." (I. Moses 18,20; 19,24-28).

Diese biblische Passage wird immer wieder als Beispiel für die Macht und den Zorn Gottes verwendet, der solche Orte heimsuchte, in denen die Sünde grasierte. In der Bibel wird ziemlich genau beschrieben, wo Sodom und Gomorra und andere Städte

Lot verlässt mit seiner Familie die zerstörte Stadt Sodom

gelegen haben, nämlich im Tal von Siddim, also am südlichen Zipfel des heutigen Toten Meeres. Laut der Bibel waren in diesem Gebiet auch noch die Städte Zoar, Admah und Zebojim vorhanden. Sogar noch bis ins Mittelalter hinein existierte dort eine Stadt namens Zoar.

Das Tote Meer liegt ca. 400 m unter dem Meeresspiegel und ist unglaubliche 350 m tief. Der Grund des Sees befindet sich deshalb ca. 750 m unter dem Meeresspiegel. Ungefähr 30% des Wassers des Toten Meeres besteht aus festen Bestandteilen, größtenteils aus Natriumchlorid, also Kochsalz. Normales Meerwasser enthält nur 3,3 bis 4% Salz. Der Jordan und viele andere kleinere Flüsse fließen in das Tote Meer, welches nicht einen einzigen Abfluss besitzt. Was seine Zuflüsse in Form chemischer Substanzen zuführen, wird im Toten Meer verteilt, das eine Fläche von über 1 000 km² einnimmt. Durch Verdunstung aufgrund der brütenden Sonne in dieser Gegend gehen jeden Tag ungefähr 6 Millionen m^3 Wasser verloren. Die Araber behaupten, dass aus dem See soviele giftige Gase entweichen, dass kein Vogel diesen überqueren kann, weil er sterben würde, bevor er die andere Seite erreichen würde.

Das Tote Meer wurde in der modernen Zeit zum ersten Mal im Jahr 1848 erforscht, als W.F. Lynch, ein amerikanischer Geologe, eine Expedition in diese Gegend unternahm. Lynch fand heraus, dass der Glaube richtig ist, dass man im Toten Meer nicht untergehen kann. Er entdeckte auch, dass der See ungewöhnlich tief ist und untersuchte das flache Gebiet oder die Seezunge am südlichen Zipfel des Sees. In diesem Gebiet soll das Tal von Siddim und fünf andere Städte gelegen haben. Man kann dort ganze Wälder sehen, welche mit Salz bedeckt unter der Oberfläche liegen.

Die übliche Theorie über die Zerstörung von Sodom und Gomorra und auch Werner Keller in seinem Buch *Und die Bibel hat doch Recht*[29] geht davon aus, dass die Städte im Tal von Siddim zerstört wurden, als durch eine Kontinentalplattenverschiebung der südliche Bereich nach unten sank. Bei einem großen Erdbeben kam es vielleicht zu Explosionen, natürliche Gase traten aus und es regnete Schwefel. Dies ist wahrscheinlich ca. 2 000 v. Chr. passiert, zur Zeit von Abraham und Lot, obwohl die Geologen dieses Ereignis mehrere tausend Jahre weiter zurückverlegen.

Keller schreibt: "Das Jordantal ist ein Teil des mächtigen Risses in unserer Erdkruste. Der Verlauf dieser Erdspalte wurde inzwischen genau erkundet. Sie beginnt viele hundert Kilometer von den Grenzen von Palästina hoch im Norden, zu Füßen der Taurus-Berge in Kleinasien. Im Süden verläuft sie vom Südufer des Toten Meeres über die Wüste Araba zum Golf von Akaba und endet erst jenseits des Roten Meeres in Afrika. An vielen Stellen dieser Riesensenke sind Zeichen ehemaliger Vulkantätigkeit nachweisbar. Der Erdeinbruch legte die vulkanischen Kräfte frei, die längs der Spalte überall in der Tiefe schlummern. Im oberen Jordantal erheben sich noch heute die Krater erloschener Vul-

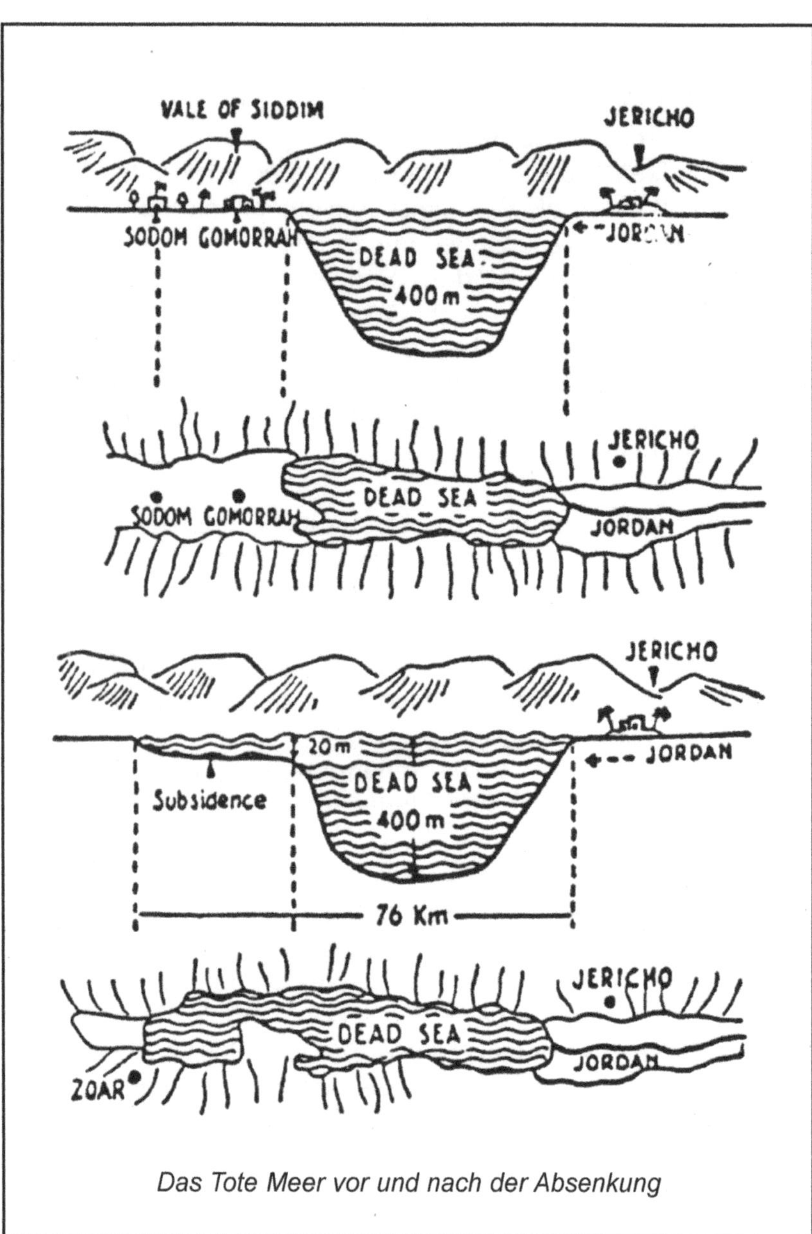

Das Tote Meer vor und nach der Absenkung

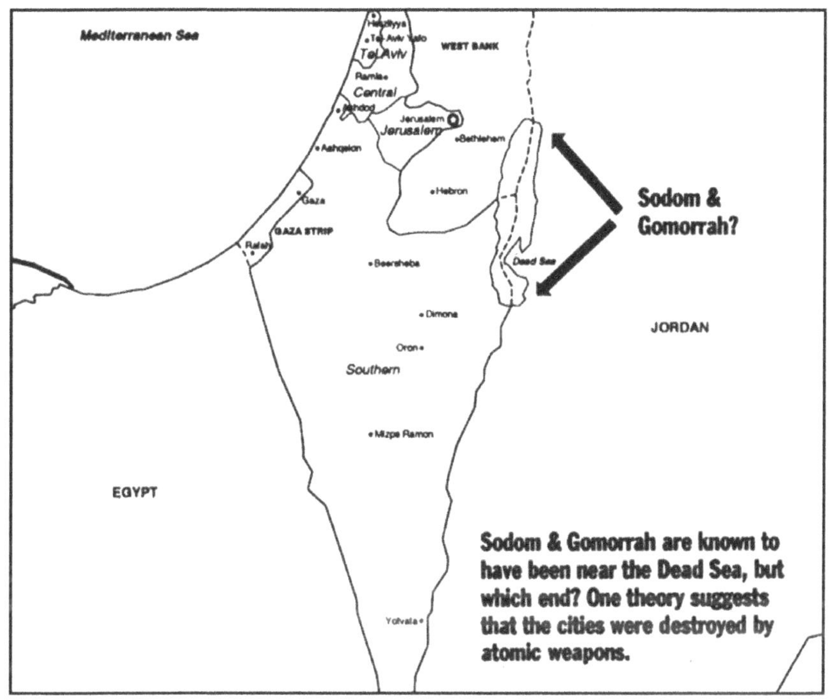

Landkarte, welche die Lage von Sodom und Gomorra zeigt

kane, in den Bergen von Galiläa, auf dem Hochland von Jordanien, an den Ufern des Jabbok, am Golf von Akaba lagern über dem Kalkboden große Lavafelder und mächtige Basaltschichten. Seit undenklichen Zeiten werden die Gebiete an dieser Senke von Erdbeben immer wieder heimgesucht. Sie sind wiederholt bezeugt, auch die Bibel berichtet davon.

Versanken Sodom und Gomorra, als -- begleitet von Erdbeben und Vulkanausbrüchen -- vielleicht ein Stück des Grabenbodens noch etwas einbrach? Erweiterte sich das Tote Meer damals nach Süden hin, und wurde das Tal Siddim zum See?"[29]

In bezug auf die Salzsäulen sagt Keller Folgendes: "Westlich vom Südufer, in Richtung auf das biblische "Mittagsland", den

Negev, dehnt sich ein Hügelrücken 45 Meter hoch und 15 km lang von Norden nach Süden. Über seinen Hängen liegt bei Sonnenlicht ein Funkeln und Glitzern wie von Diamanten. Es ist ein seltenes Naturphänomen. Der größte Teil dieses kleinen Gebirges besteht aus reinen Salzkristallen. Die Araber nennen es Dschebel Usdüm, ein Name, in dem sich das Wort Sodom erhalten hat. Viele Salzblöcke sind vom Regen ausgewaschen und von den Höhen herabgestürzt. Sie haben seltsame Formen, einige stehen aufrecht wie Statuen. In ihren Umrissen vermeint man wahrhaftig plötzlich menschliche Gestalten zu erkennen. Die befremdlichen Salzstatuen erinnern lebhaft an die Erzählung der Bibel von Lots Frau, die wegen ihres Ungehorsams zur Salzsäule erstarrte. Und alles, was in der Nähe des Salzmeeres liegt, überzieht sich noch heute in kurzer Zeit mit einer Kruste aus Salz."[29]

Keller meint schließlich, dass eine geologische Katastrophe, durch welche Sodom und Gomorra zerstört wurden, schon vor Millionen von Jahren stattfinden hätte müssen, wie ihm dies die Geologen gesagt haben. Keller berichtet, dass die Geologen keine Beweise für eine Katastrophe in der jüngeren Vergangenheit gefunden hätten, zumindest nicht in den letzten 10 000 Jahren.

Und hier liegt das Problem: Im Gebiet des Toten Meeres kann es zwar zu einer Katastrophe gekommen sein, welche zu den Ereignissen geführt hat, welche im Alten Testament beschrieben werden, aber die orthodoxen Geologen behaupten, dass solche Erdumwälzungen schon vor wesentlich längerer Zeit stattgefunden haben müssen.

Im Jahr 1999 wurde durch den britischen Bibelforscher Michael Sanders und einem internationalen Team aus Forschern eine neue Theorie aufgestellt. Sie hatten etwas entdeckt, das wie die Überreste einer antiken Siedlung am Grund des Sees aussah, nachdem sie mit einem Mini-Unterseeboot wochenlang Tauchgänge durchgeführt hatten.

Sanders erzählte einem Fernsehteam der BBC, welches eine Dokumentation über diese Expedition drehte, Folgendes: "Es besteht die Möglichkeit, dass diese Erdhügel Bauten aus Ziegelsteinen bedecken, welche zu den untergegangenen Städten dieser Ebene gehören, möglicherweise sogar Sodom und Gomorra. Die Geschichten in der Bibel sind von Generation zu Generation mündlich überliefert worden, bevor sie niedergeschrieben wurden, und sie scheinen viele Wahrheiten zu enthalten."

Sanders gelang es, eine Landkarte aus dem Jahr 1650 zu entdecken, welche ihn in seinem Glauben bestärkte, dass sich diese beiden Städte eher am nördlichen statt am südlichen Zipfel des Sees befunden haben. Er stellte Richard Slater an, einen amerikanischen Geologen und Experten im Tiefseetauchen, um ihn in die Tiefen des Toten Meeres zu bringen, und zwar in dem Zweimann-Miniunterseeboot, welches auch schon für die Entdeckung des gesunkenen Ozeankreuzers *Lusitania* eingesetzt worden war.

Die Ansicht von Sanders, dass sich Sodom und Gomorra im tiefen, nördlichen Teil befunden haben, stimmt eher mit der Geschichte und den geologischen Tatsachen überein als Kellers Theorie, dass sich diese im flachen, südlichen Zipfel des Toten Meers befunden haben. Und aus diesem Grund kommen wir wieder auf die populäre Theorie zurück, dass diese Städte nicht durch eine geologische Katastrophe zerstört wurden, sondern mittels einer vielleicht außerirdischen Technologie. Wurden Sodom und Gomorra genauso wie Hiroshima und Nagasaki mit Atomwaffen angegriffen?

Der Forscher L.M. Lewis behauptet in seinem Buch *Footprints on the Sands of Time*[30], dass Sodom und Gomorra durch Atomwaffen zerstört wurden und sagt, dass die Salzsäulen und der hohe Salzgehalt um das Tote Meer herum, Beweise für eine Atomexplosion sind. Lewis schreibt: "Als Hiroshima wieder aufgebaut wurde, fand man sandige Gebiete, welche in eine Substanz verwandelt worden waren, welche glasiertem Silizium ähnelte, das von Salzkristallen durchsetzt war. Kleine Stücke davon wurden von den großen Brocken abgeschnitten und als Souvenier an die Touristen verkauft.

Selbst wenn eine noch stärkere Explosion alle Gebäude pulverisiert, und wenn sich die gesamte Stadt in Luft aufgelöst hätte, dann würde es in den Außenbereichen des zerstörten Gebiets immer noch sprechende Zeugen von den Ereignissen geben. An einem bestimmten Punkt hätte es mit Sicherheit einen merklichen Unterschied im Boden oder atomare Veränderungen in den Gegenständen geben müssen."[30]

Lewis behauptet, dass die Salzsäulen am Toten Meer aufgrund der periodischen Regenfälle schon längst verschwunden wären, wenn sie aus gewöhnlichem Salz bestünden. Stattdessen bestehen diese Säulen aus einem speziellen, härteren Salz, welches nur durch eine Kernreaktion - wie bei einer Atomexplosion - erzeugt werden kann.

Diesen Säulen haben sich tatsächlich schon sehr lange Zeit gehalten. Sie waren nicht nur in der Antike vorhanden, sondern sind es auch noch heute. Lewis zitiert aus dem Werk *Geschichte der Juden* des bekannten römischen Historikers Josephus: "Aber Lots Frau, welche sich beim Verlassen der Stadt ständig nach dieser umdrehte, obwohl ihr Gott dies verboten hatte, wurde in eine Salzsäule verwandelt: denn ich habe sie gesehen, und sie ist bis zum heutigen Tag erhalten geblieben."

Lewis kommentiert dies so: "Es sollte betont werden, dass Flavius Josephus von 37 bis ca. 100 n. Chr. gelebt hat, und Sodom wurde im Jahr 1898 v. Chr. zerstört. Es ist schon erstaunlich, dass Josephus die menschliche Salzsäule, auch nachdem sie 2 000 Jahre dort gestanden hatte, immer noch sehen konnte. Wenn es sich um gewöhnliches Salz gehandelt hätte, dann wäre diese nach dem ersten Regen verschwunden gewesen."[29]

Wenn es in der Geschichte auch viele Salzsäulen gegeben haben mag, so ist Lewis doch der Ansicht, dass die Beweise auf eine Atomexplosion hindeuten: "Die atomaren Veränderungen im Boden, auf dem Lots Frau stand, und dem Boden von Hiroshima besitzen eine Ähnlichkeit, welche nicht abgestritten werden kann! In beiden Fällen ist es zu einer plötzlichen atomaren Veränderung gekommen, welche nur durch die Wirkung einer Kernspaltung verursacht worden sein konnte. Vertrauend auf die Glaubwürdigkeit von Flavius Josephus muss man zu der Schlussfolgerung gelangen, dass Sodom durch eine Atomexplosion zerstört wurde."[29]

Die Geschichte von Sodom und Gomorra ist sehr rätselhaft, nicht nur aufgrund der Zerstörung, sondern auch aufgrund der beteiligten Personen, wie z.B. dem Engel, welcher Lot rät, die dem Untergang geweihte Stadt zu verlassen. Wurde Lot gewarnt, bevor Außerirdische oder Menschen mit High-Tech-Waffen die Stadt durch eine Atomexplosion auslöschen wollten? Sie sagten Lot, dass er seine Familie wegschaffen sollte, aber seine Frau drehte sich um und wurde vom Atomblitz geblendet. Vielleicht wurde ihr Körper sogar atomar umgewandelt.

Am südlichen Zipfel des Toten Meeres befindet sich heute eine moderne, chemische Fabrik, welche wie eine außerirdische Basis aussieht. Seltsame Türme ragen aus der Wüste hervor. Bizarre Gebäude mit Kuppeln und Türmen sind mit mehrfarbigen Lichtern versehen. Man erwartet, dass jeden Augenblick eine Fliegende Untertasse dort landet, aber es ist nur eine Chemiefabrik am Toten Meer. Während des Tages sieht diese völlig normal aus, wie eine Erdölraffinerie oder so, aber in der Nacht lassen die Lichter sie außerirdisch aussehen. Diese Fabrik soll angeblich ein unbegrenztes Reservoir an verwertbaren Mineralien, eingeschlossen radioaktiver Salze, besitzen. Sind einige dieser Stoffe das Ergebnis einer Atomexplosion in der Antike?

ATOMARE VERWÜSTUNGEN IN INDIEN

"Verschiedene Zeichen der Götter erschienen am Himmel -- der Wind bließ, Meteoriten fielen zu Tausenden und der Donner hallte aus einem wolkenlosen Himmel wieder. ...

Drona rief Arjuna und sagte: "Nimm diese unbesiegbare Waffe, welche Brahmasira genannt wird. Du musst mir aber versprechen, sie niemals gegen einen menschlichen Feind einzusetzen, denn hierdurch könnte die Welt zerstört werden. Falls dich ein Feind angreift, der nicht menschlich ist, dann kannst du sie im

Kampf verwenden. Niemand anderer als du verdient diese himmlische Waffe." (Hierbei handelt es sich um eine seltsame Bemerkung, da hier scheinbar von außerirdischen Feinden und einem interplanetaren Krieg die Rede ist). ...

"Ich werde dich mit einer himmlischen Waffe bekämpfen, die mir Drona gegeben hat. Dann warf er die teuflische Waffe. ...

Diese großen Tiere (Elefanten), die so groß wie Berge waren, fielen wie vom Blitz getroffen zu Boden, als Bhima seinen Stab gegen sie richtete. Bhima nahm ihn beim Arm und zog ihn auf einen freien Platz, wo sie begannen, wie zwei wild gewordene Elefanten zu kämpfen. Der Staub, welchen sie aufwirbelten, ähnelte dem Rauch eines Waldbrandes; er bedeckte ihre Körper, so dass sie wie Berge im Nebel aussahen.

Arjuna und Krishna fuhren mit ihren Streitwägen auf beiden Seiten des Waldes hin und her, um die Kreaturen, die zu entkommen versuchten, zurückzutreiben. Tausende von Tieren wurden verbrannt und die Seen begannen zu kochen. ... Die Flammen reichten bis zum Himmel. Indra bedeckte den Himmel sofort mit einer Unmenge von Wolken; der Regen fiel nach unten, aber er wurde inmitten der Luft durch die Hitze aufgelöst."

Diese Strophen stammen aus der *Mahabharata*, und hierin werden schreckliche Kriege beschrieben, die lange vor ihrer Aufzeichnung stattgefunden hatten. In mehreren historischen Berichten wird behauptet, dass es die indische Kultur schon Zehntausende von Jahren gegeben hat.

Das Rama-Reich, welches in der *Mahabharata* und in der *Ramayana* beschrieben wird, soll ungefähr zur gleichen Zeit bestanden haben wie die großen Kulturen von Atlantis und Osiris. Atlantis, wie es aus den Schriften von Plato und alten ägyptischen Aufzeichnungen bekannt ist, befand sich offensichtlich in der Mitte des Atlantiks und besaß eine patriarchalische und hoch technisierte Zivilisation. Wie wir schon erwähnt haben, existierte das Osiris-Reich, laut esoterischer Lehre und archäologischer Beweise, im heutigen Mittelmeer und Nordafrika. Als Atlantis im Meer versank, füllte sich der Mittelmeerraum mit Wasser auf, und das Osiris-Reich wurde überflutet.

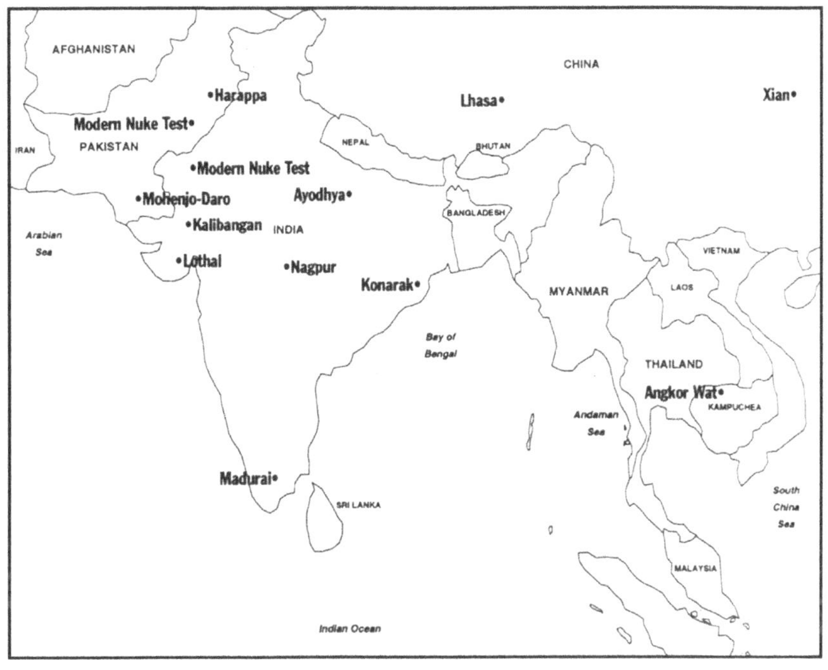

Landkarte, welche die Lage einiger antiker Städte in Indien zeigt

Das Rama-Reich hatte laut des esoterischen Glaubens seine Blütezeit im selben Zeitraum und ging ein Jahrtausend nach der Zerstörung des atlantischen Kontinents unter. Wie oben erwähnt wurde, wird in den antiken, indischen Epen eine Reihe schrecklicher Kriege beschrieben, Kriege, welche zwischen dem antiken Indien und Atlantis - oder vielleicht einer dritten Partei im Bereich der Gobi-Wüste im Westen von China - geführt worden sein könnten. In der *Mahabharata* und der *Drona Parva* werden die Kriege und die verwendeten Waffen beschrieben: große Feuerbälle, die es möglich machten, eine ganze Stadt zu zerstören, "Kapillas Blitz", durch den 50 000 Männer in Sekunden in Asche verwandelt werden und fliegende Speere, welche ganze Städte voller Festungen zerstören konnten.[31,15,39]

Das Rama-Reich wurde von den Nagas (Naacals) gegründet, welche aus Burma nach Indien gekommen waren und ursprünglich aus dem "Mutterland im Osten" oder so stammten, wie Leutnant James Churchward mitgeteilt wurde. Nachdem sie sich im Deccan-Plateau im Norden von Indien niedergelassen hatten, machten sie Deccan zu ihrer Hauptstadt, dort wo sich heute die moderne Stadt Nagpur befindet.

Das Reich der Nagas dehnte sich offensichtlich bald über ganz Nordindien aus und schloss die Städte Harappa, Mohendscho Daro, Kot Diji, Lothal, Kalibanga, Mathura und vielleicht auch andere Städte wie Benares, Ayodha und Pataliputra ein.

Diese Städte wurden von den "Großen Lehrern" oder "Meistern" regiert, welche der Aristokratie der Rama-Zivilisation angehörten. Heute werden sie im allgemeinen als Priesterkönige der Industal-Zivilisation bezeichnet, und eine Reihe von Statuen dieser sogenannten Götter sind entdeckt worden. In Wahrheit handelte es sich hierbei offensichtlich um Männer, deren mentalpsychischen Kräfte so groß waren, dass diese selbst heute noch für die meisten Menschen unglaublich erscheinen. Auf dem Gipfel der Macht beider Kulturen brach angeblich ein Krieg zwischen ihnen aus, scheinbar aus dem Grund, weil Atlantis versuchte, das Rama-Reich zu unterjochen.

Laut der Lemurischen Gesellschaft hatte sich die Bevölkerung, welche Mu (also Lemuria) umgab, in zwei Gruppen aufgespalten. Eine Gruppe wanderte schließlich nach Atlantis und die andere nach Indien aus. Die Atlanter, eine patriarchalische Zivilisation mit einer extrem materialistischen, technologieorientierten Kultur, sahen sich selbst als die Herren der Welt an und sandten schließlich eine gut ausgerüstete Armee nach Indien, um das dortige Reich zu unterjochen und unter den Einfluss von Atlantis zu bringen. In einem Bericht der Lemurischen Gesellschaft über den Kampf wird erzählt, wie die Priesterkönige des Rama-Reiches die Atlanter besiegten.

Mit einer starken Armee und fantastischen Waffen landeten die Atlanter mit ihren Luftschiffen außerhalb einer der Städte des

Rama-Reiches und sandten eine Nachricht an den herrschenden Priesterkönig dieser Stadt, dass er sich ergeben sollte. Der Priesterkönig gab dem atlantischen General folgende Antwort: "Wir aus Indien haben keinen Streit mich euch aus Atlantis. Wir wollen nur, dass es uns erlaubt ist, unser Leben zu führen, wie wir es wollen."

Da der atlantische General die milde Antwort des Herrschers als Schwäche ansah und einen leichten Sieg erwartete, da das Rama-Reich weder eine entsprechende Kriegstechnologie noch die Aggressivität der Atlanter besaß, sandte er eine weitere Nachricht: "Wir werden euer Land mit unseren mächtigen Waffen nicht zerstören, vorausgesetzt, dass ihr ausreichend Tribut zahlt und die Herrschaft von Atlantis anerkennt."

Der Priesterkönig der Stadt antwortet wiederum sehr mild und versuchte einen Krieg zu verhindern: "Wir aus Indien glauben nicht an Krieg und Streit, der Frieden ist unser Ideal. Auch würden wir eure Soldaten nicht vernichten, welche nur Befehlen folgen. Wenn ihr allerdings weiter darauf besteht, uns ohne Grund nur zum Zweck der Eroberung anzugreifen, dann zwingt ihr uns dazu, euch alle und eure Führer zu vernichten. Verschwindet und lasst uns in Frieden."

In arroganter Weise glaubten die Atlanter nicht daran, dass die Inder die Macht hätten, sie aufzuhalten, jedenfalls nicht durch technische Mittel. Am Abend begann die atlantische Armee auf die Stadt los zu marschieren. Der Priesterkönig beobachtete von seinem Hochsitz aus traurig die herannahenden Truppen. Dann erhob er seine Hände gen Himmel, und indem er vielleicht eine mentale Technik verwendete, verursachte er, dass der General und alle hochrangigen Offiziere tot auf den Boden fielen, möglicherweise auf Grund von Herzversagen. In Panik und ohne ihre Führer flohen die restlichen Atlanter zu ihren Luftschiffen und kehrten nach Atlantis zurück! In der belagerten Stadt verlor nicht ein einziger Mann sein Leben.

Wenn es sich hierbei auch nur um einen Zufall handeln mag, so wird in den indischen Epen doch der Rest der schrecklichen

Geschichte geschildert, und die Sache ging nicht gut aus für das Rama-Reich. Die Atlanter waren nicht gerade begeistert über diese Erniedrigung und setzten deshalb ihre stärkste und zerstörerischste Waffe ein, vielleicht eine Atomwaffe! Dies sind die entsprechenden Strophen aus der *Mahabharata:*

Es handelte sich um ein einzelnes Geschoß
geladen mit der Energie des Universums.
Eine leuchtende Säule aus Rauch und Flammen,
so hell wie tausend Sonnen
stieg in all ihrem Glanz auf. ...
Es war eine unbekannte Waffe,
ein eiserner Donnerkeil,
ein gigantischer Botschafter des Todes,
welche die gesamte Rasse
der Vrishnis und Andhakas
in Asche verwandelte. ...
Die Leichen waren so stark verbrannt,
dass sie praktisch unkenntlich waren.
Die Haare und die Zähne fielen ihnen aus;
Keramik zerbrach ohne Grund,
und die Vögel wurden weiß. ...
Nach ein paar Stunden
waren alle Nahrungsmittel infiziert. ...
Um vor diesem Feuer zu entkommen,
warfen sich die Soldaten in Flüsse,
um sich selbst und ihre Ausrüstung zu reinigen."[44]

In der Art und Weise, in der wir üblicherweise die antike Geschichte betrachten, erscheint es absolut unglaublich, dass es vor ungefähr 10 000 Jahren einen Atomkrieg gegeben haben konnte. Und trotzdem, von was sonst kann in der *Mahabharata* die Rede gewesen sein? Bis zur Bombardierung von Hiroshima und Nagasaki konnte sich kein Mensch eine Waffe vorstellen, welche so schrecklich und zerstörerisch ist wie jene, welche in den antiken, indischen Schriften erwähnt wird. Hierin werden die Auswirkungen einer Atomexplosion genau beschrieben. Durch die radioaktive Verseuchung fallen nämlich bekannterweise tatsächlich Haare und Zähne aus. Die einzige Möglichkeit, um den Schmerz zu lindern, besteht darin, dass man unter Wasser taucht, wodurch allerdings keine Heilung erzielt werden kann.

DER UNTERGANG VON MOHENDSCHO DARO

So unglaublich dies auch klingen mag, die Archäologen haben in Indien Hinweise gefunden, dass einige Städte durch Atomexplosionen zerstört wurden. Als die Ausgrabungen in Mohendscho Daro und Harappa das Straßenniveau erreicht hatten, entdeckten sie in der Stadt verstreute Skelette, wobei sich viele noch die Hand hielten, als ob es zu einer plötzlichen, schrecklichen Katastrophe gekommen war. Ich meine, die Leute lagen einfach unbeerdigt in den Straßen. Und diese Skelette waren Tausende von Jahren alt, sogar nach den üblichen archäologischen Standards. Was ist die Ursache für ein solches Phänomen? Warum sind die Körper nicht verwest oder von wilden Tieren gefressen worden? Weiterhin sind keine offensichtlichen Ursachen für einen gewaltsamen Tod zu erkennen.

Diese Skelette weisen die stärkste Radioaktivität auf, die jemals gemessen wurde, vergleichbar mit den Werten in Nagasaki und Hiroshima. An einem Ort haben sowjetische Forscher ein Skelett gefunden, das eine radioaktive Strahlung aufwies, die fünfzigmal höher war als normal.[44] In dem Buch des Archäologen A. Gorbovky mit dem Titel *Riddles of Ancient History*[45] erwähnt dieser die hohe radioaktive Verseuchung der Skelette. Weiterhin wurden in Mohendscho Daro Tausende von geschmolzenen Erdklumpen gefunden, die "schwarze Steine" genannt werden. Hierbei scheint es sich um die Überreste von Tongefäßen zu handeln, welche durch die extreme Hitze geschmolzen wurden.

Auch in anderen Städten in Nordindien sind Anzeichen für gewaltige Explosionen entdeckt worden. Eine Stadt zwischen dem

Ganges und den Bergen von Rajmahal scheint einer äußerst starken Hitze ausgesetzt gewesen zu sein. Große Teile der Steine und Grundmauern der antiken Stadt sind miteinander verschmolzen und glasiert! Da es keine Hinweise auf eine Vulkantätigkeit in Mohendscho Daro oder anderen Städten gibt, kann die extreme Hitze, durch welche Tongefäße geschmolzen werden, nur durch eine Atomexplosion oder eine andere unbekannte Waffe erklärt werden.[15, 24, 45]

Die Städte wurden völlig ausgelöscht. Wenn wir den Berichten der Lemurischen Gesellschaft Glauben schenken dürfen, dann hatten die Atlanter von den Priesterkönigen und ihren mentalen Tricks die Nase voll. Ihre fürchterliche Rache bestand in der völligen Zerstörung des Rama-Reiches, so dass nicht einmal mehr ein Land übrig blieb, das ihnen Tribut zahlen konnte. Die Gebiete um die Städte Harappa und Mohendscho Daro sind heute Wüstengebiete, obwohl in begrenztem Ausmaß in der Umgebung Landwirtschaft betrieben wird.

In den genannten Berichten der Lemurischen Gesellschaft wird auch gesagt, dass die Atlanter zur gleichen Zeit, oder kurz danach, in der Wüste Gobi - damals eine fruchtbare Ebene - die vorhandene Zivilisation angriffen. Durch die Verwendung sogenannter "Skalarwellenwaffen", welche sie durch die Erde hindurch feuerten, konnten sie ihre Gegner ausradieren, allerdings scheinen sie sich hierbei gleichzeitig selbst ausgelöscht zu haben! In bezug auf die ferne Vergangenheit existieren naturgemäß viele Spekulationen. Wir werden vielleicht nie die ganze Wahrheit erfahren, obwohl die antiken Schriften sicherlich eine gute Basis bilden.

Atlantis - ist laut Plato - in einer gewaltigen Katastrophe im Meer versunken; und zwar nicht lange nach dem Krieg mit dem Rama-Reich, wie ich spekulieren möchte.

Auch Kaschmir wird mit dem fantastischen Krieg in antiker Zeit in Zusammenhang gebracht, durch welchen das Rama-Reich zerstört wurde. Die gewaltigen Ruinen des Tempels von Parshaspur befinden sich in der Nähe von Srinagar. Sie bieten einen

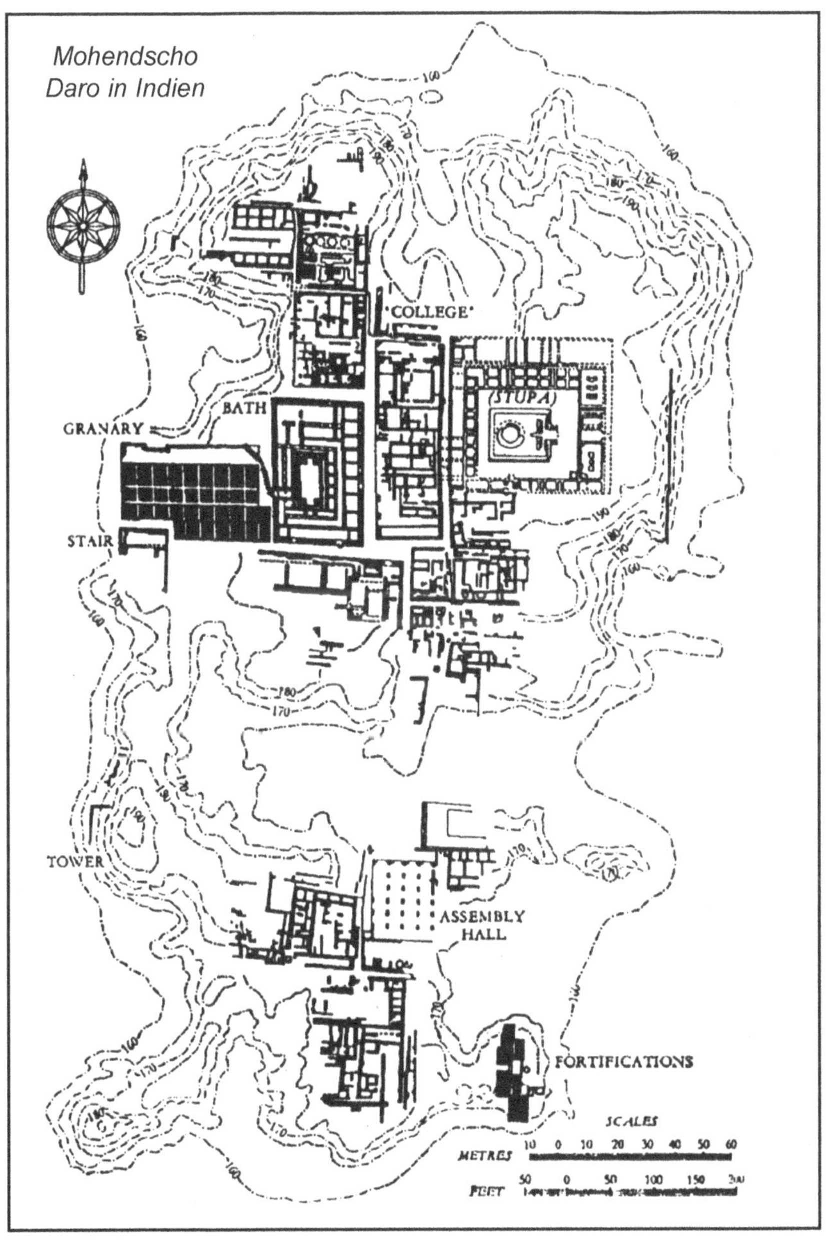
Mohendscho
Daro in Indien
'COLLEGE'
(STUPA)
BATH
GRANARY
STAIR
TOWER
ASSEMBLY
HALL
FORTIFICATIONS
SCALES
METRES
FEET

Einer der Priester-könige des Rama-Reiches?

Anblick der totalen Zerstörung; große Steinblöcke sind im weiten Umkreis verstreut, was auf eine Explosion schließen lässt. Wurde Parshaspur durch einige der fantastischen Waffen zerstört, welche in der *Mahabharata* erwähnt werden?

Ein weiterer Hinweis auf einen Nuklearkrieg im antiken Indien ist ein riesiger Krater mit einem Durchmesser von über zwei Kilometern in der Nähe von Bombay, der mindestens 50 000 Jahre alt ist. Im Krater, oder in der näheren Umgebung, sind keine Spuren irgendwelcher Meteoriten gefunden worden, und es handelt sich um den einzigen bekannten Einschlagkrater auf der Welt in Basaltgestein. An dem Ort sind Hinweise auf eine starke Schockwelle (mit einem Druck von über 600 000 Atmosphären) und eine gewaltige Hitze (aufgrund derer sich Basaltglaskügelchen gebildet haben) zu finden.

Die orthodoxe Wissenschaft kann nicht zugeben, dass eine Atomexplosion die Ursache für diesen Krater sein kann, selbst wenn nicht die geringsten Hinweise für einen Meteoriten vorhanden sind. Wenn solche geologisch jungen Krater wirklich meteoritischen Ursprungs wären, dann muß man sich fragen, warum gibt es dann heutzutage keine solchen riesigen Meteorite mehr?

Auch in der heutigen Zeit droht in Asien wieder ein Atomkrieg, da zwischen den beiden Atommächten Indien und Pakistan starke Spannungen herrschen. Das moderne Indien ist stolz auf seine Atomwaffen und vergleicht sie mit "Ramas Pfeil". Und genauso möchte Pakistan seine "islamische" Bombe gegen Indien einsetzen. Ironischerweise steht wiederum Kaschmir, das wahrscheinlich auch schon von einem antiken Atomkrieg betroffen war, im Brennpunkt der Auseinandersetzung. Wird sich die Vergangenheit in Pakistan und Indien noch einmal wiederholen?

In der verrückten Welt des neuen Jahrtausends und seiner Untergrundanlagen, Geheimbasen, UFOs und Atomwaffen gibt es immer die Möglichkeit, dass es dies alles schon in der Vergangenheit gegeben hat. Dejá vú!

7. KAPITEL

DIE ERDE ALS EIN GIGANTISCHES KRAFTWERK

Die Priester erzählten mir, dass die Große Pyramide alle Wunder der Physik verkörperte.
Herodot (350 v. Chr.).

Man sollte die Regeln kennen, bevor man sie bricht. Ansonsten macht es keinen Spaß.
Sonny Crockett in der Fernsehsendung "Miami Vice".

DIE PYRAMIDEN VON GISEH

Die Anlage von Giseh in Ägypten ist vielleicht das bekannteste Beispiel technischer Wunderwerke, welche von den antiken Menschen errichtet wurden, wobei sie Technologien verwendet haben, welche nicht einmal heute nachgeahmt werden können. Wer diese Monumente baute, wie und warum, darüber sind schon unzählige Spekulationen angestellt worden.

Bei der Sphinx handelt es sich um eine der drei kontroversesten Bauwerken in Ägypten, zusammen mit der Großen Pyramide und dem Osirion in Abydos. Herausgeschnitten aus einem massiven Steinblock scheint die Sphinx die Rätsel Ägyptens zu repräsentieren, wenn sie still in die Ferne blickt. Das Alter der Sphinx wird heiß diskutiert. Der Rumpf ist stark erodiert, wenn die ägyptische Regierung ihn nun auch renovieren will.

Die Sphinx mit den Pyramiden von Giseh im Hintergrund

Was könnte diesen starken Zerfall verursacht haben? Der strittige, deutsche Ägyptologe Schwaller de Lubicz beobachtete, dass die fortgeschrittene Erosion an der Basis nicht das Ergebnis von Wind und Sand sein kann, wie allgemein angenommen wird, sondern eher das Ergebnis der Einwirkung von Wasser. Die Geologen geben zu, dass Ägypten in der nicht zu fernen Vergangenheit starken Überflutungen ausgesetzt war. Diese Periode wird üblicherweise mit dem Schmelzen des Eises aus der letzten Eiszeit, ca. 15 000 bis 10 000 Jahre v. Chr., gleichgesetzt.[112]

Dies würde darauf hinweisen, dass die Sphinx schon zu dieser Zeit errichtet worden war, wodurch sie das älteste Bauwerk in

Ägypten und lange vor dem Beginn der ägyptischen Zivilisation erbaut worden wäre. Damit sind wir wieder zurück bei den Geschichten des antiken Osiris-Reiches, Atlantis und den katastrophalen Polsprüngen, die unseren Planeten ungefähr alle zehntausend Jahre erschüttert haben.

Es wird oft behauptet, dass die Sphinx ein Abbild des Pharaos Chefren ist, von dem mehrere Statuen, wobei eine die Form einer Sphinx hatte, in einem Tempel in der Nähe der Sphinx gefunden wurden. Die Sphinx soll angeblich zumindest einmal nachbearbeitet worden sein, und ihr Kopf ist tatsächlich unnatürlich klein für ihren Körper, was darauf hindeutet, dass sie einmal einen viel größeren Kopf hatte. Vielleicht ließ Pharao Chefren während seiner Regierungszeit die Sphinx nachbearbeiten, so dass sie ihm ähnlich sah.

Auch beim Taltempel von Chefren, direkt neben der Sphinx, handelt es sich um ein außergewöhnliches Bauwerk. Es ist aus großen Granit- und Kalksteinblöcken errichtet, die bis zu 100 Tonnen wiegen. Im ganzen Tempel sind keine Inschriften vorhanden, und die Blöcke sind in einem seltsamen Zickzackmuster perfekt miteinander verbunden. Wie schon gesagt, ist dies ein Kennzeichen für eine megalithische Kontruktion, die nicht nur äußerst schwierig herzustellen ist, sondern auch schwierig zerstört werden kann. Es ist besonders interessant, diese Konstruktionstechnik mit derjenigen in Cuzco, Sacsayhuaman, Ollantaytambo und Machu Pichu zu vergleichen. Es wird auch behauptet, dass es Geheimgänge unter dem Plateau von Giseh geben soll. Diese sollen angeblich von der Sphinx ausgehen und in Richtung der Pyramiden verlaufen, und sie sollten von der Mysterienschule von Ägypten angelegt worden sein.

Ein seltsamer Schacht zwischen der Chefren-Pyramide und der Sphinx ist als Cambells Grab oder Cambells Brunnen bekannt. Dieser Schacht ist heute mit einem Gitter

bedeckt, aber man kann immer noch nach unten sehen. Er besitzt an jeder Seite ungefähr eine Breite von 4,5 m und ist 30 m tief. An allen Seiten der Wände kann man zahlreiche Tunnels, Gänge und Türen sehen, welche in das Felsgestein geschnitten wurden. Diese Durchgänge sind ein Teil des Tunnelsystems unter dem Plateau von Giseh. Es ist absichtlich so angelegt, dass es gefährlich ist zu versuchen, die Pyramiden oder die unterirdischen Kammern in den Tunnels zu erreichen.

Manche glauben, dass sich irgendwo in diesen Kammern eine Geheimbibliothek aus Atlantis befindet, welche im allgemeinen als Halle der Geschichte bezeichnet wird. Es wird angenommen, dass hier in Form kodierter Quarzkristalle das Wissen der Antike aufbewahrt wird, und zwar in der gleichen Weise wie bei einem Hologramm. Weiterhin befinden sich in diesen Geheimkammern, welche während des Dunklen Zeitalters der ägyptischen Geschichte, als die bösartige Priesterschaft versuchte die Menschheit zu unterjochen, vor dem Rest der Menschheit abgeschottet wurden, angeblich Maschinen und Geräte aus einem vergessenen Zeitalter. Einige glauben auch, dass die Bundeslade einige Zeit in der Großen Pyramide aufbewahrt und dann von Moses mitgenommen wurde, als sich die Israeliten ins Gelobte Land aufmachten.

Die Pyramiden von Giseh werden seit undenklichen Zeiten als Wunderwerke der Baukunst angesehen. Herodot (der griechische Historiker aus dem 1. Jahrhundert v. Chr.) behauptet, dass ihm 2 000 Jahre oder mehr nach der Errichtung der Pyramiden durch Priester erzählt worden war, dass Gruppen aus Zehntausenden von Männern jeweils zehn Jahre arbeiteten, um eine einzige Rampe für die Blöcke zu bauen; und dann noch weitere zwanzig Jahre, um die Pyramide zu errichten; und schließlich noch zehn Jahre, um die Außensteine an die Pyramide anzubrin-

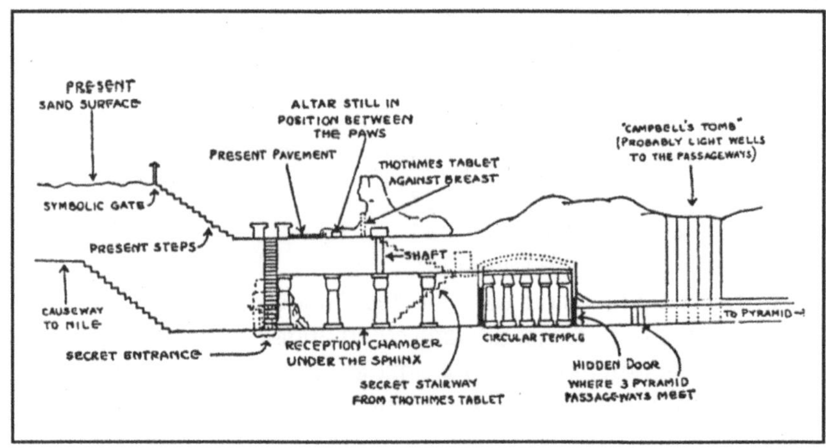

Mögliche Geheimkammern unter der Sphinx

gen. Eine Inschrift auf der Pyramide, welche Herodot von den Priestern vorgelesen wurde, berichtete von der Zahl der Zwiebeln und Rettichen, die notwendig waren, um die Arbeiter mit Essen zu versorgen.

Und trotzdem scheint es so, dass Herodot nur ein Märchen erzählt wurde. Es ist niemals die Spur einer Rampe entdeckt worden. Die meisten Forscher glauben, dass es sich bei der Rampe, auf die sich Herodot bezieht, um den Fußweg handelt, der vom Nil heraufführte. Bei jeder Pyramide war ein solcher Weg vorhanden, aber er hatte nichts mit der Konstruktion zu tun. Es gibt keine Wandzeichnungen, auf denen der Bau einer Pyramide dargestellt wird, aber es gibt Zeichnungen, welche den Transport riesiger Obeliske und Statuen zeigen, die mehr als hundert Tonnen wiegen und von Männern mittels Schlitten gezogen werden.[112]

Laut John Anthony West war auf jeden Fall irgendeine Hebevorrichtung notwendig, und eine solche wurde bisher noch nicht gefunden. Andere Ingenieure behaupten, dass keine Hebevorrichtung notwendig war, und dass die Rampe einfach nur bis zur Spitze der Pyramide reichen musste. Allerdings hat ein dänischer

Darstellung von Sphinxen waren in der Antike weit verbreitet

Ingenieur names P. Garde-Hanson berechnet, dass für eine solche Rampe das Siebenfache des Materials notwendig gewesen wäre als für die Pyramide selbst! Garde-Hanson glaubte, dass eine Rampe, welche nur bis zur halben Höhe der Pyramide gereicht hätte, besser gewesen wäre, aber es war trotzdem notwendig, eine Hebevorrichtung zu verwenden, was uns zurück zum alten Problem bringt.[112]

Das Einsetzen der äußeren Steine aus Kalkstein, die bis zu zehn Tonnen wiegen, stellt ein noch größeres Problem dar, da sie mit großer Präzision bearbeitet und eingesetzt wurden. Cheops hat nicht einmal seine eigene Pyramide signiert -- die einzigen Gravuren stammen von den Steinbrüchen und befinden sich auf der Innenseite der Pyramide.

Eine äußerst außergewöhnliche Theorie besagt, dass es sich bei der Pyramide um eine hydraulische Pumpe gehandelt hat, und die Steinblöcke auf Flößen aus dem nahe gelegenen See Moeris herangeschaft wurden. Eine andere, mystische Theorie geht davon aus, dass die Steinblöcke levitiert wurden, indem von den Ägyptern eine geistige Kraft benutzt wurde, welche sie Ma-at nannten und Ähnlichkeit mit der derjenigen des Sanskrit hatte, die als Mana bezeichnet wurde.

WURDE DIE GROßE PYRAMIDE MITTELS KÜNSTLICHER STEINE HERGESTELLT?

Eine seltsame Theorie in bezug auf den Bau der Pyramiden wurde von Dr. Joseph Davidovits, einer Authorität auf dem Gebiet antiker Bautechniken, postuliert. Davidovits hat die letzten Jahren immer wieder behauptet, dass die Große Pyramide und auch die anderen Pyramiden in Ägypten nicht, wie bisher immer angenommen, aus Steinblöcken erbaut waren, welche aus Steinbrüchen herausgeschnitten wurden. Er glaubt, dass die großen Blöcke an Ort und Stelle in Formen gegossen wurden und dass es sich bei ihnen um eine fortschrittliche Form künstlicher Steine handelt, die ähnlich wie Betonteile hergestellt werden konnten.

Davidovits berichtete Mitte der Neunziger Jahre auf einem Treffen der *American Chemical Society* über seine Forschungen. Er ist der Gründer und Direktor des Instituts für Angewandte Archäologische Wissenschaft mit Sitz in Miami. Weiterhin ist er der Autor des Buches mit dem Titel *The Pyramides: An Enigma Solved*[114] aus dem Jahr 1988. Davidovits behauptet, dass die Entzifferung eines alten Hieroglyphentextes einige direkte Informationen über die Konstruktion der Pyramiden geliefert hat und dass hierdurch seine Theorie bestätigt wird, dass künstliche Steine verwendet wurden.

Der Text, als "Stele der Not" bezeichnet, war vor 100 Jahren auf einer Insel in der Nähe von Elefantine in Ägypten entdeckt worden. Er besteht aus 2 600 Hieroglyphen, von denen sich 650 mit der Steinherstellung befassen sollen. Im Text wird behauptet,

Eingeweihte vor einem ägyptischen Obelisken

Zwei Obelisken im ägyptischen Karnak

Die rätselhaften Pyramiden von Giseh in Ägypten

dass ein ägyptischer Gott die Anweisungen für die Herstellung künstlicher Steine an Pharao Djoser weiter gab, von dem gesagt wird, dass er im Jahr 2750 v. Chr. die erste Pyramide errichten ließ.

Es war eine Liste von 29 Mineralien beigefügt, welche mit zerkleinertem Kalkstein und anderen natürlichen Zutaten zu einem künstlichen Steinblock geformt werden und für den Bau von Tempeln und Pyramiden verwendet werden konnte. Genauso wie die Chemiker des 18. Jahrhunderts benannten die Ägypter diese Mineralien nach ihren physikalischen Eigenschaften. Die Stoffe wurden aufgrund ihres charakteristischen Geruchs z.B. als "Zwiebelerz", "Knoblaucherz" und "Meerretticherz" bezeichnet.

Davidovits glaubt, dass die Mineralien in den Erzen Arsen enthielten. Andere Zutaten für die Herstellung künstlicher Steine -- Phosphate aus Gebeinen oder Mist, Nilschlamm, Kalkstein und Quarz -- waren überall vorhanden.

Laut seiner Theorie wurden die Zutaten mit Wasser vermischt und in hölzerne Formen gefüllt, welche denjenigen ähnlich waren, die für Beton verwendet werden. Davidovits sagt, dass durch den Zement, welcher in den Pyramidensteinen verwendet wurde, alle Stoffe chemisch aneinandergebunden werden, und zwar in ähnlicher Weise, wie dies auch bei der Bildung natürlichen Gesteins der Fall ist. Aus diesem Grund sind die Pyramidensteine nur äußerst schwer von Natursteinen zu unterscheiden. Beim Portland-Zement ist im Gegensatz nur eine mechanische, anstatt eine chemische Bindung der einzelnen Bestandteile vorhanden. Außerdem hält der "ägyptische Zement" mehrere tausend Jahre, während gewöhnlicher Zement nur eine Lebensdauer von 150 Jahren besitzt. Davidovits behauptet, dass in den Steinblöcken der Großen Pyramide organische Fasern gefunden wurden, welche zufällig in die Steinformen gefallen sind.[114]

WELCHE FUNKTION HATTEN DIE PYRAMIDEN?

Wenn auch immer wieder behauptet wird, dass es sich bei den Pyramiden um Grabstätten für die Pharaonen gehandelt hat, so sprechen die Beweise doch gegen diese Theorie. Überraschenderweise wurde bisher noch keine einzige Mumie in einer Pyramide gefunden. Es sind zwar viele ägyptische Mumien gefunden worden, aber nicht im Innern der Pyramiden, sondern in unterirdischen Kammern und Tunneln, wie solche im Tal der Könige, wo Tutanchamun gefunden wurde.

Der orthodoxe Archäologe Kurt Mendelsohn schreibt in seinem Buch *The Riddle of the Pyramids*[111] hierzu Folgendes: "Wenn auch die Funktion der Pyramiden als Grabstätten nicht bezweifelt werden kann, so ist es doch ziemlich schwierig zu beweisen, dass die Pharaonen jemals in ihnen begraben wurden. ...

Wenn man von Djoser Stufenpyramide mit deren einzigartigen Begräbniskammern absieht, enthalten die neun anderen Pyramiden nicht mehr als drei authentische Sarkophage. Diese sind über nicht weniger als 14 Grabkammern verteilt. Petrie hat ge-

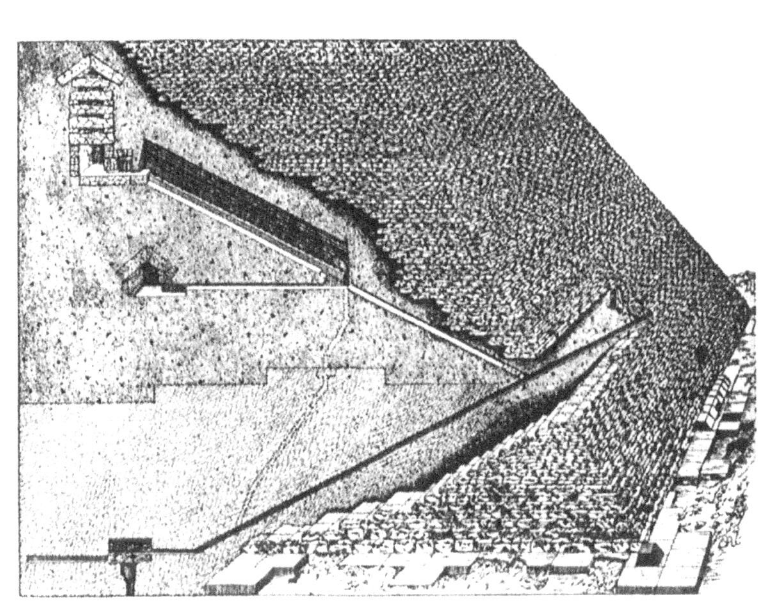

Zwei Ansichten, die das Innere der Großen Pyramide zeigen

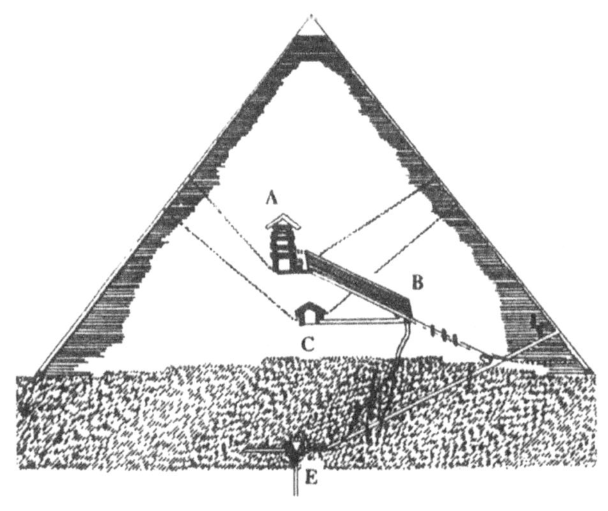

zeigt, dass der deckellose Sarkophag in der Cheops-Pyramide in die Königskammer gebracht worden war, bevor diese überdacht wurde, weil er zu groß ist, um durch den Eingang hindurchzupassen. ... Man möchte gerne wissen, was mit den fehlenden Sarkophagen geschehen ist. Die Räuber haben vielleicht die Deckel zertrümmert, aber sie hätten sich sicherlich nicht die Mühe gemacht, einen zerschlagenen Sarkophag mitzunehmen. Trotz einer sorgfältigen Suche sind keine Bruchstücke zerbrochener Sarkophage in irgendeiner der Gänge oder Kammern der Pyramide gefunden worden. Weiterhin muss man bedenken, dass sich die Eingänge in einer Höhe bis zu 12 m befinden, und um einen der schweren Sarkophage herauszuschaffen, wäre eine riesige Rampe notwendig gewesen. ...

Die Tatsache, dass die Sarkophage in der Cheops- und Chefren-Pyramide leer vorgefunden worden sind, kann leicht durch das Werk von Eindringlingen erklärt werden, aber die leeren Sarkophage von Sekhemket, König Hetepheres und einem dritten in einem Schacht unter der Stufenpyramide stellen ein Problem dar. Sie blieben alle bis in die frühe Antike unberührt. Da es sich um Särge ohne Leichname handelt, müssen wir fast zur Schlussfolgerung gelangen, dass hier etwas anderes als ein menschlicher Körper begraben wurde. ...

Wenn auch nur ein paar Leute bezweifeln werden, dass die Pyramiden etwas mit dem Nachleben der Pharaonen zu tun hatten, so ist die allgemeine Feststellung, dass die Pharaonen darin begraben wurden, keinesfalls unanzweifelbar. ... Es ist sicherlich möglich, dass jede Pyramide einmal den Körper eines Pharaos enthalten hat, aber es gibt auch eine unangenehm große Zahl von Faktoren, welche gegen diese Annahme sprechen. Auf Basis dieser Schwierigkeiten und Widersprüche müssen die

Ägyptologen eine Lösung für das schwierigste aller Probleme finden: Aus welchem Grund wurden diese Pyramiden überhaupt errichtet?[111]

Christopher Dunn

Wenn die Pyramiden keine Gräber waren, welchem Zweck dienten sie dann?

Es gibt die Theorie, dass es sich bei ihnen um astronomische Observatorien gehandelt hat. Laut einer anderen sind die Pyramiden - und vor allem die Große Pyramide - geodätische Markierungspunkte und "Zeitkapseln", und zwar in dem Sinn, dass ein höheres Wissen der Geometrie und Mathematik in diesen Bauten enthalten ist. Wieder andere haben behauptet, dass die Pyramiden Einweihungszentren waren. Dann gibt es selbstverständlich noch die Theorien zur "Pyramidenenergie". Das Wort Pyramide ist in Wirklichkeit der griechische Ausdruck für "Feuer in der Mitte."

DAS GISEH-KRAFTWERK

Die Ansicht, dass es sich bei den Pyramiden um Einrichtungen gehandelt hat, um die Energie des Van-Allen-Gürtels anzuzapfen, wobei der größte Teil der Pyramide als Schutzschild diente, ähnlich wie die Isolierung bei einem elektrischen Draht, ist wahrscheinlich die unglaublichste aller Theorien. Diese wird von dem britischen Ingenieur Christopher Dunn favorisiert. Dunn ist der Autor des Buches *The Giza Power Plant: Technologies of Ancient Egypt*[98], das 1998 veröffentlicht wurde. In diesem Buch stellt Dunn seine Theorien vor und liefert Beweise für ein fortschrittliches Wissen der Ägypter in Bezug auf die Bearbeitungs- und Konstruktionstechniken.

Dunn behauptet, dass es sich bei der Erde vielleicht um ein riesiges Kraftwerk handelt, und die vielen Pyramiden, Obeliske und stehenden Steine Teil eines großen "Energiesystems" sind. Er sagt, dass die Große Pyramide ein riesiges Kraftwerk war, und dass sich harmonische Resonatoren in Schlitzen oberhalb der Königskammer befanden. Er stellt auch die Theorie auf, dass der Betrieb des Kraftwerks aufgrund einer Wasserstoffexplosion eingestellt werden musste.

Im August 1984 veröffentlichte das Magazin *Analog* Dunns Artikel "Advanced Machining in Ancient Egypt?" Es handelte sich hierbei um eine Besprechung des Buches *Pyramids and Temples of Gizeh*, welches von Sir William Flinders Petrie verfasst wurde. Petrie ist davon überzeugt, dass in bestimmten Fällen fortschrittliche Bearbeitungsmethoden verwendet wurden. Dunn schreibt hierzu: "Seit der Veröffentlichung des Artikels habe ich Ägypten zweimal besucht, und mit jedem Besuch ist meine Hochachtung für die Erbauer der Pyramiden gewachsen. Als ich im Jahr 1986 in Ägypten war, habe ich das Museum in Kairo besucht und eine Kopie meines Artikels, zusammen mit einer Visitenkarte, hinterlassen. Der Direktor dankte mir herzlich dafür, warf die Sachen in ein Schubfach mit verschiedenen anderen Materialien und wandte sich ab. Ein anderer Ägyptologe führte mich in den "Werkzeugraum", um mich über die Methoden der antiken Steinmetze zu unterrichten und mir ein paar primitive Kupferwerkzeuge zu zeigen. Ich fragte meinen Gastgeber nach der Bearbeitung von Granitsteinen, denn über dieses Thema handelte mein Artikel. Er erklärte mir, dass die antiken Ägypter Schlitze in den Granit schnitten, dann hölzerne Keile einsetzten und diese mit Wasser vollsaugen ließen. Das Holz erzeugte einen Druck, wodurch der Stein gesprengt wurde. Das Auseinandertrennen von Steinen unterscheidet sich stark von deren Bearbeitung, und er erklärte mir nicht, wie mit Kupferwerkzeugen Granit geschnitten werden kann. Um mich von seinen Argumenten zu überzeugen, führte er mich zu einer nahe gelegenen Reiseagentur und riet mir, ein Flugticket nach Assuan zu kaufen. Er bestand darauf, dass ich

Christopher Dunns Konzept des Pyramidenkraftwerks von Giseh

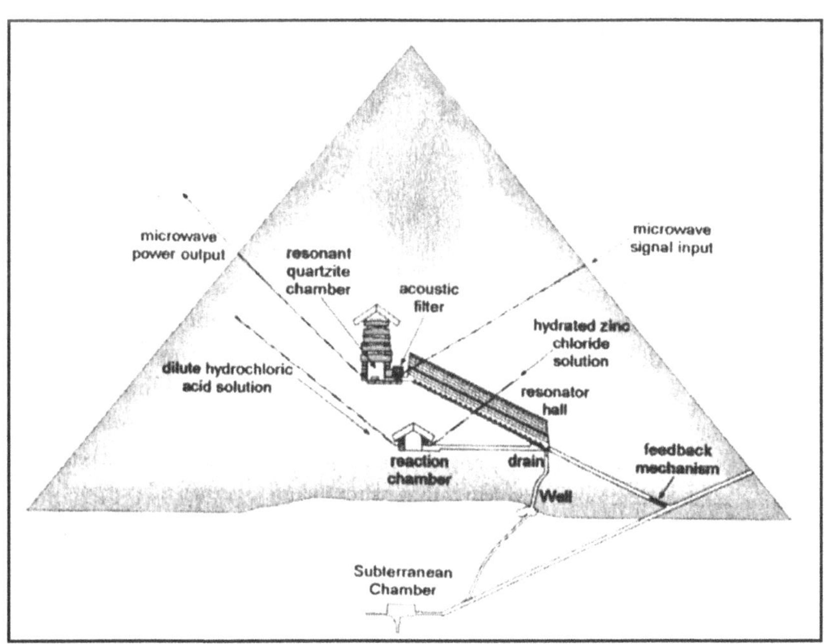

unbedingt sowohl die dortigen Steinbruchmarkierungen, als auch die unvollendeten Obeliske sehen müsste.

Gehorsam kaufte ich die Tickets und kam am nächsten Tag in Assuan an. ... Die Steinbruchmarkierung, die ich sah, überzeugten mich nicht davon, dass die beschriebenen Methoden die einzigen waren, mit denen die Erbauer der Pyramiden ihre Löcher gebohrt hatten. Im Steinbruch von Assuan ist in einem Obelisken, der geschätzte 3 000 Tonnen wiegt, ein großes Bohrloch zu sehen, welches ungefähr einen Durchmesser von 35 cm und eine Tiefe von 90 cm besitzt. Das Loch war in einem Winkel gebohrt, und es kann sein, dass Bohrlöcher verwendet wurden, um an der Außenseite Material zu entfernen."[98]

Dunn sagt, dass die Archäologie zum größten Teil ein Studium der Werkzeugmacher der Vergangenheit ist, und dass die Archäologen den Entwicklungsgrad einer Gesellschaft nach deren Werkzeugen und anderen Gebrauchsgegenständen beurteilen. Der Hammer ist vielleicht das erste Werkzeug, das erfunden wurde, und durch Hämmer sind einige schöne Kunstwerke geformt worden. Dunn meint auch, dass die in der Großen Pyramide gefundenen Gegenstände von den Archäologen falsch interpretiert, Theorien aufgestellt und Methoden vorgeschlagen wurden, die auf einer Reihe von Werkzeugen beruhen, mit denen nicht einmal die einfachsten Aspekte einer Arbeit durchgeführt werden können.

Dunn schreibt hierzu: "Die primitiven Werkzeuge, welche entdeckt wurden, sollen angeblich aus der gleichen Zeit stammen wie die entsprechenden Fundstücke. Und trotzdem wurden während dieses Zeitabschnitts der ägyptischen Geschichte Gegenstände in großer Zahl hergestellt, von denen keine Werkzeuge mehr vorhanden sind, um ihre Herstellung zu erklären. Die antiken Ägypter erschufen Gegenstände, die nicht durch einfache Mittel erklärt werden können. Diese Werkzeuge repräsentieren nicht den technischen Entwicklungsgrad, welcher aus den hergestellten Produkten offensichtlich ist. Es gibt einige ungewöhnliche Objekte, welche diese Zivilisation überlebt haben, und trotz ihrer

Die Palette des Narmer, des ersten Pharaos von Ägypten

sichtbaren und eindrucksvollen Monumente haben wir nur ein bruchstückhaftes Verständnis des vollen Ausmaßes ihrer Technologie. Mit den Werkzeugen, welche von den Ägyptologen zur Schau gestellt werden, ist es physikalisch gesehen unmöglich, all diese unglaublichen Werke herzustellen. Wenn man ehrfürchtig vor diesen Wundern der Technik steht und einem dann ein paar Kupferwerkzeuge gezeigt werden, dann ist man etwas verwirrt und frustriert."

Dunn sagt außerdem, dass auch der britische Ägyptologe Sir William Flinders Petrie erkannt hat, dass diese Werkzeuge nicht ausreichend waren. Er glaubte, dass die Ägypter Methoden verwendeten, die wir heute erst beginnen zu verstehen.[98]

Dunn schreibt hierzu: "Ich bin kein Ägyptologe, sondern ein Techniker. Ich habe kein allzu großes Interesse, wer wann gestorben ist, wen die Toten mit ins Grab genommen haben und wo das alles geschehen ist. ...

Wenn ich mir irgendein Kunstwerk ansehe, dann nur aus dem Grund, um herauszufinden, wie es hergestellt worden ist; ich bin nicht an dessen Geschichte interessiert. Da ich den größten Teil meiner beruflichen Laufbahn mit Maschinen gearbeitet habe, mit welchen tatsächlich moderne Produkte hergestellt werden, wie z.B. Teile von Düsenstrahltriebwerken, bin ich in der Lage zu analysieren und zu bestimmen, wie ein Gegenstand hergestellt wurde. Ich habe auch Erfahrung mit weniger konventionellen Herstellungsmethoden, wie die Bearbeitung mit Lasern oder die Verwendung elektrischer Entladungen. Aus diesem Grund bin ich - im Gegensatz zu einigen populären Ansichten - der Meinung, dass auf ägyptischen Steinblöcken keine Anzeichen für eine Laserbearbeitung zu finden sind. Allerdings gibt es Anzeichen für andere unübliche Herstellungsmethoden wie Fräsen und Drehen. Zweifelsohne sind einige der Gegenstände, welche Petrie untersucht hat, mittels Drehmaschinen hergestellt worden. Auch auf einigen Sarkophag-Deckeln sind eindeutige Zeichen vorhanden, welche auf die Bearbeitung mit Drehmaschinenwerkzeugen hindeuten. Das Museum von Kairo enthält ausreichend Beweise, die zeigen werden, dass die antiken Ägypter äußerst fortschrittliche Herstellungsmethoden einsetzten, wenn diese genau untersucht werden.

Es gibt verschiedene Gegenstände, die eindeutig zeigen, dass von den Erbauern der Pyramiden Maschinen eingesetzt wurden. Hierbei handelt es sich um Bruchstücke eines äußerst harten Eruptivgesteins. Diese Teile aus Granit und Diorit weisen Spuren auf, welche die gleichen sind, die sich ergeben, wenn Eruptivgestein mit modernen Maschinen zerschnitten wird. Es ist schockierend, dass die Untersuchungen von Petrie keine größere Aufmerksamkeit erregt haben, denn es gibt unwiderlegbare Beweise für eine maschinelle Bearbeitung. Es wird vielleicht viele Leute erstaunen zu erfahren, dass Beweise, welche zeigen, dass die antiken Ägypter solche Werkzeuge wie Sägen und sogar Drehmaschinen verwendeten, schon seit über einem Jahrhundert bekannt sind. Die Drehbank ist eine der ersten Maschinen, die entwickelt worden ist, und Petrie liefert Beweise, die zeigen, dass von den antiken Ägyptern nicht nur Drehbänke verwendet wurden, sondern dass sie auch andere Dinge vollbracht haben, welche nach heutigen Standards ohne fortschrittliche Spezialtechniken unmöglich sind, wie z.B. das Herstellen konkaver und konvexer Rundungen, ohne dass hier das Material zersplitterte.

Wenn die Archäologen in den Ruinen antiker Zivilisationen graben, würden sie dann sofort anhand der Spuren auf dem Material oder dem Aufbau eines Fundstücks erkennen können, dass für deren Herstellung Maschinen eingesetzt wurden? Glücklicherweise hatte ein Archäologe den Durchblick und das Wissen, um solche Spuren zu erkennen, und da sich zu der Zeit, als Petries Erkenntnisse veröffentlicht wurden, die Maschinenindustrie noch in den Anfängen befand, wird aufgrund der Entwicklung der Industrie seit dieser Zeit ein neuer Blick auf diese Funde gerechtfertigt. ...

Da ich bei zahllosen Anlässen mit Kupfer gearbeitet und es in der angegeben Art gehärtet habe, so halte ich die genannte Feststellung doch für völlig lächerlich. Es ist sicherlich möglich,

Kupfer zu härten, indem man es wiederholt hämmert oder biegt. Nachdem jedoch eine bestimmte Härte erreicht ist, wird das Kupfer porös und auseinanderbrechen. Dies ist der Grund, weshalb Kupfer ständig geglüht oder weich gemacht werden muss, damit es nicht zerbricht. Selbst wenn das Kupfer in einer solchen Weise gehärtet wird, kann man damit kein Granitgestein schneiden. Die härteste Kupferverbindung, die es heute gibt, ist Beryllium-Kupfer. Es gibt keine Anzeichen dafür, dass die antiken Ägypter diese Verbindung gekannt haben, aber selbst wenn das der Fall gewesen wäre, ist diese nicht hart genug, um damit Granit zu bearbeiten. Es ist größtenteils angenommen worden, dass Kupfer das einzig bekannte Metall war, als die Pyramiden erbaut wurden. Aus diesem Grund müssen alle Arbeiten durch die Verwendung dieses metallischen Elements durchgeführt worden sein. Es ist allerdings möglich, dass diese grundsätzliche Annahme völlig falsch ist, denn es ist eine wenig bekanne Tatsache, dass die Erbauer der Pyramiden auch Eisen herstellen konnten.

Wenn wir nicht in die Zeit zurückgehen und die Handwerker, welche an den Pyramiden gearbeitet haben, befragen können, werden wir vielleicht nie erfahren, aus welchen Materialien ihre Werkzeuge hergestellt waren. Jede Diskussion über dieses Thema wäre sinnlos, denn wenn kein Beweis vorhanden ist, können auch keine befriedigenden Schlussfolgerungen gezogen werden. Allerdings kann über die Art und Weise diskutiert werden, in welcher die Steinmetze ihre Werkzeuge verwendet haben, und wenn wir vielleicht die derzeitigen Methoden, die beim Schneiden von Granitgestein eingesetzt wurden, mit fertigen Produkten vergleichen, dann können vielleicht irgendwelche Parallelen entdeckt werden.

In der heutigen Zeit werden für das Schneiden von Granitgestein Drahtsägen und ein Schleifmittel, üblicherweise Siliziumkarbid, das eine Härte besitzt, welche mit jener von Diamanten verglichen werden kann, eingesetzt. Beim Draht handelt es sich um eine durchgehende Schleife, welche von zwei Rädern gehalten und wo eines der Räder angetrieben wird. Zwischen den Rädern, deren Abstand je nach Größe der Maschine unterschiedlich sein kann, wird der Stein geschnitten, und zwar indem er gegen den Draht gedrückt wird oder der Draht sich durch den Stein hindurcharbeitet. Das Schneiden erfolgt nicht durch den Draht, sondern dieser hält nur das Siliziumkarbid, durch welches das wirkliche Schneiden erfolgt. Aus den Spuren an der Schnittstelle kann man dann leicht erkennen, dass eine Drahtsäge verwendet wurde.

Mr. John Barta von der *John Barta Company* erzählte mir, dass die Drahtsägen in den heutigen Steinbruchwerken den Granit wie Butter und mit großer Geschwindigkeit zerschneiden können. Nebenbei fragte ich Mr. Barta auch noch, was er von der Theorie hielte, dass für eine solche Arbeit Kupferwerkzeuge eingesetzt werden könnten. Mr. Barta, der einen ausgezeichneten Humor besaß, machte daraufhin in bezug auf die Praktikabilität dieser Methode nur einige scherzhafte Bemerkungen.

Falls die antiken Ägypter tatsächlich Drahtsägen zum Schneiden harten Gesteins verwendet haben, dann muss man sich als nächstes die Frage stellen, ob diese von Hand oder durch Maschinen angetrieben wurden. Aufgrund meiner Erfahrungen mit Sägearbeiten, scheint es doch klare Hinweise darauf zu geben, dass zumindest in einigen Fällen die zweite Methode eingesetzt wurde."

Und genau solche Spuren sind von Sir William Petrie auf zwei Truhen aus Granit, die sich in der Königskammer in der Großen Pyramide befinden, entdeckt worden. Petrie schätzte, dass ein Druck von ein bis zwei Tonnen auf mit Juwelen besetzte Bronzesägen notwendig war, um durch den extrem harten Granit schneiden zu können.

Dunn schreibt weiter: "Bis heute haben die Ägyptologen noch keine Theorie in Betracht gezogen, die davon ausgeht, dass die Erbauer der Pyramiden vielleicht Maschinen, statt die menschliche Arbeitskraft einsetzten. Tatsächlich trauen sie den Erbauern nicht einmal die Intelligenz zu, dass sie einfache Räder verwendet haben. Es wäre schon sehr bemerkenswert, wenn eine Kultur, welche ausreichend technische Fähigkeiten besaß, um Drehmaschinen zu bauen und in harten Gesteinen Rundungen einzuarbeiten, noch keine Räder gekannt hätte.

Petrie nimmt deshalb logischerweise an, dass die Granittruhen aus der Großen Pyramide von Giseh angezeichnet worden sind, bevor sie geschnitten wurden. Die Handwerker bekamen eine Vorgabe, mit der sie arbeiten mussten. Durch die Genauigkeit der Abmessungen der Truhen wird dies bestätigt.

Wenn auch niemand mit Sicherheit sagen kann, wie die Granittruhen geschnitten wurden, so haben die Sägen im Granit doch bestimmte Spuren hinterlassen, die zeigen, dass sie nicht von Hand gesägt wurden. Falls es nicht Hinweise auf das Gegenteil gäbe, würde ich mich der Meinung anschließen, dass die Herstellung der Granittruhen möglicherweise rein durch menschliche Arbeitskraft und einen gewaltigen Zeitaufwand erfolgt ist.

Es ist extrem unwahrscheinlich, dass eine Gruppe aus Steinmetzen, die mit einer 3 m langen Handsäge arbeiten, durch den harten Granit schnell genug hindurchschneiden können, so dass sie über ihre Anzeichnungen hinausschneiden, ohne den Fehler zu bemerken. Und dann nochmal den gleichen Fehler zu machen, wie das bei der Truhe aus der Königskammer der Fall ist, trägt nicht dazu bei, um die Ansicht zu untermauern, dass dieser Gegenstand durch Handarbeit hergestellt wurde.

Als ich Petries Passagen in bezug auf diese Abweichungen las, kam eine Flut von Erinnerungen an meine eigenen Erfahrungen mit Sägen hoch, sowohl Handsägen wie auch Motorsägen. Aufgrund dieser Erfahrungen kann ich mir nicht vorstellen, dass die Granittruhen durch reine Handarbeit hergestellt wurden. Bei der Verwendung einer mechanisch angetriebenen Säge, die sehr schnell durch das Werkstück hindurchschneidet, kann die Säge schnell über die Anzeichnungen hinausschneiden, bevor man den Fehler korrigieren kann. Dies kommt bei Verwendung von Motorsägen immer wieder vor. ...

Neben den Hinweisen auf der Außenseite, können auch auf der Innenseite der Granittruhe aus der Königskammer Anzeichen

Zwei Ansichten der Großen Galerie, welche in die Königskammer führt

für die Verwendung von Hochgeschwindigkeitsmaschinen gefunden werden. Die Methoden, welche offensichtlich von den Erbauern der Pyramiden verwendet wurden, um die Innenseite der Truhen auszuhöhlen, sind denen ähnlich, die auch heute für solche Arbeiten eingesetzt werden".

INNERHALB DER KÖNIGSKAMMER

Dunn sagt, dass Spuren von Werkzeugen auf der Innenseite der Granittruhe aus der Königskammer darauf hindeuten, dass zuerst Löcher in den Bereich gebohrt wurden, welcher entfernt werden sollte. Laut Petrie wurden dies Bohrlöcher mit Rohrbohrern gemacht, wobei ein Kern zurückbleibt, der danach weggeschlagen werden musste. Nachdem alle Löcher gebohrt und alle Kerne entfernt worden waren, nimmt Petrie an, dass die Truhe dann durch Handarbeit auf die gewünschten Maße fertig bearbeitet worden ist. Auch hierbei wurden wieder Maschinen eingesetzt, was sich in den Fehlern bei dem Einsatz dieser Geräte zeigt, welche immer noch im Innern der Truhe zu erkennen sind:

"Auf der Innenseite ist ein Teil eines Bohrloches zu erkennen, wo den Arbeitern der Bohrer abgerutscht ist, wodurch sie zu weit in das Material gebohrt haben. Sie haben versucht, diesen Teil abzuschleifen und nahmen ungefähr 2 mm ab, aber trotzdem blieb eine Stelle zurück, die 2 mm tief, 7 cm breit und 3 cm lang ist."

Dunn schreibt hierzu: "Die Fehler, welche von Petrie bemerkt wurden, kommen in heutigen Werkstätten genauso vor, und ich muss zugeben, dass sie auch mir schon des öfteren unterlaufen sind. Solche Dinge können wiederum nur durch motorgetriebene Werkzeuge erklärt werden, da der Arbeiter, aufgrund der Schnelligkeit des Bohrers, nicht mehr genug Zeit hatte, um den Fehler zu korrigieren.

Obwohl die antiken Ägypter nicht einmal das Rad gekannt haben sollen, so zeigen die Beweise doch, dass sie nicht nur das Rad gekannt haben, sondern dass sie es auch in fortschrittlicher

Weise einsetzten. Im Museum von Kairo und auch in Petries eigener Sammlung befinden sich einige Fundstücke, die eindeutige Anzeichen einer maschinellen Bearbeitung auf einer Drehbank aufweisen."

Dunn schreibt dann weiter: "Durch die Methode, welche ich vorschlage, kann erklärt werden, wie die Löcher gebohrt wurden. Mit dieser können alle Dinge erzeugt werden, die Petrie und mich anfangs so erstaunt haben. Unglücklicherweise war diese Methode zu Petries Zeiten noch nicht bekannt, so dass es nicht gerade überraschend ist, dass er keine befriedigenden Antworten geben konnte.

Einzig und allein durch den Einsatz von Ultraschallgeräten können vom technischen Standpunkt aus gesehen alle Phänomene logisch erklärt werden. Bei der Ultraschallbearbeitung wird die oszillierende Bewegung eines Werkzeugs verwendet, welche das Material in einer Weise abträgt wie ein Presslufthammer, allerdings wesentlich schneller. Ultraschallwerkzeugköpfe, welche mit einer Frequenz von 19 000 bis 25 000 Hertz arbeiten, sind heute bei der Bearbeitung harten, spröden Materials wie gehärtetem Stahl, Karbiden, Keramiken und Halbleiter nicht mehr weg zu denken. Es wird ein Schleifmittel oder Schleifpaste verwendet, um die Schnittgeschwindigkeit zu erhöhen."[98]

DIE ULTRASCHALLBEARBEITUNG VON GRANIT

Dunn schreibt weiter: "Das wichtigste Detail der Bohrlöcher und Kerne, welche von Petrie untersucht wurden, ist, dass die Rillen bei Quarz tiefer sind als bei Feldspat. Quarzkristalle werden bei der Erzeugung von Ultraschall verwendet. Sie sprechen umgekehrt auch auf Schwingungen im Ultraschallbereich an und können dazu angeregt werden, mit hoher Frequenz zu schwingen. Bei der Ultraschallbearbeitung von Granit bietet das härtere Material (Quarz) nicht notwendigerweise einen größeren Widerstand als bei gewöhnlichen Bearbeitungstechniken. Der Quarz im Gestein spricht auf die hohe Frequenz an und schwingt in Reso-

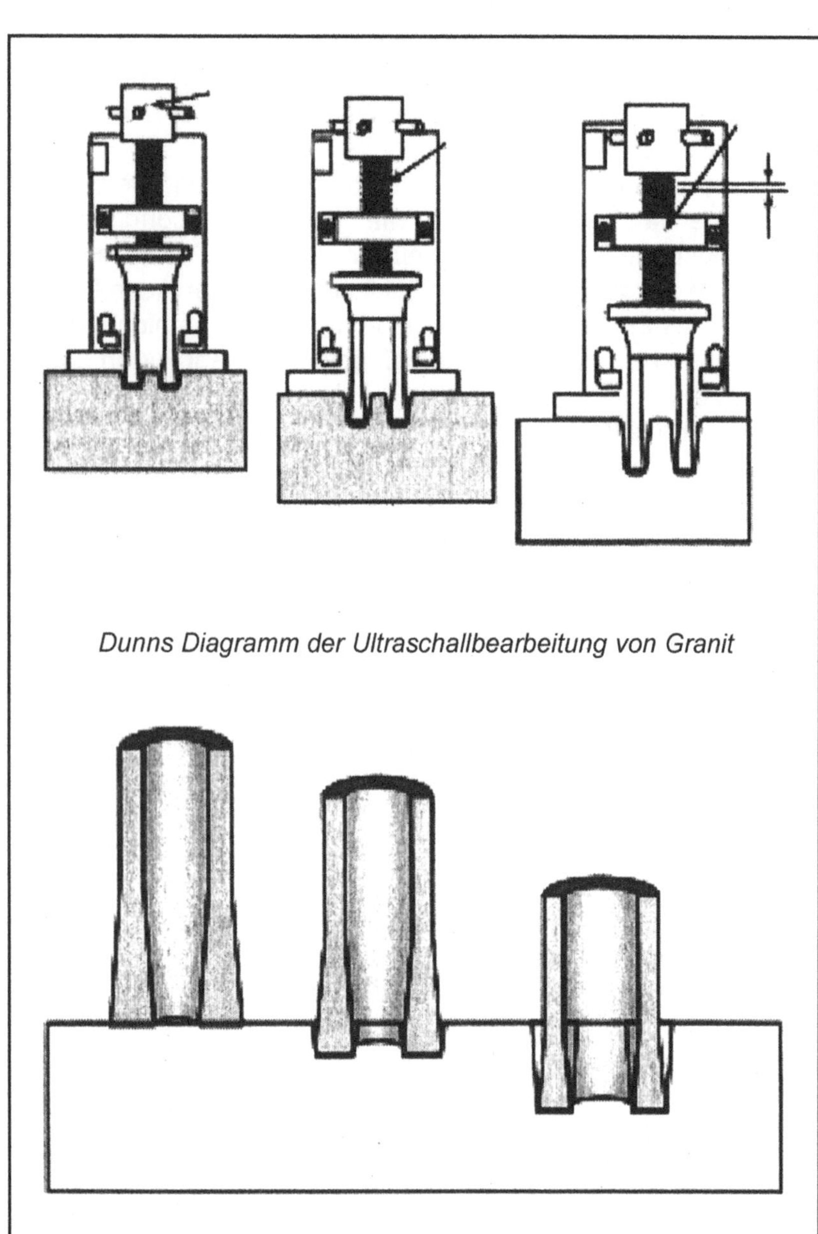

Dunns Diagramm der Ultraschallbearbeitung von Granit

nanz damit, wodurch die Schleifwirkung noch verstärkt anstatt verringert wird, wenn das Werkzeug durch das Gestein schneidet.

Die Tatsache, dass eine Rille vorhanden ist, kann auf verschiedene Art und Weise erklärt werden. Durch einen ungleichförmigen Fluss der Energie kann es vorgekommen sein, dass der Werkzeugkopf sich auf eine Seite geneigt hat. Dieser kann auch schräg aufgesetzt worden sein. Oder die Rille wurde durch die Ansammlung von Schleifmittel auf der einen Seite des Kopfes erzeugt.

Die sich verjüngenden Seiten der Bohrung und des Kernes sind absolut normal, wenn wir die grundsätzlichen Anforderungen für die verschiedenen Typen von Schneidwerkzeugen betrachten. Es muss z.B. ein Spielraum zwischen dem Werkstück und dem Bohrgerät vorhanden sein. Aus diesem Grund wird statt einer geraden Röhre eine Röhre verwendet, deren Durchmesser der Länge nach abnimmt. Hierdurch ergibt sich zwischen dem Werkzeug und dem Kern ein Spielraum. So kann das Schleifmittel frei fließen und die Schnittfläche überall erreichen.

Durch einen Rohrbohrer dieser Art kann auch die Verjüngung des Bohrlochs und des Kernes erklärt werden. Wenn ein solcher Bohrer verwendet wird, der aus weicherem Material als das Schleifmittel besteht, dann würde die Schneidkante allmählich verschleissen. Die Abmessungen der Bohrung würden deshalb mit denjenigen des Werkzeugs an der Schnittstelle übereinstimmen. Als das Werkzeug immer mehr verschliss, zeigte sich dieser Verschleiss in der Bohrung und beim Kern in Form einer Verjüngung. ...

Eine andere Methode, durch welche die Rillen erzeugt hätten werden können, ist die Verwendung eines rotierenden Bohrwerkzeugs, dass außermittig zur Rotationsachse montiert wurde. Clyde Treadwell von der Firma *Sonic Mill Inc.* aus Albuquerque in New Mexico erklärte mir, dass sich ein außermittig angebrachter Bohrkopf während der Bohrung selbst allmählich auf die Rotationsachse ausrichtet. Die Rillen könnten dadurch erzeugt worden sein, als der Bohrer schnell aus dem Bohrloch gezogen wurde, meinte er.

Falls Treadwells Theorie die richtige ist, dann ist immer noch ein Grad der technischen Entwicklung notwendig, der wesentlich höher ist als jener, welcher den Erbauern der Pyramiden im allgemeinen zugeschrieben wird. Bei dieser Methode handelt es sich um eine alternative Möglichkeit zur Ultraschallbearbeitung, selbst wenn sich durch letztere alle offenen Fragen beantworten lassen, bei denen andere Theorien bisher gescheitert sind. ... In jedem Fall sind wir gezwungen anzunehmen, dass keine primitiven Werkzeuge verwendet wurden, sondern weitaus fortschrittlichere, welche für diese Periode in der Geschichte Ägyptens irgendwie anomal sind."[98]

TRUHEN AUS GRANIT IN FELSGÄNGEN

Im Februar des Jahres 1995 schloss sich Dunn Graham Hancock und Robert Bauval an, um an einem Dokumentationsfilm mitzuarbeiten. Hierbei stieß er auf einige Fundstücke, welche von den antiken Ägyptern hergestellt worden sind und zweifelsohne zeigen, dass hierfür hoch entwickelte und fortschrittliche Werkzeuge und Verfahren eingesetzt wurden. Die Gruppe untersuchte Fundstücke, die in Felsgängen im Tempel von Serapeum in Saqqarra gefunden wurden, wo sich Pharaos Djosers Stufenpyramide und dessen Grab befindet. Dunn schreibt hierzu:

"Diese Gänge enthalten 21 große Granittruhen. Jede wiegt geschätzte 65 Tonnen, und zusammen mit dem schweren Deckel, der sich auf jeder befindet, dürfte das Gesamtgewicht um die 100 Tonnen betragen. Am Anfang der Gänge liegt ein Deckel, der noch nicht fertig bearbeitet wurde, und ein Stück weiter befindet sich eine Granittruhe, die nur grob bearbeitet wurde und fast den gesamten Raum des Ganges ausfüllt.

Die Granittruhen sind ca. 4 m lang, 2,20 m breit und 3,30 m hoch. Sie sind in "Gruften" untergestellt, welche in den Wänden der Gänge versetzt angeordnet sind und aus dem Kalkstein her-

The lid was pushed to the back of the box, allowing the inspection of part of the top surface.

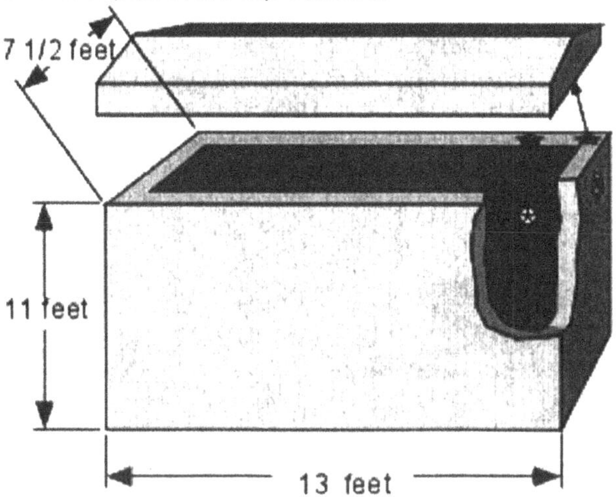

✪ Identifies areas that were inspected with a 6-inch-long flat ground steel straight-edge. There was no deviation from a flat surface.

No light from a flashlight leaked between the ground steel and the granite (a).

When checked with corner of the steel, (b) there were slivers of light. This would be the variation in the corner of the steel that was deburred using a file and was not as accurate as the edge.

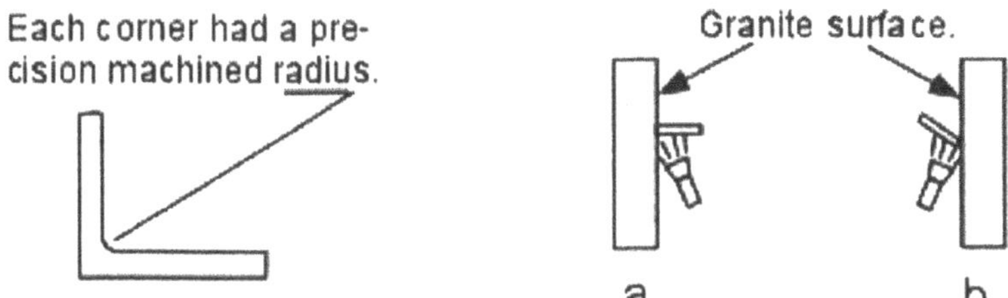

Dunns Diagramm einer Truhe, die maschinell hergestellt wurde

ausgeschnitten wurden. Der Boden der Gruften befindet sich ungefähr einen Meter unter dem Boden der Gänge, und die Truhen wurden auf einen Vorsprung in der Mitte gestellt. Bauval sprach über die technischen Aspekte und wie es möglich war, solche schweren und großen Truhen in einem so kleinen Raum unterzustellen. Da kein Platz für Hunderte von Sklaven vorhanden war, um die Truhen mittels Seilen in die richtige Lage zu bringen, wie wurden sie dann an Ort und Stelle gebracht?

Während Hancock und Bauval filmten, sprang ich in eine der Gruften hinunter. Ich legte mein Lineal auf die Oberfläche der Truhe. Sie war vollkommen eben. Ich schaltete meine Taschenlampe ein und konnte nicht die geringste Abweichung entdecken. Dann stieg ich durch eine abgebrochene Ecke in das Innere einer anderen riesigen Truhe, und wiederum war ich erstaunt, dass die Innenseiten völlig eben waren. Ich suchte nach Fehlern, fand aber keine. Ich wünschte mir, dass ich zu dieser Zeit die entsprechende Ausrüstung besessen hätte, um die gesamte Oberfläche zu untersuchen. ... Als ich den Deckel und die Fläche, auf der er lag, untersuchte, fand ich ebenfalls heraus, dass sie vollkommen eben war. Mir kam die Idee, dass die Hersteller dieser Truhen damit eine perfekte Versiegelung erzeugt hatten. Zu dieser Zeit begleitete mich der kanadische Forscher Robert McKenty. Er erkannte die Bedeutung dieser Entdeckung und machte Aufnahmen mit seiner Kamera. In diesem Moment wusste ich, wie sich Howard Carter gefühlt haben musste, als er Tutanchamuns Grab entdeckt hatte.

Die staubige Luft in den Gängen machte einem das Atmen schwer. Ich konnte mir nur ausmalen, was es bedeutet haben musste, einen solchen Granitstein, unabhängig von der hierfür verwendeten Methode, fertig zu bearbeiten und wie ungesund dies gewesen sein musste. Sicherlich wäre es besser gewesen, diese Arbeit im Freien durchzuführen. Ich war von dieser Entdeckung so erstaunt, dass mir nicht in den Sinn kam, dass die Erbauer dieser Reliquien vielleicht aus irgendwelchen esoterischen Gründen beabsichtigten, dass sie ultragenau verarbeitet werden mussten. Sie hatten sich die Mühe gemacht, die unfertigen Produkte in die Gänge zu bringen, und sie hatten einen guten Grund, sie im Untergrund fertig zu stellen! Dies ist eine logische Sache, wenn man einen sehr hohen Präzisionsgrad für das zu bearbeitende Werkstück benötigt. Hätte man die Truhe an einem Ort fertig gestellt, an dem eine andere Luftfeuchtigkeit und eine unterschiedliche Temperatur als in den unterirdischen Gängen vorhanden ist, wie im Freien unter der heissen Sonne, dann wäre eine geringere Präzision die Folge gewesen, wenn sie wieder dorthin zurückgebracht worden wäre. Dies liegt daran, dass der Granit aufgrund der thermischen Ausdehnung oder Zusammenziehung seine Form verändert. Die Lösung für dieses Problem ist die, dass man die Oberflächen der Truhen dort fertig bearbeitet, wo sie letztendlich auch untergebracht werden sollen.

Diese Entdeckung und die Erkenntnis, dass dies von kritischer Bedeutung für die Handwerker war, die sie hergestellt hatten, war für mich wichtiger als die Entdeckung von Tutanchamuns Grab. Die Absichten der Ägypter in bezug auf die Präzision sind klar verständlich, aber welchem Zweck diente das ganze?"[98]

Dunn nahm danach Kontakt mir vier Granitbearbeitungsfirmen in den USA auf, allerdings konnte er keine finden, welche solche Arbeiten wie die alten Ägypter durchführen konnten. Er erhielt einen Brief von Eric Leither von der *Tru-Stone Corp.*, in der sich dieser über die technischen Möglichkeiten der Herstellung solcher Truhen äußert. Hier ein Auszug aus dem Brief:

"Sehr geehrter Herr Dunn,

Alst erstes möchte ich Ihnen dafür danken, dass sie mich mit all den fantastischen Informationen versorgt haben. Die meisten Leute haben niemals die Gelegenheit, bei solchen Dingen mitzuwirken. Sie haben mir erzählt, dass die Truhe aus einem einzigen Block gefertigt wurde. Ein Granitblock dieser Größe wiegt ungefähr 100 Tonnen, wenn es sich um weißen Sierra-Granit handelt. Falls ein Block dieser Größe erhältlich wäre, dann wären die Kosten enorm. Der rohe, unbearbeitete Block allein würde ungefähr 115 000 Dollar kosten. Dieser Preis schließt nicht das Zuschneiden des Blocks oder irgendwelche Frachtkosten ein. Das nächste offensichtliche Problem wäre der Transport, für den zuerst die Erlaubnis der betreffenden Stellen eingeholt werden müsste und der Tausende von Dollars kosten würde. Aus den Informationen, die Sie mir per Fax zukommen ließen, haben die Ägypter diesen Steinblock über 800 km transportiert. Hierbei handelt es sich um eine unglaubliche Leistung für eine Gesellschaft, die vor so langer Zeit existiert hat."

Dunn schreibt weiter: "Eric schrieb danach, dass seine Firma nicht die Ausrüstung hätte, um die Truhen in dieser Art und Weise herzustellen. Er meinte nur, dass seine Firma die Truhen in fünf Teilen herstellen, sie dann zum Kunden bringen und an Ort und Stelle zusammenschrauben würde.

Ein weiteres Fundstück, das ich untersuchte, war ein Stück aus Granit, über das ich wortwörtlich gestolpert bin, als ich auf dem Plateau von Giseh dahinspazierte. Nach einer ersten Untersuchung kam ich zu dem Schluss, dass die Erbauer der Pyramiden für dessen Herstellung eine Maschine, die in drei Raumachsen bewegt werden konnte, verwendet haben mussten. ... Man muss sich deshalb nicht nur fragen, welches Werkzeug dafür eingesetzt, sondern auch, wie dieses Schnittwerkzeug gesteuert wurde. Um diese Frage zu beantworten, ist es hilfreich, wenn man von den heutigen Herstellungsmethoden eine Ahnung hat.

Viele der Produkte der modernen Zivilisation könnten nicht ohne Handarbeit hergestellt werden. Wir sind umgeben von Produkten, welche das Ergebnis des Geistes der Menschen sind, der neue Werkzeuge erschaffen hat, um hierdurch die physikalischen Grenzen zu überwinden. Wir haben Werkzeuge, die sich auf drei oder mehr verschiedenen Achsen bewegen können. Für den Stein, den ich gefunden hatte, waren mindestens drei Bewegungsachsen notwendig, um ihn zu bearbeiten. Als die Werkzeugmaschinenindustrie noch in den Kinderschuhen steckte, war für die Endbearbeitung oft noch Handarbeit notwendig. Durch die heutigen, numerisch gesteuerten Maschinen ist nur noch wenig Bedarf dafür vorhanden. ...

Wenn man also weiß, dass ein Werkstück auf einer solchen Maschine hergestellt wurde, dann müsste man erwarten, dass auf der Oberfläche Spuren des Werkzeugs zu sehen sind. Dies ist genau das, was ich auf dem Plateau von Giseh fand. ...

In diesem Gebiet liegen so viele Steine jeglicher Form und Größe herum, dass diese von einem untrainierten Auge leicht übersehen werden können. Glücklicherweise zog dieser Stein meine Aufmerksamkeit auf sich, und ich hatte auch noch einige Werkzeuge bei mir, um ihn zu untersuchen. Es waren zwei Stücke, welche nahe beieinanderlagen, wobei eines größer war als das andere. Sie waren ursprünglich ein Teil gewesen und zerbrochen. Ich war vor allem an der Genauigkeit der Umrisse und der Symmetrie interessiert. Wenn man die beiden Teile zusammenfügte, hatten sie die Form eines kleinen Sofas. Ich fand schließlich heraus, dass die Umrisse sehr genau gefertig worden waren, und nur an einer Stelle konnte man hindurchsehen, als ich das Lineal darüber legte. Ich machte einen Wachsabdruck des Fundstücks, und als ich in die USA zurückkehrte, konnte ich feststellen, dass die Lehne des "Sofas" einen Radius von genau 1,3 cm besaß. Dieser Radius war durch die gleichen Bearbeitungsmethoden erzeugt worden, mit welchen auch heute gearbeitet wird.

Ich glaube, dass wir noch manch andere Dinge erfahren können, wenn wir solche Untersuchungsmethoden anwenden. Das Museum in Kairo enthält sicherlich viele Fundstücke, bei denen man zu den gleichen Schlussfolgerungen gelangt wie ich in bezug auf dieses Werkstück, wenn sie richtig untersucht werden."[98]

ES MÜSSEN MOTORGETRIEBENE HOCHGESCHWINDIGKEITSMASCHINEN VERWENDET WORDEN SEIN

Dunn kommt schließlich zu dieser Schlussfolgerung: "Die Verwendung motorgetriebener Hochgeschwindigkeitsmaschinen und moderner Bearbeitungsmethoden, welche für die Produkte aus Granit, die in Giseh und anderen Orten in Ägypten gefunden werden können, eingesetzt wurden, machen eine Untersuchung qualifizierter Leute notwendig, welche die Sache unvoreingenommen angehen.

Hinsichtlich eines gründlicheren Verständnisses der Technologie, die von den Erbauern der Pyramiden verwendet wurde, sind die Folgen kaum abzusehen. Wir haben nicht nur klare Beweise vor uns, welche seit Jahrzehnten übersehen wurden und die zeigen, dass die antiken Menschen wesentlich fortschrittlicher waren als wir bisher angenommen haben, sondern wir haben auch die Möglichkeit, alles von einem anderen Standpunkt aus neu zu analysieren. Wenn man versteht, wie etwas hergestellt wurde, dann eröffnen sich hierdurch andere Dimensionen, als wenn man nur versucht zu bestimmen, warum es erzeugt wurde.

Die Herstellungsgenauigkeit dieser Werkstücke lässt sich nicht bestreiten. Selbst wenn wir uns nicht fragen, wie sie hergestellt wurden, so bleibt doch noch die Frage, aus welchem Grund eine solche Genauigkeit notwendig war. Die Offenlegung neuer Daten wirft unvermeidlich neue Fragen auf. In dieser Hinsicht ist die Frage angemessen, wo denn diese Maschinen sind. Maschinen sind Werkzeuge. Die Wahrheit ist, dass keine Werkzeuge gefunden wurden, um irgendeine Theorie hinsichtlich der Herstellung der Pyramiden oder der Granittruhen zu beweisen!

In Ägypten sind mehr als 90 Pyramiden entdeckt worden, und die Werkzeuge, mit denen sie hergestellt wurden, sind niemals gefunden worden. Wenn wir annehmen, dass Kupferwerkzeuge eingesetzt wurden, dann hätten wesentlich mehr von diesen gefunden werden müssen. Allein in der Großen Pyramide befinden sich schätzungsweise 2,3 Millionen Felsblöcke, die sowohl aus Kalkstein als auch Granit bestehen und zwischen 2 und 70 Tonnen wiegen. Es sind bei weitem nicht ausreichend Werkzeuge entdeckt worden, um die Bearbeitung einer solch großen Masse von Steinen zu erklären. ...

Es gibt kaum mehr Zweifel, dass die Fähigkeiten der Erbauer der Pyramiden gewaltig unterschätzt worden sind. Einige Technologien, welche die Ägypter besessen haben, versetzen die modernen Techniker und Ingenieure immer noch in Erstaunen. Die Entwicklung von Werkzeugmaschinen war immer untrennbar mit der Verfügbarkeit von Konsumgütern und dem Wunsch, Kunden zu finden, verbunden. Ein Kriterium, um zu beurteilen, ob eine Zivilisation fortschrittlich ist, ist unsere derzeitige Entwicklung der Produktionsmethoden. Die Produktion ist die Manifestation aller wissenschaftlichen und technischen Leistungen. Seit über einem Jahrhundert hat die Industrieproduktion exponentiell zugenommen. Seitdem Petrie zwischen den Jahren 1880 und 1882 seine ersten kritischen Beobachtungen gemacht hat, ist unsere Zivilisation mit Sieben-Meilen-Stiefeln vorangeschritten, um die Kunden mit Gütern zu versorgen, welche alle von Technikern hergestellt wurden, und trotzdem sind diese Techniker selbst 100 Jahre nach Petrie immer noch vollkommen erstaunt von den Leistungen der Erbauer der Pyramiden. ...

Die Beurteilung des technischen Entwicklungsgrades sollte nicht von den erhalten gebliebenen, schriftlichen Aufzeichnungen über alle Techniken, welche entwickelt wurden, abhängen. Die Aufzeichnungen der Technologie, welche durch unsere moderne Zivilisation entwickelt worden sind, erscheinen in den Medien, welche verletzlich sind, und im Falle einer weltweiten Katastrophe aufhören könnten zu existieren, wie z.B. bei einem Atomkrieg oder einer neuen Eiszeit. Aus diesem Grund kann die Beurteilung der Methode, die von einem Techniker angewandt wurde, aufschlussreicher sein als die Beurteilung seiner Sprache. Wenn also auch die Werkzeuge und Maschinen die Tausende von Jahren, seitdem sie in Gebrauch waren, nicht überstanden haben, so müssen wir trotzdem annehmen, dass sie existierten.

Wir können viel von unseren Vorfahren lernen, wenn wir nur unvoreingenommen bleiben und akzeptieren, dass auch schon andere Zivilisationen in einer fernen Vergangenheit Herstellungstechniken entwickelt haben, welche großartig sind oder vielleicht sogar großartiger als die unseren. ...

Aufgrund einer solch großen Zahl von Fundstücken, durch welche die Existenz von Präzisionsmaschinen im antiken Ägypten bewiesen werden kann, muss die Ansicht, dass die Große Pyramide von einer fortschrittlichen Zivilisation errichtet worden ist, zulässig sein. Ich stelle damit nicht die Vermutung auf, dass diese Zivilisation in allen Belangen der unseren technologisch überlegen war, aber es scheint so, dass sie uns - was die Baukunst anbelangt - sogar voraus waren. Die Präzisionsbearbeitung von hartem Lavagestein ist schon äußerst beeindruckend.

Wenn man die Sache logisch betrachtet, dann muss diese antike Zivilisation ihr Wissen in der gleichen Art und Weise erworben haben wie jede andere Zivilisation auch, nämlich durch technologischen Fortschritt über viele Jahrzehnte.

Wenn das neue Wissen und die neuen Einsichten assimiliert sind, dann müssen vielleicht die Geschichtsbücher umgeschrieben werden, und falls die Menschheit in der Lage ist, aus der Geschichte zu lernen, dann wird für das Wohl zukünftiger Generationen gerade eine der größten Lektionen formuliert. Neue Technologien und Fortschritte der Wissenschaft ermöglichen es uns, die Grundlagen, auf denen die Geschichte errichtet wurde, näher zu untersuchen, und diese Grundlagen scheinen abzubröckeln."

DIE GROßE PYRAMIDE UND DER MÄCHTIGE KRISTALL

Wie muss man ein Objekt konstruieren, damit es sich mit den Schwingungen der Erde in Resonanz befindet? Wie können wir diese Energie nutzen? Wie können wir sie in elektrischen Strom verwandeln? Wenn wir diese Energie irgendwie nutzen könnten, dann wäre dies vielleicht die größte Erfindung der Geschichte.

Dunn schreibt hierzu: "Als erstes müssen wir verstehen, wie ein Energiewandler arbeitet. Wir haben schon über den piezoelektrischen Effekt bei Quarzkristallen gesprochen. Durch abwechselnde Komprimierung und Ausdehnung wird Elektrizität erzeugt. Mikrophone und andere elektrische Geräte arbeiten nach diesem Prinzip. Wenn sie in ein Mikrophon sprechen, dann

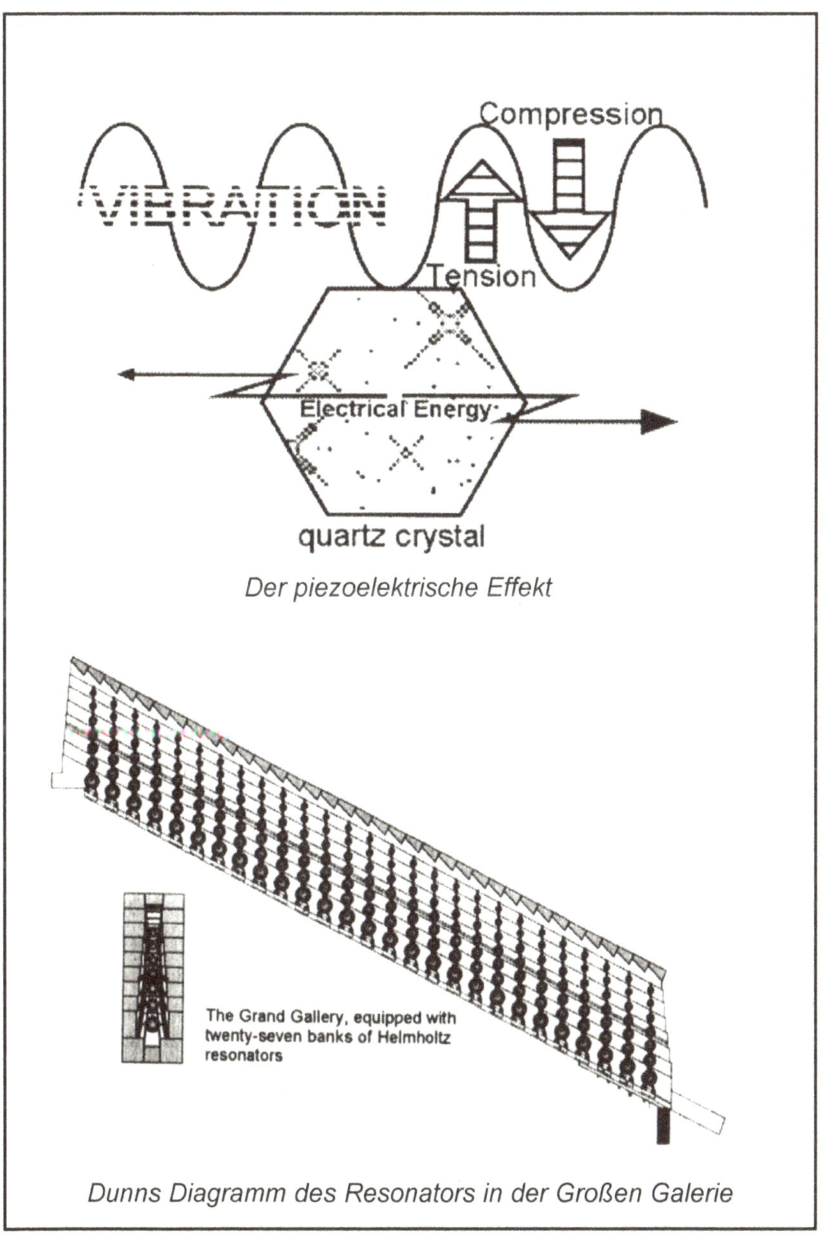

Der piezoelektrische Effekt

Dunns Diagramm des Resonators in der Großen Galerie

werden die Schwingungen ihrer Stimme in elektrische Impulse umgewandelt. Bei einem Lautsprecher geschieht das Umgekehrte, und die elektrischen Impulse werden in mechanische Schwingungen zurückverwandelt. Es ist auch schon die Theorie aufgestellt worden, dass durch quarzhaltiges Felsgestein das Phänomen der Kugelblitze erzeugt wird. Der Quarzkristall ist in jedem Fall der Überträger. Er verwandelt eine Form der Energie in die andere. Wenn wir die Quelle der Energie kennen und die Mittel haben, um sie zu nutzen, dann müssen wir die unbegrenzten, mechanischen Spannungen nur in nutzbare Elektrizität umwandeln, indem wir einen Quarzkristall verwenden!

Bei der Großen Pyramide handelte es sich um ein geomechanisches Kraftwerk, welches in Resonanz zu den Schwingungen der Erde stand und diese Energie in Elektrizität verwandelte! Diese verwendeten die Ägypter dann, um ihre Maschinen anzutreiben, mit denen sie hartes Lavagestein bearbeiteten.

Ok, sie werden vielleicht fragen, wie dieses Kraftwerk gearbeitet hat. Es ist zwar leicht, eine solche Theorie aufzustellen, aber um sie zu beweisen sind mehr Tatsachen notwendig.

Nun, lassen sie uns mit dem Kristall oder dem Energiewandler beginnen. Es scheint so, dass es sich hierbei um ein unerlässliches Bestandteil des Kraftwerks handelte, der so konstruiert war, um in Resonanz mit der Pyramide selbst und auch der Erde zu schwingen. Die Königskammer, in welcher die vielen Besucher schon oft seltsame Effekte bemerkt haben, und in der Tom Danley Infraschallschwingungen entdeckt hat, ist in sich selbst ein gewaltiger Energiewandler.

In jeder Maschine gibt es Geräte, welche für deren Funktion verantwortlich sind. Das gleiche galt auch für diese Maschine. Selbst wenn es so aussieht, als ob die inneren Kammern und Gänge der Großen Pyramide keine mechanischen oder elektrischen Geräte enthalten würden, so gibt es dort doch Vorrichtungen, welche heutigen, mechanischen Geräten ähnlich sind.

Diese Geräte können auch als elektrische Einrichtungen betrachtet werden, weil sie die Fähigkeit besitzen, mechanische in

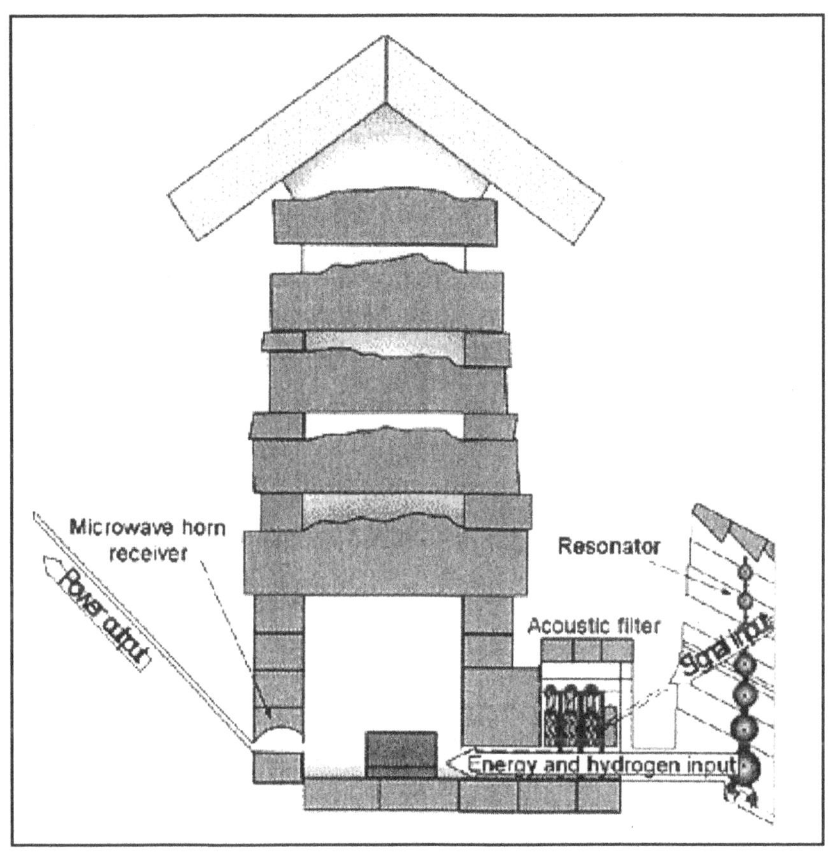

Christopher Dunns Diagramm der Königskammer als Zentrum des Pyramidenkraftwerks von Giseh

elektrische Energie umzuwandeln. Die Geräte, welche sich in der Großen Pyramide befinden, sind bisher nicht als das erkannt worden, was sie in Wirklichkeit sind. Nichtsdestotrotz handelt es sich hierbei um wesentliche Bestandteile für die Funktion dieser Maschine.

Bei dem Granit, aus welchem diese Kammer konstruiert wurde, handelt es sich um Lavagestein, welches aus dem Steinbruch von Assuan nach Giseh gebracht wurde und über 55% Siliziumquarzkristalle enthält.

Die beiden Wissenschaftler Dee Jay Nelson und David H. Coville schreiben über die Bedeutung der Wahl dieses Gesteins Folgendes: "Dies bedeutet, dass die Königskammer praktisch mit Hunderten von Tonnen mikroskopischer Quarzteilchen ausgekleidet ist, welche eine hexagonale oder rhomboide Form besitzen. Bei rhomboiden Kristallen handelt es sich um sechsseitige Prismen mit viereckigen Seiten. Hierdurch wird sicher gestellt, dass im Granit ein hoher Prozentsatz von Quarzteilchen vorhanden ist, deren Oberflächen nach dem Wahrscheinlichkeitsgesetz parallel zu den unteren und oberen Seiten sind. Zusätzlich wird durch die geringfügige Verformbarkeit des Granits zwischen den parallelen Flächen ein piezoelektrischer Effekt erzeugt, wodurch es zu einem elektrischen Fluss kommt. Die großen Steinmassen über den Kammern in der Pyramide drücken aufgrund der Schwerkraft auf die Mauern aus Granit und verwandeln sie hierdurch in einen elektrischen Generator, der ohne Unterlass arbeitet. ... Die Kammern in der Großen Pyramide haben seit ihrer Konstruktion vor 46 Jahrhunderten elektrische Energie erzeugt. Ein Mensch innerhalb der Königskammer wird deshalb einem schwachen, aber spürbarem Induktionsfeld ausgesetzt."[98]Dunn kommentiert dies Folgendermaßen: "Wenn Nelson und Coville auch eine interessante Beobachtung in bezug auf das Granitgestein im Innern der Pyramide gemacht haben, so bin ich mir doch nicht sicher über ihre Behauptung, dass durch den Druck Tausender Tonnen von Steinblöcken eine elektromotorische Kraft im Granit erzeugt wird. Der Druck auf den Quarz müsste veränderlicher Natur sein, damit es zu einem Elektrizitätsfluss kommen kann. Der Druck, den sie beschreiben, ist statischer Art, und wenn auch der Quarz hierdurch zweifelsohne zusammengedrückt wird, so würde der Elektronenfluss doch aufhören, wenn der Druck unveränderlich bliebe. Durch Quarzkristalle wird keine Energie erzeugt; sie wandeln nur eine Art von Energie in die andere um."

DIE AKUSTIK DER GROßEN PYRAMIDE

Einer der wichtigsten Punkte bei Dunns Theorie ist die Akustik der Großen Pyramide. Über der Königskammer befinden sich fünf Reihen aus Granitträgern, wobei insgesamt 43 Träger vorhanden sind, von welchen jeder bis zu 70 Tonnen wiegt. Jede Schicht ist durch einen Spalt getrennt, der groß genug ist, dass man hindurchkriechen kann. Die Träger aus rotem Granit besitzen eine quadratische Form und sind auf drei Seiten bearbeitet, die obere Seite ist allerdings unbearbeitet und rauh und uneben. Einige der Träger weisen außerdem Löcher am oberen Ende auf.

Als die Architekten diese riesigen Steinsäulen bearbeiteten, haben sie es offensichtlich als notwendig angesehen, die Träger, welche für die oberste Kammer vorgesehen waren, in der gleichen Weise zu behandeln wie jene, welche für die Decke direkt über der Königskammer vorgesehen waren. Jeder Träger ist quadratisch, auf drei Seiten glatt, und die Oberseite ist scheinbar unbearbeitet. Dies ist interessant, wenn man bedenkt, dass diejenigen Träger, welche sich direkt über der Königskammer befinden, die einzigen waren, die für diejenigen, welche in die Pyramide eintreten, sichtbar sind. Auch das Granitgestein, aus welchem die Träger hergestellt wurden, zeigte gewisse Auffälligkeiten.

William Flinders Petrie schreibt hierzu: "Die Dachträger bestehen nicht aus geschliffenem Granit, wie dies beschrieben wurde; ganz im Gegenteil besitzen sie eine rauhe Oberfläche. ... Alle Kammern über der Königskammer sind mit Böden aus horizontalen Trägern ausgestattet, die auf den Unterseiten, welche die Decke bilden, grob, aber auf der Oberseite völlig glatt bearbeitet sind."

Hierzu meint Dunn: "Es ist bemerkenswert, dass die Konstrukteure für die Endbearbeitung der 34 Träger, welche nach der Fertigstellung der Pyramide nicht mehr sichtbar waren, den gleichen Aufwand betrieben als für die 9 Träger, welche die Decke der Kö-

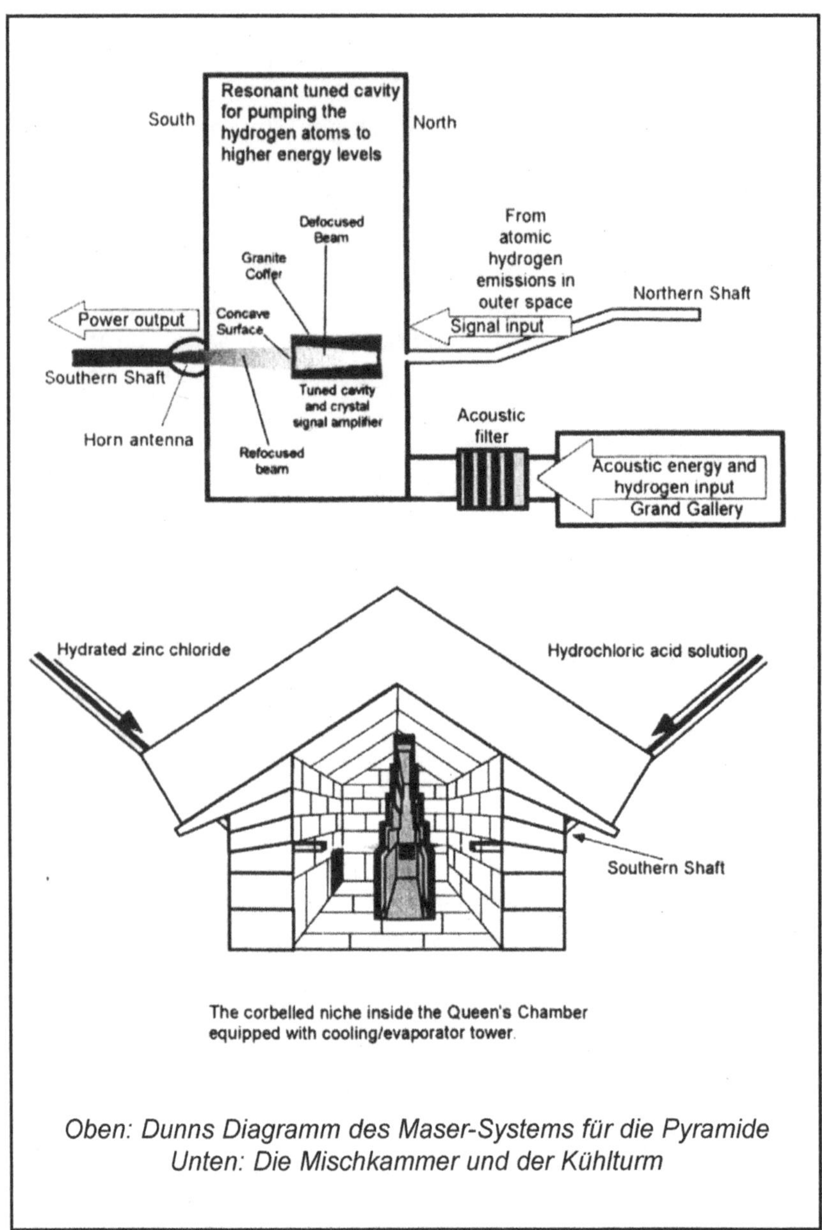

Oben: Dunns Diagramm des Maser-Systems für die Pyramide
Unten: Die Mischkammer und der Kühlturm

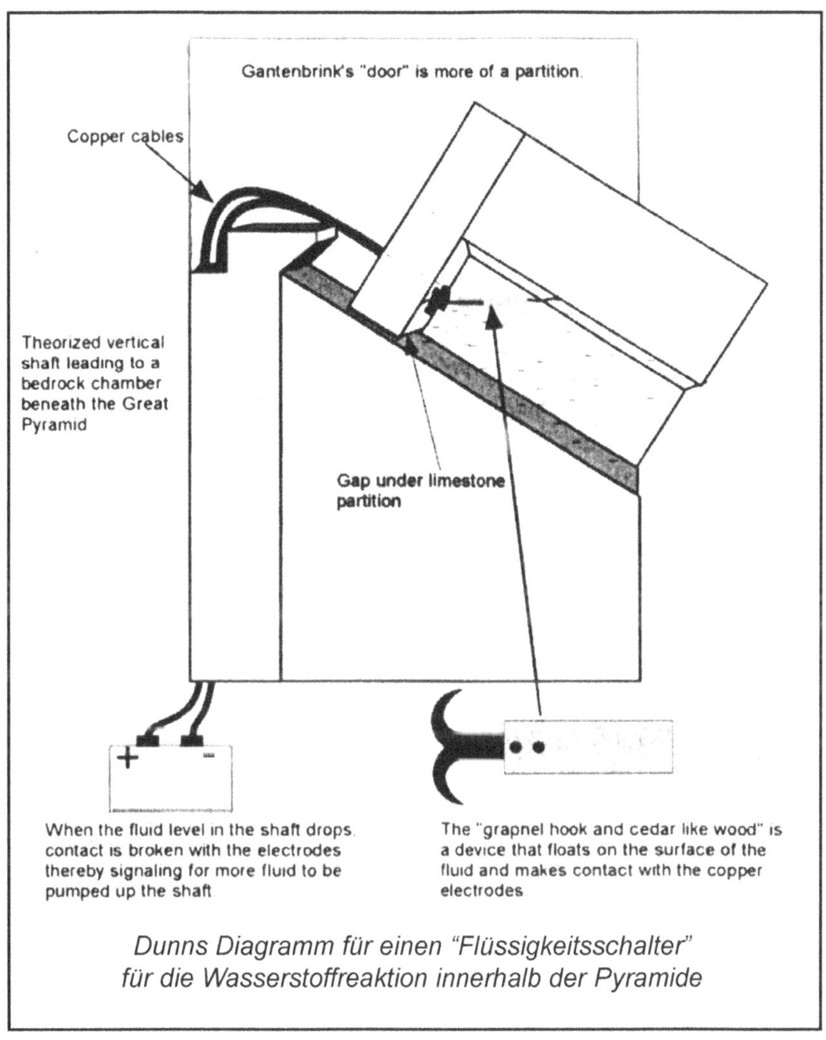

Dunns Diagramm für einen "Flüssigkeitsschalter" für die Wasserstoffreaktion innerhalb der Pyramide

nigskammer bilden und sichtbar sind. Selbst wenn diese Träger für die Tragfähigkeit des Baues unbedingt notwendig waren, so sind Abweichungen sicherlich nicht von großer Bedeutung, wodurch das Schneiden der Blöcke weniger zeitaufwendig gewesen wäre. Dies gilt natürlich nicht, falls die oberen Träger entweder einem speziellen Zweck dienten, oder standardisierte Bearbeitungsmethoden verwendet wurden.

Üblicherweise wird angenommen, dass die Granitträger dazu dienten, den Druck auf die Kammer zu verringern, wodurch für diese eine ebene Decke verwendet werden konnte. Dem möchte ich widersprechen. Die Frage lautet hier doch, wenn die Architekten eine ebene Decke für diese Kammer bauen wollten, warum haben sie dann nicht einfach eine weitere Lage aus Trägern hinzugefügt?

Dies führt uns dann zu folgender Frage: Weshalb wurden fünf Lagen aus Trägern verwendet? Dies ist völlig überflüssig, vor allem wenn wir bedenken, welcher Aufwand für die Bearbeitung und den Transport aus dem 800 km entfernten Steinbruch in Assuan betrieben werden musste, ganz abgesehen davon, dass sie auch noch auf eine Höhe von über 50 m angehoben wurden. Es gibt sicherlich andere Gründe für einen solch gewaltigen Aufwand an Zeit und Arbeit.

Die riesigen Granitträger über der Königskammer können als 43 einzelne Brücken angesehen werden. Wie bei der "Tacoma-Narrows-Brücke" ist jeder einzelne in der Lage zu vibrieren, falls eine bestimmte Energiemenge zugeleitet wird. Falls wir nur einen Träger zum Vibrieren bringen würden, wobei jeder der anderen Träger auf diese Frequenz - oder einer Oberschwingung dieser Frequenz - abgestimmt wäre, dann würden auch die anderen Träger mit der gleichen Frequenz, oder einer Oberschwingung von dieser, vibrieren.

Falls die Stärke der Schwingung groß genug wäre, dann könnte die Energie auf alle anderen Träger übertragen werden. Hierdurch könnte ein einzelner Träger in der Decke direkt über der Königskammer in indirekter Weise einen anderen Träger in der obersten Kammer beeinflussen und ihn dazu zwingen, mit der gleichen Frequenz wie der Eingangsfrequenz zu schwingen. Die Energiemenge, welche von diesen Trägern absorbiert würde, wäre von der natürlichen Resonanzfrequenz des einzelnen Trägers abhängig.

Falls die Eingangsfrequenz mit der Resonanzfrequenz des Trägers übereinstimmen würde und keine große Dämpfung vorhanden wäre, dann könnte die maximale Energie übertragen werden, und auch die Schwingung der Träger wäre am stärksten.

Es ist offensichtlich, dass die riesigen Träger über der Königskammer eine Länge von 5,1 m haben, was der Breite der Kammer entspricht, in welcher sie auf äußere Einflüsse reagieren und dämpfungsfrei schwingen können. ... Damit die 43 Granitträger in Resonanz mit der Eingangsfrequenz schwingen können, muss die Resonanzfrequenz der einzelnen Träger mit der Eingangsfrequenz oder einer Oberschwingung übereinstimmen."

ABGESTIMMTE GRANITTRÄGER

Dunn schreibt weiter: "Es wäre möglich, solche Granitträger, wie sie in der Großen Pyramide vorhanden sind, abzustimmen, wenn man ihre physikalischen Dimensionen verändert. Die genaue Frequenz könnte dadurch eingestellt werden, indem man entweder deren Länge verändert oder Material abnimmt. ...

Die Oberseiten dieser Granitträger besitzen also ihre heutige Form nicht aufgrund einer Nachlässigkeit, sondern weil sie nachträglich absichtlich so bearbeitet wurden. Insgesamt wurden Tausende Tonnen von Granitgestein auf die Resonanzfrequenz der Erde und der Pyramide eingestellt! ... Durch die Tatsache, dass die Träger über der Königskammer alle möglichen Formen und Größen haben, wird diese Theorie noch unterstützt, da bei einigen Trägern eben mehr Material abgenommen werden musste als bei anderen. Es ist deshalb auch nicht überraschend, dass bei einigen Trägern Löcher zu finden sind, die zur Feineinstellung der Frequenz an Problemstellen dienten.

Ein anderer Grund für die Löcher in der Nähe der Enden der Träger kann vielleicht der gewesen sein, ein Feedback in der Mitte der Träger zu erhalten, anstatt die Schwingung in das Kernmauerwerk zu übertragen. Obwohl beide Gründe für die Löcher als Erklärung für ihr Vorhandensein möglich sind, werden dadurch nicht irgendwelche anderen Möglichkeiten ausgeschlossen, die bisher noch nicht berücksichtig worden sind.

Laut Boris Said, der zusammen mit Tom Danley Untersuchungen in der Königskammer durchführte, schwingt diese in einer Grundfrequenz. Durch die gesamte Königskammer wird diese Frequenz verstärkt und eine vorherrschende Frequenz erzeugt, die einem hohen F entspricht. Das hohe F ist die Frequenz, welche sich in Resonanz mit der Erde befindet. Said behauptete, dass die indianischen Schamanen ihre zeremoniellen Flöten auf das hohe F abstimmten, weil diese Frequenz für Mutter Erde heilig ist. ...

Obwohl ich keine Berichte gefunden haben, dass irgendjemand die Resonanzfrequenz über der Königskammer gemessen hat, so ist auf jeden Fall ziemlich viel über die Resonanzeigenschaften der Truhe innerhalb der Königskammer geschrieben worden. Diese soll angeblich eine Eigenfrequenz von 438 Hertz besitzen und sich in Resonanz mit der Resonanzfrequenz der gesamten Kammer befinden. Dies kann man leicht testen und ist schon von zahlreichen Besuchern der Großen Pyramide, eingeschlossen meiner Person, bemerkt worden."[98]

Eine weitere interessante Entdeckung wurde durch die Schor-Expedition gemacht. Hierbei wurde festgestellt, dass der Boden der Königskammer nicht auf festem Felsgestein sitzt. Der gesamte Granitkomplex ist nicht nur von Kalksteinwänden eingeschlossen, wobei ein Zwischenraum zwischen dem Granit und dem Kalkstein vorhanden ist, sondern der Boden sitzt auf etwas, das als "gewellter" Fels bezeichnet wurde. Es ist kein Wunder, dass die gesamte Kammer "läutet", wenn man darin umhergeht!

Dunn schreibt hierzu: "Beachten Sie auch, dass die Wände der Kammer nicht auf dem Granitboden aufliegen, sondern außerhalb davon und 12 cm unterhalb des Bodenniveaus. Der Granitkomplex innerhalb der Großen Pyramide ist deshalb so aufgebaut, um die Schwingungen der Erde in Elektrizität zu verwandeln. Was fehlt, ist eine ausreichende Menge von Energie, um die Träger anzutreiben und den piezoelektrischen Effekt aus-

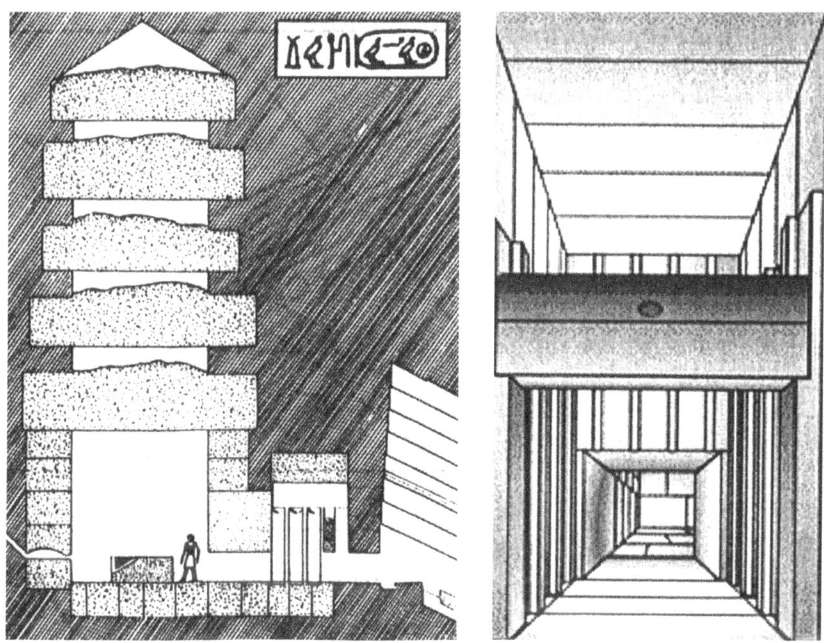

Links: Christopher Dunns Diagramm der Königskammer
Rechts: Vorkammer zwischen Großer Galerie und Königskammer

zulösen. Die Konstrukteure hatten jedoch gewusst, dass mehr Energie notwendig ist als nur jene, welche innerhalb der Königskammer erzeugt wurde. Sie hatten sich dazu entschlossen, die Schwingungen der Erde über eine größere Fläche innerhalb der Pyramide auszunutzen und die Energie dann auf das Kraftzentrum -- die Königskammer -- zu leiten, wodurch die Amplitude der Schwingungen im Granit beträchtlich erhöht wird.

Wohingegen man sich heute in der Akustik darauf konzentriert, den Nachhalleffekt in geschlossenen Räumen zu verringern, gibt es Gründe anzunehmen, dass die Erbauer der Pyramiden genau das Gegenteil erreichen wollten. Die große Galerie, welche als architektonische Meisterleistung angesehen wird, befindet sich in einem abgeschlossenen Raum, in dem in den Schlitzen entlang

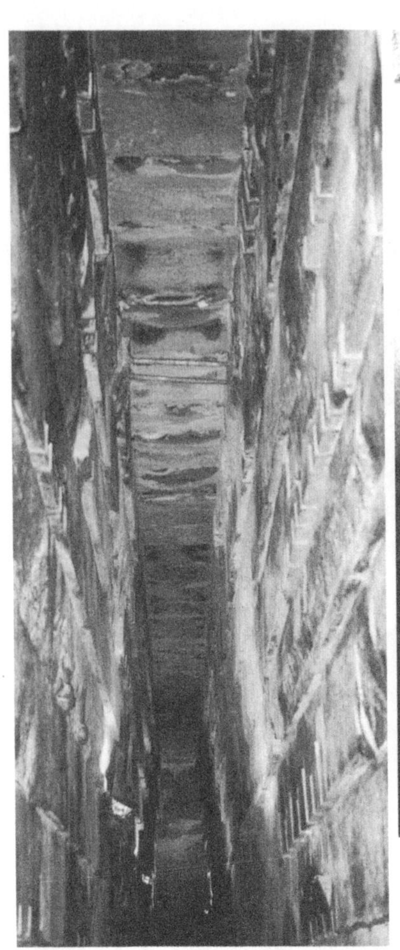

Zwei Ansichten der Großen Galerie, welche in die Königskammer führt

des Vorsprungs, welcher auf der Längsseite der Galerie vorhanden ist, Resonatoren angebracht sind. Wenn die Schwingungen der Erde durch die Große Pyramide verliefen, dann haben die Resonatoren die Energie in hörbare Schallwellen verwandelt. Aufgrund der Konstruktion verursachten die Wände und die Decke der Großen Galerie eine Reflexion der Schallwellen, welche dann auf die Königskammer fokusiert wurden. Obwohl die Königskammer auch auf die Energie reagierte, welche durch die

Königskammer floss, so floss doch der größte Teil der Energie daran vorbei. Der Zweck der Großen Galerie bestand darin, die Energie, welche durch einen großen Bereich der Pyramide floss, in die Resonanzkammer, also die Königskammer, zu leiten. Die Schallwellen wurden dann mit einer ausreichenden Amplitude auf die Granitträger in der Decke geleitet. Diese versetzten dann die Träger darüber in Schwingung. Auf diese Weise wurde der gesamte Granitkomplex zu einer schwingenden Masse.

Die akustischen Eigenschaften dieser Konstruktion der oberen Kammern der Großen Pyramide sind von zahlreichen Besuchern seit der Zeit Napoleons bestätigt worden. Dessen Männer feuerten ihre Pistolen oben auf der Großen Galerie ab und konnten feststellen, dass der Knall in der Ferne wie Donner widerhallte.

Wenn man die Truhe innerhalb der Königskammer anschlägt, ergibt sich ein tiefer, glockenartiger Klang, der eine unheimliche Schönheit besitzt. Es ist seit Jahren Brauch, dass die arabischen Führer den Touristen diesen Ton vorführen. Dieser Klang war auch auf dem Album von Paul Horn enthalten *(Inside the Pyramid*, Mushroom Records, Inc. L. A., Kalifornien). Nachdem dieser hiervon erfahren hatte, brachte er sein Flöte mit, um die genaue Frequenz des Tones zu bestimmen. Er konnte herausfinden, dass diese 438 Hertz oder einem "A" entsprach."

Nachdem Paul Horn die unheimliche Klangqualität der Königs- und Königinkammer erkannt hatte, ging er in die Große Galerie, um weitere Klangtests durchzuführen. Er berichtete, dass diese im Vergleich zu den anderen Kammern ziemlich schlecht klang. Er fand hierbei auch etwas sehr Bemerkenswertes heraus: Die Musik, die er spielte, kam aus der Königskammer klar und deutlich auf ihn zurück. Die Klänge wurden in der Großen Galerie reflektiert und hallten dann in der Königskammer wieder!

Dunn sagt, dass es so erscheint, dass die Truhe innerhalb der Königskammer auf eine bestimmte Frequenz eingestellt wurde und dass der Raum selbst in wissenschaftlicher Weise so gebaut war, dass er zu einem Resonator dieser Frequenz wurde. Vielleicht kann durch diese Beobachtungen schließlich ein Rätsel

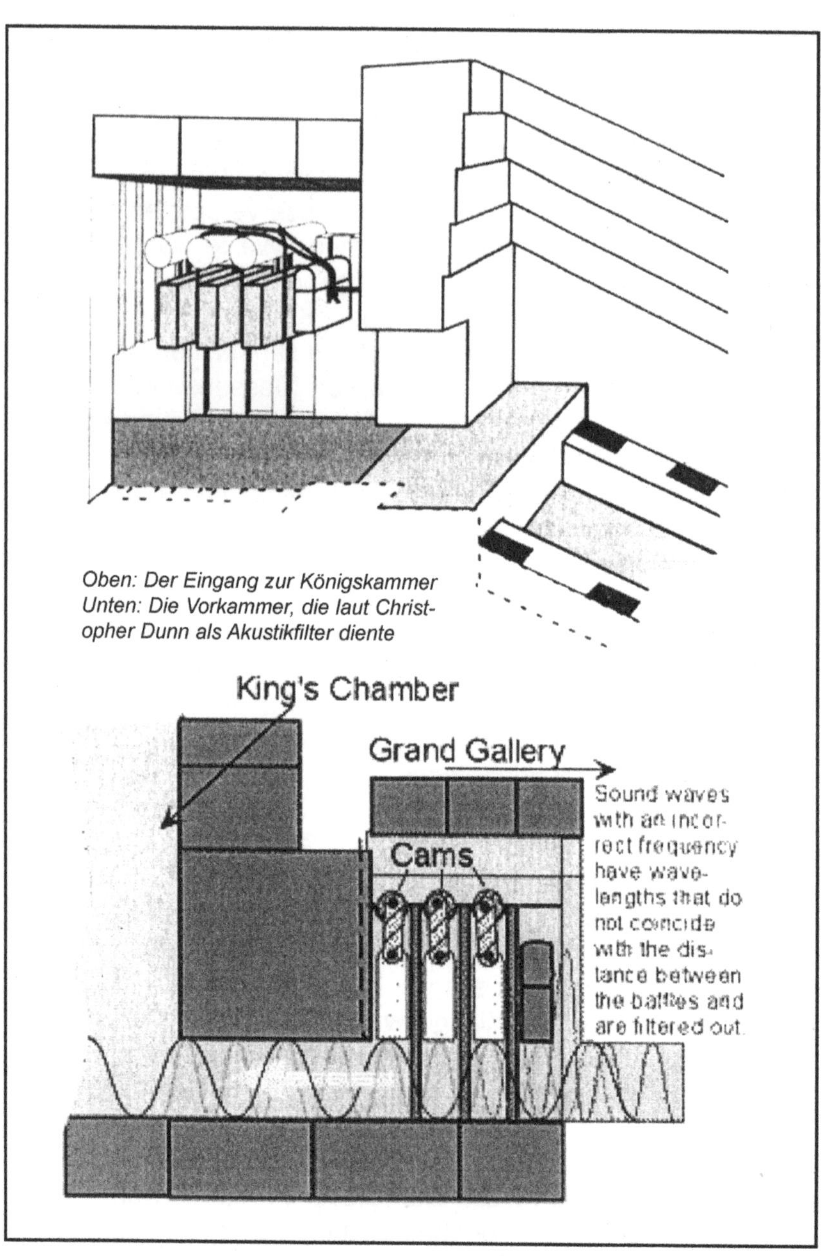

Oben: Der Eingang zur Königskammer
Unten: Die Vorkammer, die laut Christopher Dunn als Akustikfilter diente

gelöst werden, das auch schon Petrie Kopfzerbrechen bereitet hatte. Dieser hatte nämlich unter der Truhe einen Kieselstein gefunden.

Dunn schreibt hierzu: “Ist es vielleicht möglich, dass der Kieselstein schon zur Zeit des Baues unter die Truhe gelegt wurde? Und dass er einen bestimmten Zweck erfüllen sollte? Wenn jemand ein Objekt, wie diese Truhe, hergestellt und auf eine genaue Frequenz abgestimmt hat, dann wäre ihm sicher bewusst, dass die Schwingungen gedämpft würden, wenn die Truhe flach auf dem Boden aufliegen würde. Wenn allerdings eine Seite der Truhe auf einen Kieselstein gelagert wird, kann diese frei schwingen.

Eine weitere einzigartige Eigenschaft, welche durch Vorortuntersuchungen bestätigt werden muss, ist die sperrklinkenförmige Dachform. Das Problem hierbei ist, Daten über den wirklichen Winkel der sich überlappenden Steine zu finden, weil die einzigen beiden Forscher, welche diesen Überlappungen irgendeine Aufmerksamkeit geschenkt haben, unterschiedliche Werte angeben. Der Winkel der Großen Galerie beträgt 26,3°. Smyth maß die Höhe der Großen Galerie und fand heraus, dass diese fast genau 8,65 m beträgt. Er zählte 36 Überlappungen in dem 46,11 m langen Dach. Die Oberfläche der sich überlappenden Steine hat ziemlich genau einen Winkel von 45° zur Vertikalen. Mit dieser Neigung der Dachziegeln würde eine Schallwelle, welche vertikal zum Dach verläuft, von den Dachziegeln in einem Winkel von 90° reflektiert werden, und zwar genau in Richtung der Königskammer.

Hierdurch wird ein anderer Bericht, dem nicht viel Aufmerksamkeit geschenkt wurde, glaubwürdiger. Es wurde nämlich berichtet, dass die Männer von Al Mamun einen doppelten Boden in der Großen Galerie entfernen mussten, aber als sie den ersten Stein herausbrachen, fiel ein anderer an dessen Stelle. Hierbei handelt es sich natürlich nur um eine ungenaue Information, die weitere Forschungen erfordern würde. Die Leute von Al Mamun brachen allerdings so viele Steine heraus, dass dieser Tatsache kaum Aufmerksamkeit geschenkt wurde. Allerdings sollte man sich die Möglichkeit vor Augen halten, dass auch in der Galerie ein sperrklinkenförmiger Boden vorhanden gewesen war, der mit der Form des Daches übereinstimmte. Viele der Steine, welche Al Mamun vom nach oben führenden Gang herausbrach, wurden den nach unten führenden Gang hinuntergeworfen. Durch spätere Forscher wie Caviglia, Davidson und Petrie wurde dieser Durchgang schließlich von allen Überresten gesäubert, und diese zum Abfallhaufen auf der nordlichen und östlichen Seite der Pyramide gebracht. Petrie berichtet, dass er innerhalb der Pyramide einen prismenförmigen Stein gefunden habe, welcher eine halbrunde Rille hatte. In dem nach unten führenden Gang fand er einen Granitblock, der 50 cm groß war und in dem sich ein Bohrloch befand. Wo dieser Stein herkam und für welchen Zweck er in der Pyramide verwendet wurde, war ein Rätsel für Petrie. Da jedoch wesentlich bedeutendere Funde gemacht wurden, ist es nicht überraschend, dass diesen Einzelheiten keine große Beachtung geschenkt wurde."

Dunn glaubt, dass es möglich ist nachzuweisen, dass die Große Galerie das Werk eines Akustikingenieurs ist, nur wenn man deren Ausmaße hernimmt: "Das Verschwinden des Resonators in der Galerie kann leicht erklärt werden, selbst wenn dieser Raum nur durch einen sehr engen Durchgang erreicht werden konnte. Die ursprüngliche Form des Resonators wird wahrscheinlich immer fraglich bleiben, aber es gibt ein Gerät, welches auf Schwingungen anspricht. Es gibt keinen Grund, wieso solche Geräte heute nicht mehr hergestellt werden können. Es gibt viele Personen, welche die notwendigen Fähigkeiten besitzen, um diese Vorrichtung nachzubauen."[98]

DER HELMHOLTZ-RESONATOR UND DIE GROßE GALERIE

Laut Dunn spricht ein Helmholtz-Resonator auf Schwingungen an, welche aus dem Innern der Erde kommen. Er maximiert tatsächlich den Transfer der Energie! Der Helmholtz-Resonator be-

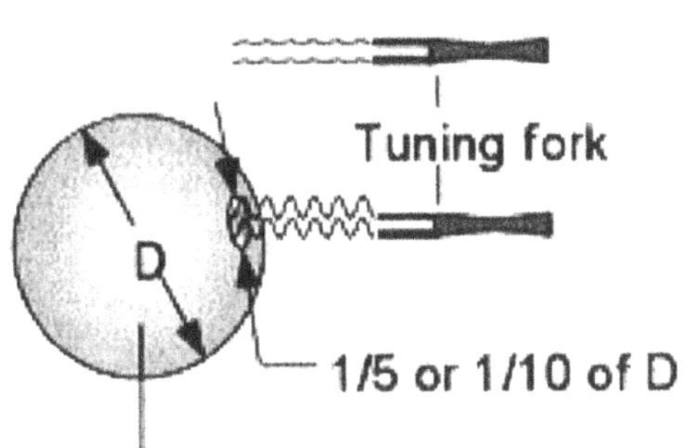

Helmholtz resonator

By virtue of its design, the Helmholtz resonator, over time, draws more energy from a vibrating source, such as a tuning fork, than what the source will give up naturally

Photograph courtesy of Robert McKenty

Fine stonework in the Cairo Museum. Helmholtz resonators?

steht aus einer Hohlkugel, die eine runde Öffnung mit einem Durchmesser besitzt, der 10 bis 20% des Durchmessers der Kugel beträgt. Durch die Größe der Kugel wird die Eigenfrequenz bestimmt. Falls sich die Eigenfrequenz des Resonators mit der schwingenden Quelle in Resonanz befindet, wie z.B. einer

Stimmgabel, dann wird er Energie von der Gabel abziehen, wobei diese mit einer größeren Amplitude schwingt, als ohne das Vorhandensein des Resonators. Dieser zwingt die Gabel zu einem größeren Energieausstoß als normal.

Dunn sagt, dass ein Helmholtz-Resonator normalerweise aus Metall hergestellt wird, aber auch aus anderen Materialien bestehen kann. Innerhalb der Großen Galerie befinden sich Bauteile die in Schlitzen angebracht sind und durch Stifte, die sich in einer Rille befinden, welche entlang der Großen Galerie verläuft, in der vertikalen Position gehalten werden.

Dunn glaubt nun dies: "Das Material für diese Bauteile kann Holz gewesen sein, da Bäume vielleicht die wirkungsvollsten Empfänger für natürliche Schallwellen aus der Erde sind. Es gibt Bäume, die aufgrund von Hohlräumen in ihrem Innern Geräusche oder ein Summen erzeugen können. Moderne Konzerthallen sind so gebaut, dass sie mit den Instrumenten, die darin gespielt werden, in Wechselwirkung treten. Sie sind selbst riesige Musikinstrumente. Die Große Pyramide kann ebenfalls als riesiges Musikinstrument angesehen werden, wobei jedes Element so konstruiert ist, um die Wirkung der anderen zu erhöhen. Die Verwendung natürlicher Materialien, vor allem für Resonanzkörper, wäre eine logische Entscheidung. Die Eigenschaften von Holz können nicht künstlich erzeugt werden."

Bei den seltsamen Basaltvasen im Museum von Kairo handelt es sich vielleicht um die Resonatoren, welche Dunn sucht: "Eine der erstaunlichsten Leistungen der Bearbeitungstechnik sind im Museum von Kairo zu finden. Ich stand voller Ehrfurcht vor den Steingefäßen und Schüsseln, die genau bearbeitet und perfekt ausbalanciert sind. Bei der Schieferschüssel mit drei Lappen, welche in Richtung der Nabe in der Mitte gefaltet sind, handelt es sich um ein absolutes Meisterwerk. Durch den Einsatz von Ultraschallgeräten und anderen fortschrittlichen Bearbeitungsmethoden kann ich mir vorstellen, wie sie hergestellt wurden, aber ich bin lange nicht darauf gekommen, welche Funktion diese Schüsseln besitzen. Für ein paar Schüsseln, die im Haushalt verwen-

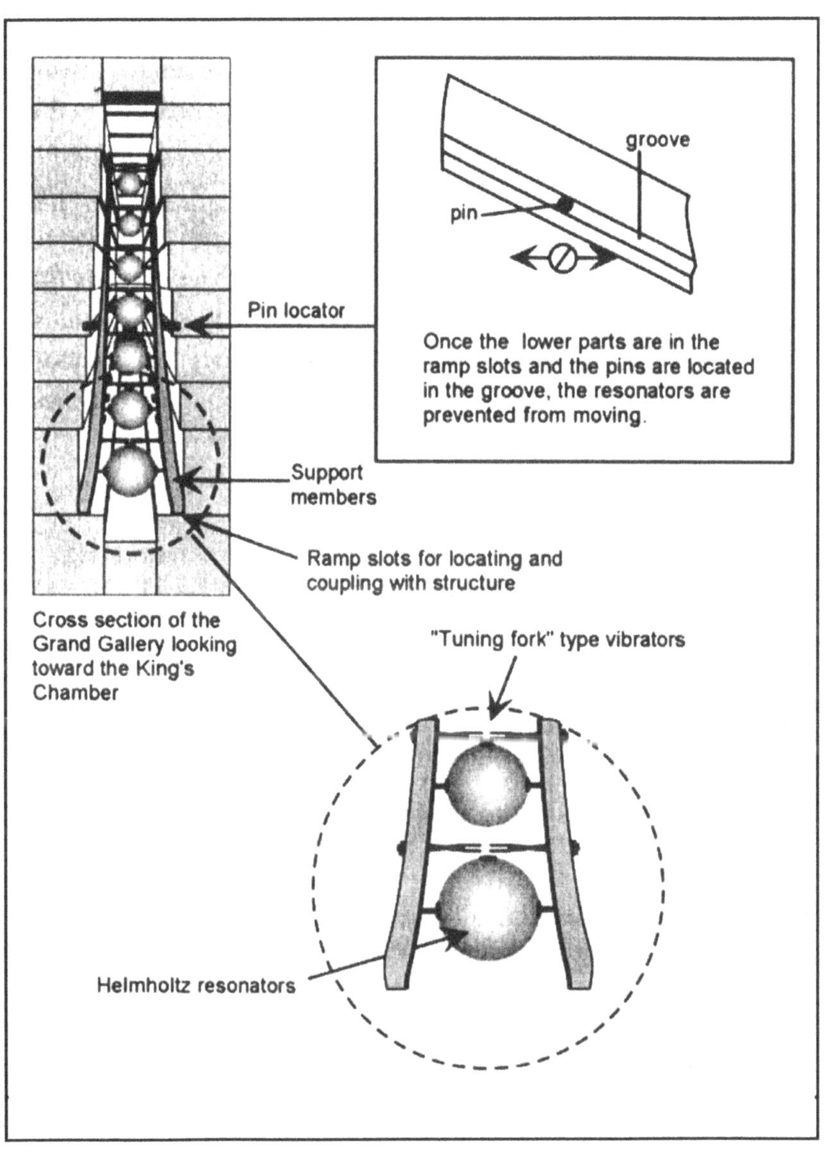

Christopher Dunns Diagramm, welches die Konstruktion und die Installation der Helmholtz-Resonatoren zeigt

det werden, scheint dies ein unverhältnismäßig großer Arbeitsaufwand zu sein. Vielleicht wurden diese Steinschüsseln, von denen über tausend in Saqqarra gefunden wurden, irgendwie dazu benutzt, um Schwingungen in hörbaren Schall zu verwandeln. Handelt es sich bei diesen Gefäßen um die Helmholtz-Resonatoren, die wir suchen?

Die geheimnisvolle Vorkammer war schon immer der Gegenstand vieler Diskussionen. Ludwig Borchardt, der Direktor des Deutschen Instituts in Kairo, stellte ungefähr 1925 eine Theorie auf, welche deren Zweck erklären sollte. Er glaubte, dass nach dem Begräbnis von Khufu eine Reihe von Steinblöcken herangeschafft wurden, und dass die halbrunden Rillen hölzerne Träger hielten, welche als Winden dienten, um die Blöcke abzusenken.

Borchardt dürfte mit seiner Analyse der Funktion der Vorkammer der Wahrheit ziemlich nahe gekommen sein. Nach dem Bau der Resonatoren und ihrer Installation in der Großen Galerie hätte man einen Ton mit einer bestimmten Frequenz, also einen reinen Ton oder einen harmonischen Akkord, auf die Königskammer fokussieren wollen. Hierzu hätte man einen Akustikfilter zwischen der Großen Gallerie und der Königskammer installiert. Durch die Anbringung von Ablenkplatten innerhalb der Vorkammer wären die Schallwellen auf ihrem Weg von der Großen Galerie über den Gang in die Köngiskammer gefiltert worden, wodurch nur eine einzige Frequenz, oder ein Oberton dieser Frequenz, die Resonanz- oder Königskammer erreicht hätte. ...

Um die halbrunden Rillen auf der einen Seite der Kammer, und die glatte Wand auf der anderen zu erklären, könnten wir annehmen, dass die Ablenkplatten nach ihrer Installation eine Feinabstimmung erfuhren. Dies ist vielleicht mit Hilfe von Nocken geschehen. Durch die Drehung dieser Nocken wären durch die außermittige Welle die Ablenkplatten angehoben und abgesenkt worden, bis ein optimaler Schalldurchsatz erreicht worden wäre. Hierzu wäre nur eine geringe Bewegung notwendig gewesen."

Da Dunn weiß, dass sich ein Schwingungssystem letztendlich auch selbst zerstören kann, meint er, dass, falls keine Mittel vorhanden sind, um die Energie zu dämpfen, dann irgendwie das Energieniveau des Systems gesteuert hätte werden müssen, und zwar innerhalb der Großen Galerie.

Dunn sagt, dass es normalerweise drei Möglichkeiten gibt, um zu verhindern, dass ein Schwingungssystem außer Kontrolle gerät: Erstens: das Abschalten der Schwingungsquelle (nicht möglich); zweitens: die Umkehrung des Prozesses, der eingesetzt wurde, um die Schwingungen der Pyramide mit der Erde zu koppeln; und drittens: Verwendung einer Methode, um die Schwingungen auf einem sicheren Niveau zu halten.

Dunn schreibt hierzu: "Da die Quelle der Schwingungen die Erde ist, kommen offensichtlich nur die letzten beiden Optionen in Frage. Es gibt zwei Möglichkeiten, um konstante Schwingungen auszuschalten: Eine besteht darin, diese zu dämpfen und die andere darin, eine Interferenzwelle einzusetzen, welche der ursprünglichen Schwingung genau entgegengesetzt ist. In physikalischer Hinsicht wäre eine Dämpfung unpraktisch, wenn man die Funktion der Maschine in Betracht zieht, da hierdurch deren Wirkungsgrad verschlechtert würde. Folgedessen wären bewegliche Teile notwendig -- wie in einem Piano. Als ich diese Schlussfolgerung zog, sah ich mir sofort den ansteigenden Gang genauer an. Dies ist der einzige Ort innerhalb der Großen Pyramide, welcher "Geräte" enthält, welche von außen direkt zugänglich sind. Ich nenne die Granitzapfen in diesem Durchgang genauso "Geräte", wie ich auch die Granitträger oberhalb der Königskammer als Geräte bezeichne, weil es nicht notwendig war, Granitblöcke für diesen Durchgang zu verwenden, da Kalkstein ausreichend gewesen wäre. Es ist offensichtlich, dass hiermit die inneren Kammern nicht vor Räubern geschützt wurden, sondern genau das Gegenteil erreicht wurde. Sie zogen die Aufmerksamkeit auf den ansteigenden Durchgang, und letztendlich auf alle Durchgänge und Kammern im Innern. Es musste einen anderen Grund für das Vorhandensein dieser Granitzapfen gegeben haben!

Möglicherweise wurden sie eingebaut, damit die Interferenzschallwellen leichter in die Große Galerie eingeleitet werden konnten, wodurch verhindert wurde, dass sich ein gefährliches Energieniveau der Schwingungen aufbaute. Dies mag auch der Grund sein, weshalb die Erbauer Granit anstatt Kalkstein verwendeten. ... Könnte der ansteigende Durchgang dazu gedient haben, um irgendwelche Interferenzwellen in die Große Galerie zu leiten, wodurch dann das Energieniveau des Systems gesteuert wurde? Es sind noch viele Fragen offen, aber wir sind bisher noch nicht am Ende angelangt!"[98]

Jene, welche die Welt erobern
und sie nach ihrem Willen formen,
haben damit noch nie Erfolg gehabt,
wie ich bemerkt habe.
Lao Tzu, *Tao Te Ging.*

DER GROßE KRISTALL VON EDGAR CAYCE

Dunns Theorien über die Große Pyramide liegen auf der gleichen Linie wie Edgar Cayces Informationen über Atlantis. Edgar Cayce, der als der "schlafende Prophet" bekannt wurde, wurde am 18. März 1877 auf einer Farm in der Nähe von Hopkinsville in Kentucky geboren. Schon als Kind zeigte er ein außergewöhnliches Wahrnehmungsvermögen. Im Jahr 1898, im Alter von 21 Jahren, wurde er Verkäufer und entwickelte mit der Zeit eine Lähmung der Rachenmuskeln, wodurch die Gefahr bestand, dass er seine Stimme verlieren würde. Als die Ärzte nicht in der Lage waren, eine Ursache für die seltsame Lähmung zu finden, ging er zu einem Hypnotiseur. Während der Trance und den vielen, die folgen sollten, empfahl er Medikamente und Therapien, durch welche er seine Stimme wieder erlangte und seine Probleme mit den Rachenmuskeln lösen konnte.

In der Folge machte er Sitzungen für viele andere Leute, die meistens medizinischen Charakter hatten, und am 9. Oktober 1910 erschien ein zweiseitiger Artikel über das Cayce-Phänomen. Als Cayce am 3. Januar 1945 in Virginia Beach in Virginia starb, hinterließ er über 14 000 stenographierte Aufzeichnungen über die Dinge, welche er in Trance über mehr als 8000 verschiedenen Leuten gesagt hatte. Diese Aufzeichnungen werden als "Lesungen" bezeichnet. Die Bedeutung für das Thema dieses Buches ist, dass sich viele dieser Lesungen auf Atlantis beziehen, auf Personen, die früher in Atlantis gelebt haben, und dort Luftschiffe und die Energieerzeugung verwendeten.[120]

In der Lesung Nr. 2437-1 vom 23. Januar 1941 sagte Cayce das Folgende über dieses Thema: "In der atlantischen Zeit wurden Transportmittel verwendet, welche heute als Flugzeuge bezeichnet werden, damals aber als Luftschiffe bezeichnet wurden, denn sie konnten nicht nur in der Luft fliegen, sondern sich auch in anderen Elementen bewegen."

Eine Reihe von Personen, welche zu Cayce kamen, waren laut diesem in ihrem früheren Leben in Atlantis Navigatoren und Ingenieure auf diesen Luftschiffen gewesen:

"In der atlantischen Zeit, als die Leute die Gesetze der universellen Kräfte verstanden, steuerte das Wesen ein Fahrzeug dieser Periode." (2494-1, 16. Februar 1930).

Cayce nannte die Antriebskraft, welche in diesen Fahrzeugen verwendet wurde, die "Nachtseite des Lebens": "In Atlantis oder Poseidia regierte das Wesen in Pomp und Macht und kannte die Geheimnisse der Anwendung der "Nachtseite des Lebens". (2897-1, 15 Dezember 1929).

Cayce spricht von der Verwendung von Kristallen oder "Feuersteinen" für die Energieerzeugung und anderen Dingen. Er geht auch auf den Missbrauch der Macht und Warnungen über zukünftige Zerstörungen ein: "In Atlantis kam es aufgrund von Vor-

Der Kristallenergieturm von Atlantis, wie er laut der Lemurischen Gesellschaft ausgesehen haben soll

hersagen über Aktivitäten, welche zu Zerstörungen führen sollten, zu einer großen Auswanderungsswelle." (4353-4, 26. November 1939).

"Als es in Atlantis zur zweiten Erdumwälzung kam, war das Wesen das, was man heute als Elektroingenieur bezeichnet, und wandte diese Kräfte, die heute als Funk bezeichnet werden für konstruktive und zerstörerische Zwecke an." (1574-1, 19. April 1938).

"Vor der zweiten Zerstörung, als sich das Land teilte, begannen die Aktivitäten der Söhne Belials und der Kinder des Gesetzes des Einen. Das Wesen befand sich unter denjenigen, welche die Nachrichten, die durch die Kristalle die Feuer interpretierten, bei denen es sich um die ewigen Feuer der Natur handelte. Neue Entwicklungen in bezug auf Luft- und Wasserfahrzeuge sind für das Wesen keine Überraschung, da es zu dieser Zeit mit der Entwicklung solcher Techniken für die Flucht begann." (3004-1, 15. Mai 1943).

"In Atlantis wurden elektrische Kräfte eingesetzt, um Transportmittel zu bauen, um Fotografien aus der Ferne zu machen, um die Gravitation aufzuheben, um Kristalle und den mächtigen und schrecklichen Kristall zu präparieren, wobei ein Großteil davon zu Zerstörungen führte." (519-1, 20. Februar 1943).

"In Poseidia wohnte das Wesen unter jenen, welche für die Speicherung der Antriebskräfte aus den großen Kristallen verantwortlich waren, um die Schiffe auf See und in der Luft anzutreiben, und damit Fernsehanlagen und Aufzeichnungsgeräte zu betreiben.“ (813-1, 5. Februar 1935).

Die Verwendung von Kristallen, als ein wichtiger Teil der atlantischen Technologie, wird in einer sehr langen Lesung vom 29. Dezember 1933 erwähnt: "Die Aktivitäten des Wesens befassten sich sowohl mit der konstruktiven, als auch destruktiven Anwendung der Feuersteine. Es ist vielleicht am besten, wenn ich eine Beschreibung einer solchen Anlage gebe, damit das Wesen in seinem heutigen Leben dies besser versteht.

Die Mitte eines Gebäudes wurde mit nichtleitenden Steinen

Teslas Plan für ein Luftfahrzeug, welches drahtlos mit Energie versorgt werden sollte, ähnlich wie die früheren atlantischen Luftschiffe ausgelegt, so etwas Ähnliches wie Asbest, zusammen mit anderen Nichtleitern, welche nun in England unter einem Namen hergestellt werden, der allen bekannt ist, die sich mit solchen Dingen befassen.

Das Gebäude über dem Stein war oval oder eine Kuppel, die geöffnet werden konnte, so dass man die Sterne beobachten konnte. ...

Die Konzentration durch das Prisma war solcher Art, dass sie auf die Instrumente einwirkte, welche mit verschiedenen Reisemethoden in Zusammenhang standen, wobei Induktionsmethoden eingesetzt wurden, die mit dem verglichen werden können, was heute als Fernbedienung bezeichnet wird, obwohl die Kraft, die vom Stein abgegeben wurde, auf die Antriebskräfte der Fahrzeuge selbst wirkte.

Das Gebäude war so konstruiert, dass, wenn die Kuppel offen war, praktisch keine Beschränkung für die direkte Abstrahlung der Energie auf die Fahrzeuge vorhanden war, ob diese sich nun in der Luft, oder in anderen Elementen bewegten.

Die Präparation dieses Steines lag einzig und allein in den Händen der Eingeweihten dieser Zeit. Und das Wesen war unter denen, welche die erzeugte Strahlung steuerten, die für das Auge unsichtbar war, aber auf den Stein selbst wirkte und eine Antriebskraft erzeugte, die für Luftschiffe, die mit Gasen arbeiteten oder für andere Vergnügungsfahrzeuge, die in der Nähe der Erdoberfläche flogen, oder für Fahrzeuge, die auf oder unter dem Wasser fuhren, eingesetzt wurde. Diese wurden durch die konzentrierten Strahlen aus dem Stein angetrieben, der sich in der Mitte des Kraftwerks befand, wie man dies heute bezeichnen würde.

Das Wesen lieferte für verschiedene Landesteile Energie, welche die Menschen für ihre Aktivitäten benötigten. Da die Energiezufuhr allerdings unabsichtlich zu hoch eingestellt worden war, kam es zur zweiten Zerstörungsperiode, wodurch das Land in diejenigen Inseln aufbrach, die später zum Ort weiterer Zerstörungen werden sollten. ... Durch die gleiche Form des Feuers wurden auch die Körper von Personen regeneriert; durch Verbrennung mittels der Anwendung dieser Strahlen aus dem Stein konnten auch zerstörerische Kräfte auf den tierischen Organismus ausgeübt werden. Es kam oft vor, dass sich der Körper wieder verjüngte; und er blieb in diesem Land bis zur entgültigen Zerstörung; und er schloss sich den Leuten oder Belial an, welche für das Auseinanderbrechen des Landes verantwortlich waren. Hierbei verlor das Wesen. Anfangs war es nicht beabsichtigt oder erwünscht, zerstörerische Kräfte zu erzeugen. Später stand der Machtgewinn im Mittelpunkt.

In bezug auf die Beschreibung des Aufbaus des Kristalls kann ich Folgendes sagen: Es war ein großes, zylindrisches Glas vorhanden, das so mit Facetten versehen war, um die Kraft zu zentralisieren, welche sich zwischen dem Ende des Zylinders und dem Kopfstein konzentrierte. Wie schon angedeutet, befinden sich die Aufzeichnungen der Konstruktionspläne an drei Orten auf der heutigen Erde: in den untergegangenen Teilen von Atlantis oder Poseidia, wo Teile der Tempel vielleicht unter dem Meeresschlick entdeckt werden, und zwar in der Nähe von Bimini vor der Küste Floridas. Und zweitens in den Tempelaufzeichnungen in Ägypten, wo das Wesen später mit anderen zusammenarbeitete, um die Aufzeichnungen zu erhalten. Und drittens auch in den Aufzeichnungen, die nach dem heutigen Yucatan nach Amerika gebracht wurden, wo diese Steine, von denen sie so wenig wissen, während der letzten Monate entdeckt wurden." (440-5, 20. Dezember 1933).

EINE RIESIGE UNTERWASSERPYRAMIDE IN BIMINI?

Die Bimini-Inseln sind ein Teil der Bahamas und befinden sich ungefähr 80 km östlich von Miami. Abgesehen davon, dass dort Sandstrände, Korallenriffe, eine Reihe gesunkener Schiffe und einige ausgezeichnete Angelgebiete vorhanden sind, gibt es dort auch zahlreiche ungewöhnliche Unterwasserfelsformationen. Diese Strukturen aus riesigen Blöcken, die teilweise geradlinig angeordnet sind, befinden sich nur 5 bis 10 m unter Wasser. Es ist auch möglich, dass es in der Nähe von Bimini eine große Pyramide gibt, die ebenfalls unter Wasser liegt.

Die Biminiwälle wurden im Jahr 1968 von Dr. J. Manson Valentine, einem Archäologen aus Florida, entdeckt. Er sah diese Wälle zuerst, als das Wasser besonders klar war. Er war zu dieser Zeit mit drei anderen Tauchern unterwegs, nämlich Jacques Mayol, Harold Climo und Robert Angove. In einem Interview sagte Valentine Folgendes: "Es waren rechteckige und polygonale Steine verschiedener Form und Größe vorhanden, die offensichtlich in künstlicher Weise angeordnet waren. Diese Steine liegen zweifelsohne schon seit langer Zeit unter Wasser, denn die Kanten der größten Steine sind abgerundet, wodurch sie das Aussehen von riesigen Brotlaiben oder Säulen besitzen. Einige waren absolut rechteckig, und andere fast quadratisch. Die größeren Blöcke, welche mindestens drei bis fünf Meter groß waren, verliefen oft in paralleler Weise auf beiden Seiten von Straßenzügen, während die kleineren mosaikartige Straßenbeläge bildeten, die größere Bereiche bedeckten. ... Die drei kurzen Dämme aus exakt angeordneten Steinen besitzen eine gleichmäßige Breite und enden in Ecksteinen."[44,61]

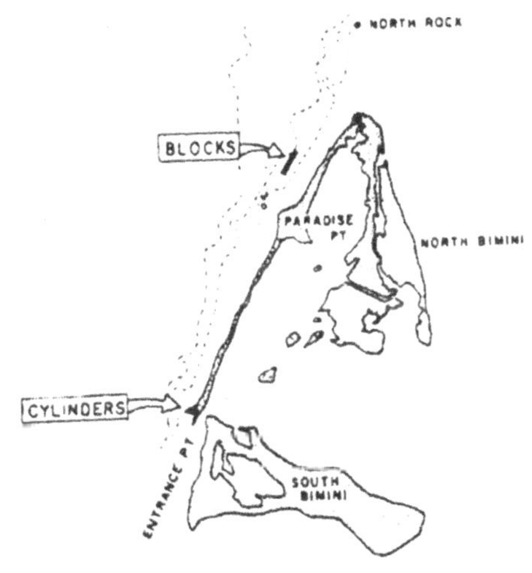

Dr. David Zink, von der amerikanischen Luftwaffenakademie in Colorado, führt seit langer Zeit Forschungen im Gebiet von Bimini durch. In seinem Buch *The Stones of Atlantis*[121], das viele gute Fotos von den Gewässern um Bimini herum enthält, berichtet er von seinen vielen Abenteuern. Dr. Zink glaubt fest daran, dass es sich bei den Unterwasserstraßen von Bimini um von Menschenhand geschaffene Bauwerke handelt. Im Jahr 1974 konnte er sogar eine ungewöhnliche Steinsäule fotografieren, die aufrecht stand und von der er annahm, dass es sich um die Spitze eines Obelisken handelt, welcher 12 bis 15 m hoch ist, wenn sich auch der größte Teil unter dem Meeresboden befindet.

Viele Leute, die an Atlantis glauben, haben großes Interesse an diesen Funden gezeigt, da Edgar Cayce vorhergesagt hatte, dass die ersten Teile des versunkenen Atlantis in der Nähe von Bimini entdeckt würden. Cayce hatte gesagt, dass sich die ersten Bereiche in den Jahren 1968 oder 1969 aus dem Meer erheben würden. Durch Luftaufnahmen und folgenden Tauchgängen wurden diese Steinstrukturen, welche aus dem Meeresboden herausragen, tatsächlich im Jahr 1968 entdeckt.

Eine andere Möglichkeit ist, dass diese Steinblöcke die Werke indianischer Ureinwohner sind. Bisher geht man allerdings im allgemeinen davon aus, dass es sich nur um einzigartige, natürliche Felsformationen handelt. Die Geologen und Archäologen haben nicht ausreichend Beweise gefunden, um sich von dieser Meinung abbringen zu lassen.

Es sind schon zahllose Bücher über das Bermuda-Dreieck geschrieben worden, das manchmal auch als Teufelsdreieck bezeichnet wird, und von dem Bimini ein Teil ist. In den meisten Büchern wird behauptet, dass irgendein Wirbel oder eine Zeitkrümmung für die verschwundenen Schiffe, Flugzeuge und die Instrumente, welche nicht mehr funktionieren, sowie die seltsamen magnetischen und atmosphärischen Phänomene verantwortlich ist.

Es gibt bestimmte Hinweise, dass ein Energiewirbel, oder eine "gravitationelle Anomalie", wie sie auch manchmal genannt wird, in den stark befahrenen Gewässern vor der Küste von Florida vorhanden ist. In diesem Bereich zwischen Miami, den Bermudas und Puerto Rico sind schon Hunderte von Schiffen und Flugzeugen einfach verschwunden. In ein paar außergewöhnlichen Fällen sind Schiffe ohne Besatzung gefunden worden.

Im Jahr 1990 wurde bekannt gegeben, dass die fünf Torpedobomber der Marine, die im Dezember 1945 im Bermuda-Dreieck verschwunden waren, in den Gewässern vor Fort Lauderdale entdeckt worden wären. Später musste jedoch zugegeben werden, dass es sich um andere Flugzeuge gehandelt hatte.

Laut Charles Berlitz, dem Enkel des Gründers der Berlitz-Sprachschule und Autor des weltweiten Bestsellers *Das Bermuda-Dreieck*[69] (und anderer Bücher über Atlantis und Geheimnisse der Welt) gibt es eine Reihe seltsamer Fälle im Bermuda-Dreieck, von denen im Folgenden nur ein paar aufgezählt werden sollen:

* Im Juli 1975 segelte die Yacht *New Freedom* durch einen starken Magnetsturm ohne Regen. Während der gewaltigen Energieausbrüche fotografierte Dr. Jim Thorpe den Himmel. Als das Foto später entwickelt wurde, war darauf auch ein Segelschiff auf dem Meer zu sehen, das sich nur 30 m von der *New Freedom* entfernt befand, obwohl das Meer kurz zuvor leer gewesen war.

* John Sander, ein Steward auf der Queen *Elizabeth I* sah ein kleines Flugzeug, das auf Deckhöhe entlang des Schiffes lautlos dahinflog. Er machte einen anderen Steward und den wachhabenden Offizier darauf aufmerksam, während das Flugzeug nur 75 m vom Schiff entfernt lautlos in das Meer stürzte. Die *Queen Elizabeth* sandte sofort ein Boot aus, aber es wurde nicht die geringste Spur eines Flugzeuges entdeckt.

* Am 17. Februar 1935 stürzte ein weiteres "Phantomflugzeug" bei Daytona Beach in das Meer, und zwar in Anwesenheit von Hunderten von Zeugen, aber auch nach einer intensiven Suche konnte in den niedrigen Gewässern am Strand nichts gefunden werden.

* Eine Cessna 172, die von Helen Cascio geflogen wurde, startete mit einem einzigen Passagier Richtung der Turks-Inseln auf den Bahamas. Zu der Zeit, als sie ankommen sollte, wurde vom Tower aus eine Cessna 172 gesehen, welche die Insel umkreiste, aber nicht landete. Die Stimmen aus dem Flugzeug konnten vom Tower gehört werden, aber die Landeanweisungen des Towers

konnten offensichtlich von der Pilotin nicht gehört werden. Es war eine Frauenstimme zu hören, die Folgendes sagte: "Ich muss mich verflogen haben. Das sollen die Turks-Inseln sein, aber dort unten ist nichts. Kein Flughafen. Keine Häuser. ... Gibt es keinen Weg von hier heraus?" Danach flog die Cessna, beobachtet von Hunderten von Leuten, von den Turks-Inseln weg in eine Wolkenbank hinein, aus der sie niemals wieder auftauchte, da das Flugzeug, die Pilotin und der Passagier nicht gefunden wurden.[69]

Wie Berlitz betont, war das Flugzeug für die Menschen auf den Turks-Inseln sichtbar gewesen, aber als die Pilotin nach unten blickte, sah sie nur eine leere Insel. Hatte sie die Insel zu einem Zeitpunkt gesehen, bevor der Flughafen und die Häuser gebaut worden waren? Wo landete dieses Flugzeug schließlich? Landete es an einem Strand in einer vergangenen oder zukünftigen Welt?

Es sind verschiedene Theorien aufgestellt worden, um das Geheimnis des Bermuda-Dreiecks zu erklären. Riesenwellen, Ausbrüche unterirdischer Vulkane, Wasserwirbel und "Löcher im Meer" sind schon als mögliche Ursachen angegeben worden. Die meisten Forscher geben jedoch zu, dass in diesem Gebiet irgendeine elektromagnetische Störung vorhanden ist, die dazu führt, dass die Instrumente nicht mehr richtig funktionieren.

Die Einheimischen erzählen von seltsamen und kompakten Nebelbänken auf der Meeresoberfläche und am Himmel. Laut des Glaubens der Einheimischen tauchen Schiffe oder Flugzeuge, welche in solche Bänke hineingeraten, nie mehr auf.

Berlitz gibt die Theorie von Tom Gary wieder, dem Autor von *Adventures of an Amateur Psychic*, welcher behauptet, dass die zerstörerischen Kräfte, welche im Bermuda-Dreieck wirken, aus den Tiefen des Meeres kommen. "Es gibt Spekulationen, dass sich im Bereich des Bermuda-Dreiecks eine Anlage befindet, die Energie abstrahlt," schrieb Gary. Laut seiner Angabe sitzt die Anlage auf einem großen Kern, welcher nach unten durch die Erdkruste führt. "Unter bestimmten Bedingungen wird eine intermittierende Energie abgestrahlt, was dazu führt, dass Schiffe und

Flugzeuge die Kontrolle über ihre Fahrzeuge verlieren."[44, 69]

Laut Tom Gary bilden ausströmende Ionen einen elektrischen Strom, durch den ein Magnetfeld erzeugt wird, und dieses verursacht dann den Ausfall aller elektrischen Instrumente. Piloten, welche solche Aktivitäten heil überstanden haben, berichten auch, dass sich die Batterien entleert hätten.

Eine unglaubliche Geschichte wird von Ray Brown aus Mesa in Arizona erzählt, der eine antike Pyramide vor den Berry-Inseln auf den Bahamas entdeckt hatte. Brown behauptet, dass er im Jahr 1970 in einen gewaltigen Sturm geriet, als er auf den Berry-Inseln nach versunkenen Galeeren suchte. Am Morgen nach dem Sturm drehten sich ihre Kompasse, und ihre Magnetometer hatten keine Anzeige. "Wir fuhren Richtung Nordosten von der Insel weg. Es war dunstig, aber plötzlich konnten wir Umrisse von Gebäuden unter Wasser sehen. Es schien sich um eine ganze Unterwasserstadt zu handeln. Wir waren fünf Taucher und wir sprangen alle ins Wasser und tauchten hinunter, um zu sehen, ob wir irgendetwas finden konnten.

Als wir weiterschwammen wurde das Wasser immer klarer. Ich befand mich in einer Tiefe von 40 m und versuchte dem Taucher vor mir zu folgen. Ich drehte mich in Richtung der Sonne und sah ein pyramidenförmiges Gebäude. Ungefähr 15 m unterhalb der Spitze befand sich eine Öffnung. Ich zögerte hineinzuschwimmen, aber schließlich schwamm ich hinein. Ich sah irgendetwas Leuchtendes. Es war ein Kristall, der von zwei metallischen Händen gehalten wurde. Ich hatte meine Handschuhe an und versuchte, ihn loszumachen, was mir auch gelang. Sobald ich ihn an mich genommen hatte, spürte ich, dass es Zeit war, wieder hinaus zu schwimmen und nicht mehr zurückzukehren.

Ich bin nicht die einzige Person, welche diese Ruinen gesehen hat -- andere haben sie schon von der Luft aus wahrgenommen und sagen, dass sie mehr als 8 km lang und breit sind."[44,61,69]

Berlitz berichtet, dass drei der anderen Taucher seit dieser Zeit bei Unfällen im Bermuda-Dreieck gestorben sind und dass Brown den Kristall, den er angeblich in der Unterwasserpyramide gefunden hat, manchmal auf Vorträgen zeigt. Berlitz hat den Kristall selbst gesehen, obwohl er nicht unbedingt aus einer Pyramide in der Karibik stammen muss. Brown will die genaue Lage der Stadt nicht offen legen, aber er glaubt, dass sich die Pyramide und andere Gebäude weit unter dem Meeresboden ausdehnen. Er hatte nur das Glück gehabt, dass durch den Sturm vom Vortag die Ruinen von Sand und Schlick befreit worden waren.

Wenn diese Geschichte auch zu fantastisch klingen mag, um wahr zu sein, so gibt es doch die Möglichkeit, dass sie irgendwie auf Wahrheit beruht, nämlich der Tatsache, dass sich irgendwo in der Nähe der Küste von Florida eine riesige Pyramide befindet, welche starke elektromagnetische Wirkungen besitzt.

Diese gewaltige Pyramide ist vielleicht eines der riesigen Kraftwerke, welche einst überall auf der Welt existierten, wie dies auch Christopher Dunn in seiner Theorie über die Große Pyramide behauptet.

8. KAPITEL

DIE ZYKLISCHE NATUR DER GESCHICHTE

Die Welt ist ein gefährlicher Platz zum Leben;
nicht deswegen, weil die Leute schlecht sind,
sondern weil die Leute nichts dagegen tun.
Albert Einstein.

Das Leben ist entweder ein Abenteuer
oder es ist gar nichts.
Helen Keller.

DIE ZYKLISCHE NATUR DER GESCHICHTE

Alle Beweise deuten darauf hin, dass die Geschichte zyklischer Natur ist. Was es heute gibt, gab es auch schon früher. Was es gestern gab, wird es auch morgen wieder geben. Wir müssen aus unseren Fehlern lernen, so dass wir nicht in endlosen Kreisen wandern, sondern uns spiralförmig in Richtung einer Perfektion und Utopie bewegen.

Wir sind heute so weit wie die Götter von gestern: Wir fliegen durch die Luft, wir kommunizieren mit magischen Spiegeln und sprechenden Kästen, wir haben eine gewaltige Kriegsmaschinerie und bewegen Dinge in einer Art, die wie Zauberei aussieht.

Die zyklische Natur der Geschichte führt uns in Zeitalter großer Technologien, in dunkle Zeitalter der Unwissenheit und des wissenschaftlichen Rückschritts. Um die Menschheit durch die dunklen Zeitalter hindurchzuführen, wurden Geheimgesellschaften und Geheimbibliotheken gegründet, um das wichtige Wissen zu schützen, so z.B. die Tatsache, dass die Erde eine Kugel ist, dass die Elektrizität für Beleuchtungszwecke verwendet werden kann usw. Dinge, welche heute ein Teil des alltäglichen Lebens sind, waren die Geheimnisse von gestern. Wie viele Leute wurden bei dem Versuch, den technologischen und wissenschaftlichen Fortschritt aufzuhalten, gequält und getötet? Die Liste wäre sicherlich ziemlich lang.

DAS BUCH ENOCH

Die Bibel ist wichtig, und zwar nicht nur in religiöser Hinsicht, sondern auch als historisches Dokument. In der Bibel sind Geschichten zu finden, welche in vielen Fällen von den Ägyptern und Sumerern stammen, ansonsten wären sie für uns verloren. Vierzehn antike Schriften, welche in die Bibel aufgenommen werden sollten, wurden schließlich bei den meisten Ausgaben weggelassen. Diese Schriften werden nun als die *Apokryphen* bezeichnet. Das apokryphische Buch von *Enoch,* dem Propheten, wurde im Jahr 1773 von einem schottischen Forscher namens James Bruce in Abessinien entdeckt. Bruce, der eine Art Indiana Jones des 18. Jahrhunderts war, hat vielleicht sogar die Bundeslade in Axum gesehen (oder eine Kopie davon, wie wir annehmen dürfen) und war in der Lage, den koptischen, christlichen Text , der ungefähr 2 000 Jahre alt ist, zu erhalten. Im Jahr 1821 wurde das Buch *Enoch* von Richard Laurence übersetzt und bis 1883 vollständig veröffentlicht.

Im 23. Kapitel des Buches heißt es Folgendermaßen: "Azayel lehrte den Menschen Schwerter, Schilde

und Brustpanzer zu machen, die Herstellung von Spiegeln, Halsketten und Ornamenten, die Verwendung von Farben, das Schminken der Augenbrauen, den Gebrauch von Steinen jeder Art und Farbe, so dass sich die Welt veränderte."

Hier haben wir wieder ein weiteres Beispiel einer Technologie, welche in antiker Zeit von den hilfreichen "Göttern" oder Supermännern der Menschheit übergeben wurde, was an die Geschichten von Osiris, Quetzlcoatl und Tubal Cain erinnert. Hierbei handelte es sich um eine Welt verändernde Technologie, und es ist interessant anzumerken, dass die ersten Dinge, welche erwähnt werden, mit Waffen zu tun haben. Wer war Azayel und woher hatte er das Wissen, das er weitergab?

DIE HÖHLE DER ALTEN

Der seltsame und ziemlich produktive Schriftsteller T. Lobsang Rampa schrieb im Jahr 1963 ein bekanntes Buch über die zyklische Natur der Geschichte, welches den Titel *The Cave of the Ancients*[122] trägt. In diesem Buch (bei dem es sich angeblich nicht um Dichtung handeln soll) wird der junge Rampa, ein Mönchsjunge aus Tibet, von seinem Guru an einen fernen Ort gebracht, um die erstaunliche "Höhle der Alten" zu sehen, bei der es sich um einen Aufbewahrungsort für antike Maschinen und Geräte handelt.

Nachdem sie die versteckte Höhle betreten hatten, sah Rampa unglaubliche Dinge: "Wir vier standen still und furchtvoll da und blickten auf die fantastischen Dinge vor uns. Dieser Anblick hätte jeden von uns, wenn er alleine gewesen wäre, Glauben gemacht, dass er verrückt geworden wäre. Bei dieser Höhle handelte es sich eher um eine riesige Halle, sie zog sich in die Ferne dahin, als ob der ganze Berg hohl wäre. Das Licht war überall, und es kam von einer Reihe von Kugeln, welche in der Dunkelheit der

Decke aufgehängt waren. Seltsame Maschinen füllten den Ort aus, Maschinen, wie wir sie uns nicht vorstellen hätten können. Sogar von der hohen Decke hingen Apparate und Geräte herunter. Wie ich zu meinem größten Erstaunen feststellen musste, waren einige mit klarstem Glas bedeckt. ...

Langsam, fast unmerklich, bildete sich in der Dunkelheit ein Glühen vor uns. Zuerst war es nur ein blau-rosarotes Licht, fast als ob sich ein Geist vor uns materialisieren würde. Das Licht dehnte sich weiter aus und wurde heller, so dass wir die Umrisse von unglaublichen Maschinen sehen konnten, welche diese große Halle ausfüllten, ausgenommen der Mitte des Bodens, auf dem wir saßen. Das Licht wirbelte, wurde schwächer, dann wieder heller, und nahm schließlich seine entgültige sphärische Form an. Ich hatte das seltsame und unerklärliche Gefühl einer uralten Maschinerie, die sich nach Äonen knarrend und quietschend wieder in Bewegung setzte."

Der Lama Mingyar Dondup erzählte Rampa Folgendes: "Vor Abertausenden von Jahren gab es auf dieser Welt eine Hochkultur. Die Menschen konnten mit Maschinen durch die Luft fliegen, welche die Gravitation ausschalteten; die Menschen waren in der Lage, Geräte zu bauen, die Gedanken auf andere Hirne übertragen konnten -- Gedanken, die als Bilder erschienen. Sie kannten die Kernspaltung, und zum Schluss zündeten sie eine Bombe, welche die Welt zerstörte und wodurch Kontinente im Meer versanken und sich Land an anderer Stelle aus dem Meer erhob. Es gibt eine ähnliche Kammer an einem bestimmten Ort in Ägypten. Eine andere Kammer mit den gleichen Maschinen befindet sich in Südamerika. Ich habe sie gesehen, ich weiß, wo sie ist. Diese geheimen Kammern wurden von Menschen der Vergangenheit verborgen gehalten, damit ihre Werke von einer späteren Generation gefun-

den werden sollten, wenn die Zeit reif war."

Die Gruppe betrat dann eine andere Kammer innerhalb des Berges: "Im Innern war es stockdunkel, genauso als ob schwarze Wolken um uns herumschwirren würden. ... Wir gingen einen Gang entlang, und nachdem dieser zu Ende war, setzten wir uns auf den Boden. Als wir das taten, hörten wir eine Reihe von Klicks, als ob Metall an Metall reiben würde, und fast umerklich drang Licht ein und verdrängte die Dunkelheit. Wir sahen uns um und erblicken noch mehr Maschinen, seltsame Maschinen. Es befanden sich Statuen hier und Bilder, die in Metall eingeritzt waren. Bevor wir Zeit hatten, alles richtig anzusehen, drang Licht ein und formte einen glühenden Ball in der Mitte der Halle. Farben flackerten umher und Lichtbänder schwirrten ohne ersichtliche Bedeutung um die Kugel herum. Es bildeten sich Bilder, zuerst noch undeutlich und verschwommen, dann wurden sie aber lebendig und real, und sie waren dreidimensional. Wir blickten gespannt ...

Dies war die Welt vor langer Zeit. Als die Erde noch sehr jung war. Berge erhoben sich dort, wo nun Meer ist, und die Seeerholungsorte sind nun die Gipfel von Bergen. Das Klima war wärmer, und es gab seltsame Kreaturen auf der Erde. Es war eine Welt des wissenschaftlichen Fortschritts. Seltsame Maschinen rollten entlang, flogen ein paar Zentimeter über dem Erdboden oder hoch in der Luft. Große Tempel mit riesigen Zinnen ragten in den Himmel, als ob sie die Wolken erreichen wollten. Tiere und Menschen sprachen telephatisch miteinander. Aber es war nicht alles gut; die Politiker bekämpften sich gegenseitig. Die Welt war geteilt, und jede Seite trachtete nach dem Land des Gegners. Misstrauen und Angst herrschte unter den gewöhnlichen Leuten. Die Priester beider Seiten erklärten, dass sie allein von den Göttern auserwählt seien. ... Die Priester jeder Sekte lehrten, dass es eine "heilige Pflicht" ist, den Feind zu töten. Und fast im gleichen Atemzug predigten sie, dass alle Menschen auf der Welt Brüder seien. Es fiel ihnen gar nicht auf, dass es dann unlogisch war, dass sich Brüder gegenseitig töteten.

Wir sahen große Kämpfe, wobei die meisten Gefallenen und Verwundeten Zivilisten waren. Die bewaffneten Kräfte waren hinter ihren Panzern meistens sicher. Die Alten, die Frauen und Kinder, also solche, welche nicht kämpften, waren diejenigen, die leiden mussten. Wir sahen Wissenschaftler, die in Laboratorien arbeiteten, um noch tödlichere Waffen zu bauen. Eine Bilderfolge zeigte eine Gruppe von verständigen Personen, die etwas plante, das sie als "Zeitkapsel" bezeichneten, worin sie für die späteren Generationen Modelle ihrer Maschinen, und eine vollständige Bildaufzeichnung ihrer Kultur und deren Fehler aufbewahren wollten. Riesige Maschinen bohrten sich in die Felsen. Zahllose Menschen brachten die Modelle und Maschinen an Ort und Stelle. Wir sahen, wie Kugeln, die kaltes Licht abstrahlten, herangeschafft wurden, welche inerte, radioaktive Substanzen enthielten, die Millionen von Jahren Licht abgeben konnten. Sie waren inert in der Hinsicht, dass sie unschädlich für Menschen waren und aktiv in der Hinsicht, dass sie fast bis ans Ende der Zeit leuchten konnten."[122]

EIN HOHLER BERG ALS ATOMSCHUTZBUNKER

So fantastisch Lobsang Rampas Geschichte auch sein mag, so soll es sich doch nicht um Dichtung handeln, außerdem gibt

es andere Quellen, welche die Vorstellung untermauern, dass es geheime Aufbewahrungsorte für das Wissen der Vergangenheit gibt und Höhlen existieren, die mit einer High-Tech-Ausrüstung gefüllt sind. Heutzutage werden keine riesigen Pyramiden mehr gebaut wie die Große Pyramide in Ägypten. Stattdessen werden gigantische, unterirdische Militärbasen errichtet, wie die Area 51 in Nevada. Ja, es werden zu diesem Zweck sogar ganze Berge ausgehöhlt! Die NORAD-Kommandozentrale in den Cheyenne-Bergen in Colorado Springs befindet sich in einem hohlen Berg, in der eine gesamte Stadt untergebracht ist. Der Normalbürger, welcher in den Cheyenne-Bergen umhergehen würde, wäre vom technologischen Stand dieser Einrichtung erstaunt. Diese Basen befinden sich unter der Erde, um sie im Falle einer Katastrophe oder eines Nuklearkrieges zu schützen. Das erinnert an die Höhle der Alten!

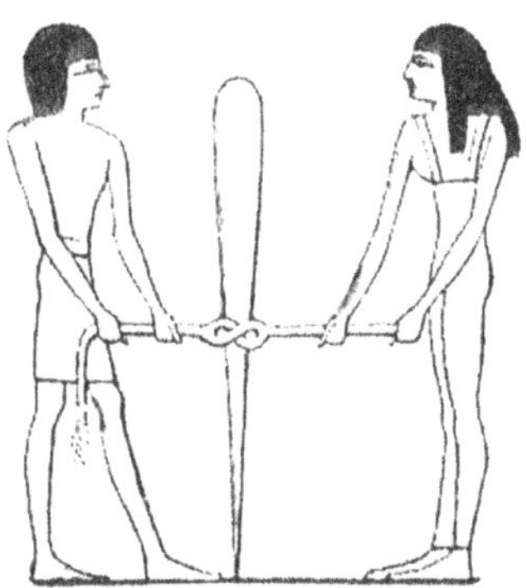

Auch in antiker Zeit sollen schon hohle Berge existiert haben. Der Mount Shasta im nördlichen Kalifornien soll ein solcher Berg sein. Manchmal wird behauptet, dass sich eine "lemurische" Stadt im Innern befindet. Ab und zu sollen seltsame Lichter auf dem Berg sichtbar sein, und auch von UFOs wird berichtet.

Der große chinesische Philosoph Lao Tze sprach in seinen Schriften von den "Alten", genauso wie Konfuzius auch. Diese Menschen waren weise und wissend, menschliche Wesen, welche wie Götter waren -- mächtig, gut, liebenswürdig und allwissend. Diese Alten lebten offensichtlich in einem geheimen, abgelegenen Gebiet in China oder Tibet und schützten das Wissen der vergangenen Zeiten.

Lao Tzu wurde um 604 v. Chr. herum geboren und schrieb das wahrscheinlich bekannteste, chinesische Buch aller Zeiten, das *Tao Te Ging*. Als er gegen Ende seines langen Lebens China schließlich verließ, reiste er in den Westen, in das legendäre Land von Hsi Wang Mu, um das Hauptquartier der Alten oder der Großen Bruderschaft zu suchen. An einer der Grenzposten überredete ihn ein Grenzbeamter das *Tao Te Ging* niederzuschreiben, damit Lao Tzus Weisheit nicht verloren ginge.

Die alten Meister waren feinfühlig,
geheimnisvoll, tiefschürfend, aufgeschlossen.
Die Tiefe ihres Wissens war unfassbar.
Da es unfassbar ist, ist alles,
was wir tun können, ihr Erscheinen zu beschreiben.
Sie waren behutsam wie Männer,
die einen Strom im Winter überqueren;
wachsam wie Männer,
welche sich der Gefahr bewusst sind;
höflich wie Besucher;
nachgiebig wie Eis, das schmilzt;
einfach wie ein unbearbeiteter Holzblock.
Lao Tzu, *Tao Te Ching.*

Man hörte nie mehr etwas von Lao Tzu, und es wird angenommen, dass er das Land von Hsi Wang Mu erreicht hat. Hsi Wang Mu ist ein anderer Name für die bekannte chinesische Göttin Kuan Yin, der "Königin-Mutter des Westens". Ihr Land, das in den Kun-Lun-Bergen liegen soll, war als die "Wohnstätte der Unsterblichen" und das "Paradies des Westens" bekannt.

In dem Buch *Myths and Legends of China*[78], das im Jahr 1922 veröffentlicht wurde, wird Hsi Wang Mu mit einem untergegangenen Kontinent in Verbindung gebracht. "Hsi Wang Mu wurde aus der reinen Quintessenz der Westlichen Luft gebildet, auf dem legendären Kontinent Shen Chou. ... Genauso wie Mu Kung, der sich aus der Östlichen Luft bildete, das aktive Prinzip der Männlichen Luft und der Herrscher der Östlichen Luft ist, so ist auch Hsi Wang Mu, welche aus der Westlichen Luft geboren wurde, das passive weibliche Prinzip (yin) und die Herrscherin der Westlichen Luft. Diese beiden Prinzipien bringen gemeinsam den Himmel und die Erde und alle Wesen des Universums hervor und sind deshalb die beiden Prin-

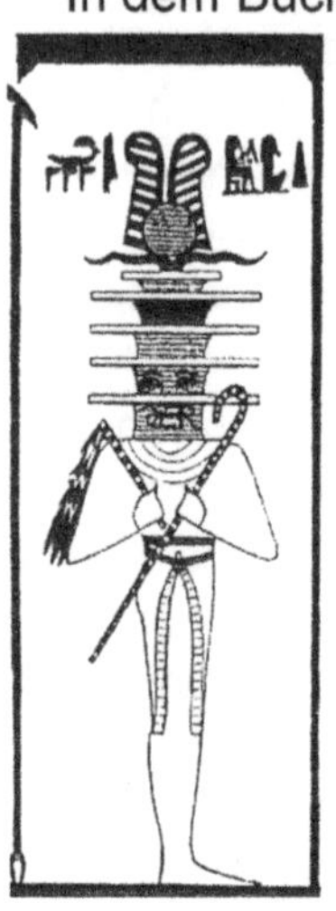

zipien des Lebens und jeglicher Existenz. ...

Hsi Wang Mus Palast befindet sich auf den hohen Bergen des verschneiten Kun-Lun. Dieser hat einen Umfang von ca. 500 km; ein Wall aus massiven Gold umgibt seine Brustwehr aus wertvollen Steinen. Der rechte Flügel erhebt sich über den Königsfischer-Fluss. Dieser ist normalerweise die Wohnstätte der Unsterblichen, welche entsprechend ihrer Kleidung in sieben verschiedene Kategorien eingeteilt werden -- rot, blau, schwarz, violett, gelb, grün und "naturfarben". Es gibt einen wunderbaren Springbrunnen, der aus wertvollen Steinen erbaut wurde, wo das regelmäßige Banquet der Unsterblichen gehalten wird. Dieses Fest wird Pan-tao Hui, also das Fest der Pfirsiche genannt. Es findet an den Ufern von Yao Chih, dem See der Edelsteine statt und wird sowohl von weiblichen, als auch männlichen Unsterblichen besucht."[78]

Im Verlauf der Zeit wurden viele Expeditionen in die Kun-Lun-Berge ausgeschickt, dem "Olymp" des antiken China, um mit den Alten Kontakt aufzunehmen.

Während der Chin-Dynastie (265-420 n. Chr.) gab der Herrscher Wu-ti dem Forscher Hsu die Anweisung, die "Bambus-Bücher", die in einem Grab eines antiken Königs namens Ling-Wang, dem Sohn von Hui-cheng-wang, der ungefähr 245 v. Chr. herrschte, gefunden worden waren, neu herauszugeben. In diesen Büchern wird von den Reisen des Herrschers "Mu" (1001-946 v. Chr.) berichtet, welcher in die Kun-Lun-Berge reiste, um der "Königlichen Mutter des Westens" seine Aufwartung zu machen. Der Herrscher traf sich mit Hsi Wang Mu an dem glückverheißenden Tag *Chia-tzu*. Die antiken Chinesen zählten die Tage und Jahre in einer speziellen, zyklischen Art und Weise, ähnlich wie die Mayas in Zentralamerika.

Der Herrscher Mu hatte am Jasper-Fluss eine Audienz mit Hsi Wang Mu. Sie segnete ihn und sang für ihn, und der Herrscher versprach in drei Jahren zurückzukehren, nachdem er seinen

Millionen Untergebenen Frieden und Wohlstand gebracht hatte. Er ließ dann, als Zeichen seine Besuches, einige Steine gravieren und reiste Richtung Osten in sein Königreich zurück.[146]

Nicht alle hatten das Glück, sich mit der Göttin treffen zu dürfen. Als der bekannte, russische Künstler, Forscher und Mystiker Nicholas Roerich nördlich von den Kun-Lun-Bergen reiste, hörte er zum ersten Mal von dem Tal der Unsterblichen jenseits der Berge. "Hinter diesen Bergen leben heilige Männer, welche die Menschheit aufgrund ihrer Weisheit beschützen; viele Versuche, sie zu sehen, sind gescheitert," sagte man ihm. Ein einheimischer Führer erzählte ihm von riesigen Höhlen in den Bergen, wo seit dem Beginn der Geschichte große Reichtümer aufbewahrt werden. Er deutete auch an, dass große, weiße Männer in diesen Steingalerien verschwunden wären.[102]

Nicholas Roerich befand sich einmal im Besitz eines Bruchstücks eines "magischen Steins aus einer anderen Welt", welcher im Sanskrit als "Chintamani-Stein" bezeichnet wird. Er soll angeblich aus dem Sternsystem des Sirius stammen, und in antiken, asiatischen Chroniken wird behauptet, dass ein göttlicher Botschafter aus dem Himmel ein Bruchstück dieses Steins an den Herrscher Tazlavoo aus Atlantis übergab.[102] Laut der Legende soll der Stein an König Salomon in Jerusalem übergeben worden sein. Er ließ den Stein zerschneiden und aus einem Stück einen Ring fertigen.

Bei diesem Stein soll es sich angeblich um einen Moldavit handeln, einem Magnetstein, der bei einem Meteorschauer vor 14,8 Millionen Jahren auf die Erde gefallen ist. Es wird behauptet,

dass ein Moldavit die geistige Entwicklung beschleunigen soll, und in dieser Hinsicht hat er in den letzten Jahren einen bestimmten Bekanntheitsgrad erreicht. Es ist absolut möglich, dass der Chintamani-Stein ein spezieller Moldavit-Stein ist. Es sollte hier auch noch angemerkt werden, dass der heilige schwarze Stein, der in der Kaaba in

Mekka aufbewahrt wird, auch ein Bruchstück eines Meteoriten ist.

Nicholas Roerich selbst sah etwas, bei dem es sich möglicherweise um ein Vimana aus dem Land von Hsi Wang Mu gehandelt hat. In seinem Reisetagebuch berichtet er, dass er am 5. August 1926 im Bezirk Kukunor "etwas Großes und Leuchendes sah, das die Sonne reflektierte und sich mit großer Geschwindigkeit bewegte. Als dieses Ding unser Camp überquerte, änderte es seine Richtung von Süden nach Südwesten. Und wir sahen, wie es in dem intensiven Blau des Himmels verschwand. Wir hatten sogar Zeit, unsere Feldstecher zur Hand zu nehmen, womit wir eindeutig erkennen konnten, dass das Ding eine ovale Form und eine reflektierende Oberfläche besaß."[102]

Die große Ähnlichkeit zwischen den Legenden über Shambala und dem geheimen Land von Hsi Wang Mu ist hier leicht zu erkennen. In Shambala, das angeblich in Tibet liegt, soll sich eine unterirdische Bibliothek befinden. Von einigen wird behauptet, dass diese in der Nähe von Lhasa ist, und möglicherweise mit den unterirdischen Gängen unter der Potala, dem bekannten Wolkenkratzer des Dalai Lamas, verbunden sein soll.

Die Geschichten über verborgene Archive und Lernzentren sind zu universell und weit verbreitet, als dass man sie so einfach abtun könnte. So unglaublich es auch sein mag, soll es auch in den Kun-Lun-Bergen im Nordwesten von Tibet einen Aufbewahrungsort für das Wissen des antiken China geben. Vielleicht gibt es dort einen hohlen Berg, der mit Relikten einer antiken Technologie gefüllt ist.

DIE TECHNOLOGIE WIRD VOM KRIEG BESTIMMT

Ich glaube, dass schon vor über 12 000 Jahren eine fortschrittliche Technologie entwickelt worden ist. Diese Technologie wurde von einigen Zivilisationen auf der Erde verwendet, wenn auch nicht von allen. Genauso wie auch heute in den Hochländern von Neu-Guinea noch Steinzeitstämme leben, so gab es auch noch in früherer Zeit primitive Menschen. Bei diesen antiken, fortschrittlichen Zivilisationen handelt es sich um Atlantis, das Rama-Reich, die Osiris-Kultur und andere. Ich glaube, dass Atlantis in der Nähe der Azoren und den Bahamas unter dem Meer liegt. Obwohl es sich um einen kleinen Kontinent gehandelt hat, reichte der Einfluss der atlantischen Zivilisation bis nach Amerika, Großbritannien, Irland und den Mittelmeerbereich. Atlantis bestand zur gleichen Zeit wie das Osiris-Reich und die Hochkulturen von Ägypten, Nordafrika und Indien. Im Fernen Osten, vielleicht in Indonesien und Südostasien, gab es eine andere fortschrittliche Zivilisation, welche mit dem antiken Indien und dem Rama-Reich in Verbindung stand.

Der Forscher Nicholas Roerich

Um das Jahr 10 000 v. Chr. versank dann Atlantis aufgrund geologischer Umwälzungen, welche vielleicht sowohl eine natürliche, als auch eine menschliche Ursache hatten, wodurch die ganze Welt - vor allem Europa und Amerika - beeinflusst wurden. Der Mittelmeerraum wurde zu dieser Zeit offensichtlich geflutet. Hierbei ging ein Großteil der antiken Technologie für die Menschheit verloren.

Tausende Jahre nach der Zerstörung von Atlantis und den Umwälzungen in anderen Gebieten, begannen die Ägypter und Hethiter das Mittelmeer und den Atlantik zu erforschen. In Amerika begannen Azteken und Mayas ihre Kulturen wieder aufzubauen. 6 000 v. Chr. begann die legendäre atlantische Liga den Atlantik zu überqueren. Diese Mittelmeervölker kolonisierten auch Nordeuropa und die Britischen und Shetland Inseln.

Durch Beben in der Nordsee wurden große Teile der Zivilisationen, welche die Küsten der Niederlande, Dänemarks und Schwedens bewohnten, vernichtet. Diese Zivilisationen existierten viel später als Atlantis und erreichten ihren Höhepunkt vielleicht um 1 500 vor Christus. Zu dieser Zeit, oder kurz danach, kamen die Seevölker mit ihren gehörnten Helmen von Dänemark, England, Holland, Deutschland und Frankreich in den Mittelmeerraum, um Griechenland, Ägypten und das Hethiter-Reich zu erobern.

Genauso wie heute wurden von mächtigen Nationen Kriege geführt, die auf mehreren Kontinenten gefochten wurden. Durch die Liebe der Menschheit für den Krieg wurde die Entwicklung fortschrittlicher Technologien gefördert, allerdings auch Zerstörung und Leid erzeugt.

Große Lehrer inkarnieren sich von Zeit zu Zeit, um den Menschen zu lehren, ihren Nächsten zu lieben und mit anderen in Frieden zu leben. Und trotzdem besteht unsere Geschichte nur aus ständigen Kriegen und Invasionen. Die Menschen schlachten sich gegenseitig ab, und die Götter sehen voll Schmerz und Leid zu. Plato und die ägyptischen Priester haben uns die Geschichte einer antiken Zivilisation überliefert, welche gegen den Rest der Welt Krieg geführt hat.

Die heutigen Kriege haben ihre Wurzeln in der Geschichte: die Bildung der christlichen Kirche, des islamischen Reiches, die Schaffung eines jüdischen Staates in Israel, der Konflikt um Energiequellen und die Kontrolle über andere Länder. Bei dem derzeitigen Krieg, der von den Russen gegen Tschetschenien geführt wird, handelt es sich ebenfalls um einen religiösen Konflikt, bei dem es allerdings auch um die Kontrolle der Ölvorkommen im Kaspischen Meer geht.

Inzwischen hat die Technologie wieder einen Punkt erreicht, bei dem es kein Zurück mehr gibt, weil wir dabei sind, die nächste Stufe zu erreichen: die Technologie der Götter von Morgen. Eine Technologie, welche den Menschen schließlich erlauben wird, mit der Natur und den Mitmenschen in Harmonie zu leben.

BIBLIOGRAPHIE UND FUßNOTEN

01. *Technology in the Ancient World*, Henry Hodges, Marboro Books, London 1970
02. *Engineering in the Ancient World*, J. Landels, University of California Press, Berkely 1978
03. *Arthur C. Clark´s Mysterious World*, Simon Welfare & John Fairley, Wm. Collins & Sons, London 1980
04. *The Ancient Greek Computer from Rhodes*, Victor J. Kean, Estathiadis Group, Athen 1991
05. *Ancient Man: A Handbook of Puzzling Artifacts*, William Corliss, The Sourcebook Project, Glen Arm, MD 1980
06. *The Traveller´s Key to Ancient Egpyt*, John Anthony West, Alfred Knopf, NYC 1985
07. *Egyptian Myth and Legend*, Donald Mackenzie, Bell Publishers, NYC 1907
08. *Investigating the Unexplained*, Ivan T. Sanderson, Prentice Hall, Englewood Cliffs, NJ 1972
09. *The World´s Last Mysteries*, Nigel Blundell, Octopus Books, London 1980
10. *Vimana Aircraft of Ancient India & Atlantis*, Childress, Sanderson, Josyer, Adventures Un. Pr., Kempton, Illinois 1991
11. *Lemurian Fellowship*, Lesson Material, Ramona, Cal. 1936
12. *The Ultimate Frontier*, Eklal Kueshana, The Stelle Group, Stelle Illinois, 1962
13. *Strange Artifacts*, William Corliss, The Sourcebook Project, Glen Arm, MD 1974
14. *The World´s Last Mysteries*, Reader´s Digest, Readers Digest Association, Inc., Pleasantville, New York 1976
15. *Timeless Earth*, Peter Kolosimo, University Press Seacaucus, New Jersey 1974

16. *Mysteries of Time & Space*, Brad Steiger, Prentice Hall, Englewood Cliffs, NJ 1974
17. *Strangest of All*, Frank Edwards, Ace Books, NY 1956
18. *Legends of the Lost*, Peter Brookesmith, Orbis Publishing, London 1984
19. *Stranger Than Science*, Frank Ewards, Bantam Books, New York, City 1959
20. *A Dweller of Two Planets*, Prederick Spencer Oliver, Borden Publishing, Alhambra, Kalifornien 1984
21. *The Ancient Secret: Fire form the Sun*, Flavia Anderson, R.I.L.K.O. Books, Orpington, Kent, Enland 1953
22. *YHWH*, Jerry Ziegler, Star Publishers, Morton, Illinois 1985
23. *Lost Cities of North & Central America*, D.H. Childress, Adventures Unlimited Press, Kempton, Illinois 1992
24. *We Are Not the First*, Andrew Tomas, Souvenir Press, London 1971
25. *The Curse of the Pharaohs*, Philipp Vandenberg, J.B. Lippincott Co., Philadelphia, PA 1975
26. *Ancient Astronauts: A Time Reversal?*, Robin Collyns, Sphere Books, London 1976
27. *The Ancient Engineers*, L. Sprague de Camp, Ballentine Books, New York, 1960
28. *War in Ancient India*, V.R. Dikshitar, Oxford University Press 1944
29. *Und die Bibel hat doch Recht*, Werner Keller, Econ Verlag, Düsseldorf 1989
30. *Footprints of the Sands of Time*, L.M. Lewis, Signet Books, New York, 1975
31. *Lost Worlds*, Alistair Service, Arco Publishing, NY 1981
32. *Secrets of the Lost Races*, Rene Noorbergen, Barnes & Noble Publishers, NYC 1977
33. *The Vimanika-Shastra*, Maharishi Bharadwaaja, übersetzt und publiziert von G.R. Josyer, Mysore, Indien
34. *Weird America*, Jim Brandon, E.P. Dutton, New York 1978
35. *Catalysm of the Earth*, H.A. Brown, Twayne P., NYC 1967

36. *The Path of the Pole*, Charles Hapgood, Adventures Unlimited Press, Kempton, Illinois 1970
37. *Geological Anomalies*, William Corliss, The Sourcebook Project, Glen Arm, MD 1974
38. *Strange Artifact*, William Corliss, The Sourcebook Project, Glen Arm, MD 1974
39. *The World´s Last Mysteries*, Reader´s Digest, Readers Digest Association, Inc., Pleasantville, New York 1976
40. *Laserbeam From Star Cities*, Robin Collyns, Sphere Books, London 1971
41. *Arthur C. Clarke´s Mysterious World*, Simon Welfare & John Fairley, Wm. Collins & Sons, London 1980
42. *Lost Cities of China*, Central Asia & India, D.H. Childress, Adventure Unlimited Press, Kempton, Illinois 1991
43. *2000 Years of Space Travel*, Russel Freedman, William Collins & Sons, London 1963
44. *Mysteries of Forgotten Worlds*, Charles Berlitz, Doubleday, New York City 1972
45. *Riddles of Ancient History*, A. Gorbovsky, Soviet Publishers, Moskau 1966
46. *Mysterious Britain*, Janet & Colin Bord, Granada Publishing, London 1972
47. *The Mysterious Past*, Robert Charroux, Robert Laffont, New York City 1973
48. *Living Wonders*, John Mitchell & Robert Rickard, Thames & Hudson, New York City 1982
49. *Enigmas*, Rupert Gould, 1945, Uni. Books, NYC 1945
50. *Lost Outpost of Atlantis*, Richard Wingate, Everest House, New York City, 1980
51. *Strange World*, Frank Ewards, Bantam Books, New York, City 1964
52. *Stranger Than Science*, Frank Ewards, Bantam Books, New York, City 1959
53. *Strangest of All*, Frank Ewards, Ace Books, New York, City 1956

54. *Technology in the Ancient World*, Henry Hodges, Marboro Books, London 1970
55. *Unearthing Atlantis*, Charles Pellegrino, Random House, New York City 1991
56. *Along Civilisation´s Trail*, Ralph M. Lewis, AMORC, San José, Kalifornien 1940
57. *Lost Cifíes & Ancient Mysteries of South America*, David Hatcher Childress, AUP, Stelle, Illinois 1987
58. *Lost Cities & Ancient Mysteries of Africa & Arabia*, David Hatcher Childress, AUP, Stelle, Illinois 1990
59. *Lost Cifíes of Ancient Lemuria & the Pacific*, David Hatcher Childress, AUP, Stelle, Illinois 1988
60. *The Chronicle of Akakor*, Karl Brugger, Delacorte Press, New York City 1977
61. *Atlantis, The Lost Continent Revealed*, Charles Berlitz, Macmillan, London 1984
62. *Timeless Earth*, Peter Kolosimo, University Press Seacaucus, New Jersey 1974
63. *Extraterrestrial Intervention: The Evidence*, Jacques Bergier, Henry Regnery, Chicago 1974
64. *Arthur C. Clarke´s Mysterious World*, Simon Welfare & John Fairley, Wm. Collins & Sons, London 1980
65. *Mysterious Britain*, Janet & Colin Bord, Granada Publishing, London 1972
66. *Riddles of Ancient History*, A. Gorbovsky, Soviet Publishers, Moskau 1966
67. *Megaliths and Masterminds*, Peter Lancaster Brown, Charles Scribner´s Sons, New York 1979
68. *The God-Kings & the Titans*, James Bailey, St. Martin´s Press, New York City 1973
69. *The Bermuda Triangle*, C. Berlitz, Doubleday, NYC 1974
70. *Lost Worlds*, Robert Charroux, Collins, Glasgow, Great Britain 1973
71. *Chariots of the Gods*, Erich Von Däniken, Putnam, New York City 1969

72. *The History of Atlantis*, Lewis Spence, London 1926, wiederveröffentlicht AUP, Kempton, Illinous 1995
73. *The View over Atlantis*, John Mitchell, Ballantine Books, New York City 1969
74. *The Occult Sciences in Atlantis*, Lewis Spence, Rider & Co, London 1943
75. *Lost Atlantis*, James Bramwell, Harper & Brothers, New York 1938
76. *Lost Cities of China, Central Asia & India*, David Hatcher Childress, AUP, Stelle, Illinois 1991
77. *Megalithomania*, John Michell, Thames & Hudson, London 1982
78. *Shambala, Oasis of Light*, Andrew Tomas, Souvenir Press, London 1978
79. *Ice, The Ultimate Desaster*, R. Noone, Crown Publishers, New York City 1982
80. *Atlantis in Andalucia*, E.M. Whishaw, Rider, London 1928, wiederveröffentlicht von AUP, Kempton, Illinois
81. *Atlantis & the Giants*, Denis Saurat, Faber & Faber, London 1957
82. *The Problem of Atlantis*, Lewis Spence, Rider & Co., London 1924
83. *Edgar Cayce on Atlantis*, Edgar Evans Cayce, Warner Books, New York City 1968
84. *Atlantis: From Legend to Discovery*, Andrew Tomas, Robert Laffont, Paris 1972
85. *The Shadow of Atlantis*, Colonel A. Braghine, London 1940
86. *Mysteries of Ancient South America*, Harold Wilkins, Citadel Press, New York City 1946
87. *Secret Cities of Old South America*, Harold Wilkins, London 1952, wiederveröffentlicht von AUP, Illinois 1998
88. *Exploration Fawcett (Lost Trails, Lost Cities)*, Brian Fawcett, Hutchinson & Co., London 1953
89. *Indra Girt by Maruts*, Jerry Ziegler, Next Millennium Publishers, Stamford, CT 1994

90. *KA: A Handbook of Mythology,* Sacred Practices, *Electrical Phenomena, and Their Linguistic Connentions to the Ancient World*, H. Crosthwaite, Metron Publications, Princeton, NJ 1992
91. *100 Tons of Gold*, David Chandler, Doubleday, Garden City, New York 1978
92. *The Birth & Death of the Sun*, George Gamow, Viking Press, New York City 1940
93. *Danger My Ally*, F.A. Mitchell-Hedges, Elek Books, London 1954
94. *The Crystall Skull*, Richard Garvin, Doubleday, NY 1973
95. *Stonehenge Decoded*, Gerald Hawkins, Doubleday, New York 1965
96. *The Sphinx and the Megaliths*, John Ivimy, Sphere Books, London 1974
97. *The Carbon-14 Dating of Iron*, Nikolass van der Merwe, University of Chicago Press, Chicago und London 1969
98. *The Giza Power Plant: Technology of Ancient Egypt*, Christopher Dunn, Bear & Co., Santa Fe, NM 1998
99. *The Genius of China: 3000 Years of Science, Discovery and Invention*, Robert Temple, Simon & Shuster, NY 1987
100. *Warfare in Ancient India*, Ramachandra Dikshitar, University of Madras / Oxford University
101. *The Queen of Sheba and Her Only Son Menyelek*, übersetzt von E.A. Wallis Budge, Dover, London 1932
102. *Shambala*, Nicholas Roerich, Roerich Museum, New York 1930
103. *The Five Sons of King Pandu*, The Story of the Mahabharata, Elizabeth Seeger, Dent & Sons, London 1970
104. *With Mystics and Magicians in Tibet*, Alexandra David-Neel, Dover, New York 1931
105. *Mercury: UFO Messenger of the Gods*, William Clendenon, AUP, Kempton, Illinois 1990
106. *Anti-Gravity & the Unified Field*, David H. Childress, Adventures Unlimited Press, Kempton, Illinois 1990

107. *The Magic of Obelisks*, Peter Tompkins, Harper & Row, New York City 1981
108. *The Serpent in the Sky*, John Anthony West, Harper & Row, New York City 1984
109. *Midgar - The Secret of the Spinx*, F.L. Oscott, Neville Spearman, Suffolk
110. *The Great Pyramid*, Piazzi Smyth, Bell Publishing Co., New York City 1980
111. *The Riddle of the Pyramids*, Kurt Mendelssohn, Thames & Hudson, London
112. *A Traveller´s Key to Ancient Egypt*, John Anthony West, Quest Books, Wheaton, Illinois 1988
113. *Forbidden Archeology*, Michael Cremo and Richard Thompson, Bhativedanta Book Trust, Los Angeles 1993
114. *The Pyramids: An Enigma Solved*, Joseph Davidovits & Margie Morris, Hippocrene Books, New York 1988
115. *Secrets of the Great Pyramid*, Peter Tompkins, Harper & Row, New York City 1971
116. *Egypt Bef. the Pharaohs*, M. Hoffmann, Knopf NYC 1979
117. *The Sphinx and the Megaliths*, John Ivimy, Sphere Books, London 1974
118. *The Great Pyramid: Man´s Monument to Man*, Tom Valentine, Pinnacle, NYC 1975
119. *The Sirius Mystery*, Robert Temple, Harper & Row, New York City 1976
120. *Edgar Cayce on Atlantis*, Edgar Evans Cayce, Warner Books, New York City 1968
121. *The Stones of Atlantis*, David Zink, Prentice Hall, Englewood Cliffs, NJ 1978
122. *The Cave of the Ancients*, T. Lobsang Rampa, Ballantine Books, New York City 1963
123. *Extraterrestrial Intervention: The Evidence*, Jacques Bergier, Henry Regnery, Chicago 1974
124. *Mystery of Ancient South America*, Harold Wilkins, Citadel Press, New York City 1946

125. *Secret Cities of Old South America*, Harold Wilkins, Library Publications, Inc., NYC 1952
126. *Exploration Fawcett (Lost Trails, Lost Cities)*, Brian Fawcett, Hutchinson & Co., London 1953
127. *The Bridge to Infinity*, Bruce Cathie, AUP, Kempton 1989
128. *The Lost Realms*, Zechariah Sitchin, Avon Books, New York City 1990
129. *Nazca: The Journey to the Sun*, Jim Woodman, Simon & Shuster, New York 1977
130. *Cleanliness and Godliness*, Reginald Reynolds, Doubleday, Garden City, New York 1946
131. *Arthur C. Clarke´s Mysterious World*, Simon Welfare & John Fairley, Collins & Sons, London 1980
132. *The Rediscovery of Lost America*, Arlington Mallery & Mary Harrison, E.P. Dutton, New York 1951
133. *The Ancient Greek Computer From Rhodes*, Victor J. Kean, Estathiadis Group, Athen 1991
134. *Mysterious Britain*, Janet & Colin Bord, Granada Publishing, London 1972
135. *Wonders of Ancient Chinese Science*, Robert Silverburg, Ballantine Books, New York 1972
136. *On the Trail of the Sun Gods*, Marcel Homet, Neville Spearman, London 1965
137. *Preliminary Catalogue of the Comalcalco Bricks*, Neil Steede, Centro de Inv. Precolombina, Tabasco, Mex. 1984
138. *The Sirius Mystery*, Robert Temple, Harper & Row, New York City 1976
139. *Men Who Dared the Sea*, Gardner Soule, Thomas Crowell Co. New York City 1976
140. *Michigan Prehistory Mysteries*, Betty Sodders, Avery Studios, Au Clair, Michigan 1990
141. *Michigan Prehistory Mysteries II*, Betty Sodders, Avery Studios, Au Clair, Michigan 1991
142. *The Unexplained*, William Corliss, Bantam Books, New York 1976

143. *Riddles in History*, Cyrus H. Gordon, Crown Publishers, New York City 1974
144. *The Maldive Mystery*, Thor Heyerdahl, Adler-Adler, Bethesda, MD 1986
145. *The Incas*, Garcilasco de la Vega, Orion Press, NY 1961
146. *Daily Life in Carthage*, Gilbert Charles-Picard, Macmillan Co., New York 1961
147. *Egyptian Myth & Legend*, Donald Mackenzie, Bell Publishers, New York City 1907
148. *The Phoenicians*, Donald Harden, Praeger Publishers, New York 1962
149. *Cities of the Sea*, Nicholas C. Flemming, Doubleday, New York 1971
150. *The Alexandria Project*, Stephen Schwartz, Dell Books, New York 1983
151. *Alexandria: A History & a Guide*, E.M. Forster, Morris, Alexandria 1922
152. *The Phoenicians*, Gerhard Herm, William Morrow & Co., New York 1975
153. *Baalbek*, Friedrich Ragette, Chatto & Windus, London 1980
154. *Mystery Religions in the Ancient World*, Joscelyn Godwin, Thames & Hudson, London 1981
155. *The Sea People*, N.K. Sandars, Thames & Hudson, London 1978
156. *Atlantis Illustrated*, H.R. Stahel, Grosset & Dunlap, New York 1982
157. *The World of Megaliths*, Jean-Pierre Mohen, Facts on File, New York City 1989
158. *The Standing Stones of Europe*, Alastair Service & Jean Bradbery, Orion Publishing, London 1979
159. *Secrets of the Great Pyramid*, Peter Tompkins, Harper & Row, New York 1971
160. *Fingerprints of the Gods*, Graham Hancock, Crown Publishers, New York 1995

Skalar Technologie

Von Tom E. Bearden

Kann man dem Laien extrem einfach erläutern, was Skalare sind und wie sie mit den Maxwellschen Gleichungen, der einheitlichen Feldtheorie und den Begrenzungen der gegenwärtig anerkannten Quantenphysik, Relativitätstheorie und Elektromagnetikg zusammenhängen?

Puh! Da bitten Sie mich, umfassend zu erklären, wie man die drei Hauptdisziplinen der Physik vereinigen kann, und anzugeben, woran es liegt, dass die drei gegenwärtigen Versionen dieser Disziplinen noch nicht vereinigt werden konnten, und wie es darum in Maxwells ursprünglichen Quanternion-Gleichungen aussah - etwa 200 davon gehören zu seiner Theorie, nicht jedoch die vier blassen Vektorgleichungen von Heaviside und Gibbs.
Sie haben mich darum gebeten, es einfach, für den Laien verständlich auszudrücken. Zu sagen, das ist viel verlangt, wäre eine ungeheutre Untertreibung!

Nun gut, probieren wir es trotzdem. Beginnen wir mit Skalaren und Vektoren…

Michaels-Verlag, 2023, 288 Seiten mit Abbildungen, Gebunden
ISBN: 978-3-89539-250-4

Bewusstseins- und Gedankenkontrolle

Der Kampf um ihre Gedanken, ihren Willen und ihr Bewusstsein hat längst begonnen

Von Nick Begich

In den letzten zwanzig Jahren ist die Erde unbemerkt in ein elektronisches Zuchthaus verwandelt worden. Mittels elektromagnetischer Wellen, die über das Radio, Fernsehen, Handys und Stromleitungen übertragen werden, ist es nun möglich, den menschlichen Geist aus beliebiger Entfernung in solch einer Weise zu manipulieren, die von den einzelnen Individuen nicht bemerkt wird, da die Informationen direkt ins Unterbewusstsein geleitet werden. Die Opfer dieser Gehirnwäsche, also die Bevölkerung, halten die empfangenen Informationen für Ihre Meinung. Diese Bewusstseinsbeeinflussung erfolgt in einer Art, als ob es sich um einen „Befehl Gottes" handeln würde. Es ist weiterhin möglich, hierdurch das Erinnerungsvermögen zu löschen und sogar ein künstliches neues zu erzeugen. Außerdem können die Gedanken einer Person gelesen und verändert und der körperliche und seelische Zustand manipuliert werden. Es werden auch Chemikalien eingesetzt, die nur in Spuren im Körper vorhanden sind. Durch Anregung dieser Stoffe, bei denen es sich meistens um die sogenannten „Lebensmittelzusätze" handelt, durch elektromagnetische Wellen können schwere körperliche Schäden und sogar der Tod eintreten. Da elektromagnetische Wellen also in Wirklichkeit heimlich in militärischer Weise gegen die eigene Bevölkerung eingesetzt werden, lässt sich auch leicht erklären, weshalb diese angeblich völlig unschädlich sind (siehe Beispiel Handy-Strahlung). Die Paranoia der Geheimhaltung der Regierungen ist jedoch der Feind der Freiheit…

Michaels-Verlag, 2007, Gebunden
ISBN: 978-3-89539-383-9

Die dunkle Seite von Apollo

Wer flog wirklich zum Mond?

Von Gernot L. Geise

Was gibt es eigentlich für Beweise für die APOLLO-Mondlandungen? Nur ein paar Fotos, Filme und Gesteinsbrocken. Die Steine können auch von unbemannten Sonden stammen. Bleiben die Bilder und Filme. Und die sind mit großer Wahrscheinlichkeit auf der Erde entstanden, in NASA-Hallen, denn sie zeigen Widersprüche ohne Ende. Gegen eine echte Mondlandung sprechen jedoch eine ganze Reihe weiterer Punkte und Widersprüche. Die gesamte Beweislage für die APOLLO-Mondflüge reduziert sich immer mehr darauf, dass man schließlich die TV-Direktübertragung vom Mond gesehen hat, die man ungefragt für bare Münze nahm. Denn so schlecht die Bildqualität der Übertragung war, so einfach ließ sie sich selbst in einem einfachen Filmstudio herstellen.

Die Weltöffentlichkeit ist von der Nasa gewaltig hinters Licht geführt worden, und kaum einer hat es bemerkt. Die ganze welt ist diesem gigantischen Bluff aufgesessen. Die Mondflüge waren waren das teuerste Filmprojekt der Geschichte. Sobald (erneut?) Astronauten auf dem Mond landen werden, wird der gigantische Schwindel auffliegen, denn dort gibt es keine Überreste von Apollo.

Michaels-Verlag, 2002, 355 Seiten mit zahlr. Fotos sowie Abbildungen, Gebunden
ISBN: 978-3-89539-607-6

Nikola Tesla Gesamtausgabe

Bände 1-6

Von Nikola Tesla

Nikola Tesla war ein Wissenschaftler, der das Gesicht der Welt nachhaltig veränderte. Sei es seine Arbeit mit T. Edison, seien es viele medizinische Patente, seien es Erfindungen in drahtloser Informationsübermittlung, sowie auch seine Beteiligung am Philadelphia-Experiment (Zeitexperimente). Er war jemand, der oft um die Früchte seiner wissenschaftlichen Arbeit gebracht wurde, dessen Ideen und Werke in einem ungeheuren Maße mißbraucht wurden (Montauk, HAARP). Hier können Sie ihn selbst lesen und sich ihr eigenes Bild machen.

Diese Gesamtausgabe ist wie folgt aufgebaut: Im ersten Band dieser Reihe wurden einige Artikel von David H. Childress aufgenommen, da hier Informationen über Tesla enthalten sind, die sonst in dieser Form nicht zu finden sind. Außerdem enthält dieses Werk einen Vortrag Teslas und einen Artikel über seine Forschungen in Colorado Springs.
Der zweite Band enthält die Autobiographie Teslas und einen längeren Artikel über verschiedene Methoden der Energieerzeugung. Im dritten Band sind Teslas Vorträge in Bezug auf die Wechselstrom-, Hochspannungs- und Hochfrequenztechnik enthalten. Im vierten Band sind Teslas Artikel zur Radio- und Energietechnik und zur Kommunikation mit anderen Planeten gesammelt. Der fünfte Band ist seinen Forschungen und Vorträgen im Bereich der Roentgen- und Medizintechnik gewidmet und im letzten finden dann noch Artikel über Waffentechnik, z. B. eine bisher noch unveröffentlichte Abhandlung Teslas über seine Todesstrahlen und theoretische und allgemeine Schriften Aufnahme.

Dem Tesla-Interessierten steht hiermit eine bisher einmalige Zusammenstellung der Schriften Teslas zur Verfügung

Edition Tesla, 1997, Neuauflage 2025,
insgesamt 1275 Seiten mit zahlreichen Abbildungen, gebunden im Schuber
ISBN: 978-3-89539-247-4